건축기술자를 위한

건축철골 시공·감리

김 종 원 저

기 문 당

머리말

최근 건축물의 공사규모가 대형화됨에 따라 건축 설계 · 시공기술도 급변하게 발전하고 있다. 이러한 이유는 시공에 이용되는 기계장비의 진보와 가설재료의 규격화에도 영향이 있다. 철골공사의 가공, 제작, 설치에서도 종전의 방식에만 머물러 있지 않다. 더욱이 종래에 주로 사용하던 데릭크에 의한 철골 이동, 설치작업은 타워크레인의 보급으로 수시로 장비를 이동해야 하는 수평 이동의 위험과 번거로움을 해소해 버렸고, 작업 행동범위와 양중능력만 확실하게 검토 · 확인된다면 고층건물의 구체부분 설치가 무리 없이 가능하게 되었다. 공사규모의 대형화와 구조적인 복합성, 조립제작의 다양함으로 인해 공장 가공에서부터 공사현장의 설치계획에 이르기까지 상세한 도면과 계획은 정밀 시공을 필요로 하는 복잡한 구조에서는 필수적인 요구 조건이 되었다. 따라서 기술의 진보와 다양화에 수반하여 발주자로부터 품질 확보를 위해 각 분야별 전문적인 기술자를 요구하고 있는 실정이다.

계획성 있는 정밀한 구체 철골공사를 하기 위해서는 치밀하게 계획된 시공 계획도에 의한 준비가 필요하다. 더욱이 철골구조에서는 각 공정마다 세부적인 공작도(Shop Drawing)의 작성과 계획이 얼마나 치밀하게 작성되었는가에 따라 빠르고, 안전하며, 보다 저렴한 우수한 건축물을 만들 수 있도록 결정하게 되는 것이다.

건축물의 대형화, 고층화, 복잡화, 조립화로 내진구조를 고려한 여러 종류의 신소재 강재를 이용한 강구조가 많이 적용되고 있지만, 대부분의 대학에서 강구조설계 이외에 강재료를 비롯하여 가공, 절단, 접합, 설치방식에 대해서 세세하게 다루는 경우는 드문 편이다. 이러한 연유로 대부분의 현장 감독자, 감리기술자들이 철골 가공, 제작, 설치에 대한 실무에서 이해가 부족한 실정에 있음을 보아왔다. 저자 역시 같은 길을 걸어온 사람으로 기계, 금속 분야에서 주로 다루고 있는 철골재와 관련된 많은 지식을 깊이 이해하기란 쉽지 않았다. 따라서 현업에서 많은 실패의 경험과 오해를 거치면서 현장 작업과정에서 모아왔던 자료들을 엮어 현장을 운영하는 기술자들이 반드시 알아야 할 강재의 종류와 유통과정, 가공공장의 선정방법, 현치도, 마킹, 절단, 가공제작, 재료의 접합방법, 검사방법에서 운반 및 현장설치에 대한 공법, 조립 후 내화피복에 이르기까지 철골공사의 설계 · 시공을 종합적으로 이해 가능하도록 하여 스스로 업무수행 능력을 갖출 수 있도록 구성하였다. 감리업무를 위한 종목

별로 검사할 내용에 대한 점검표 등을 실었고, 또 국제적으로 통용되고 있는 강재규격의 명칭, API체계, 각국의 분류기호 등을 부록으로 실었다. 현장기술자의 무지로 인해 많은 경제적 손실을 발생시키고 공사 중에 중단되는 현장들이 의외로 많은 것을 보아 왔다. 본 서는 건축 철골을 배우는 학생, 현장 시공실무자, 공사감독 및 감리자들이 실무에서 지침서로서 유용하게 활용할 수 있을 것이다. 본 서의 발간을 위해 바쁜 업무 중에도 많은 자료를 제공하고 검토에 시간을 할애해 주신 당진철구공업(주) 김해식 사장을 비롯한 임직원 여러분, 지도해 주신 신현식 교수님, 최인성 교수님, 그리고 본 서의 출간에 아낌없는 지원을 흔쾌히 허락해주신 기문당 강해작 사장님과 편집에 많은 수고를 해 주신 편집부에 감사드린다.

2010. 12

저 자

차례

1 건축철골의 현황과 재료

1. 철골구조물의 현황
2. 철강재료의 분류와 특성
3. 강의 조직과 성질
4. 철강의 제조
5. 특수 강재의 종류

제1장 건축철골의 현황과 재료

1. 철골구조물의 현황

1.1 건축구조물의 현황

건축구조물로 이용되고 있는 각종 재료 중에서 우리생활에 없어서는 안 될 중요한 사회기반시설로 자리잡고 있는 것이 강구조물로 이루어진 건축물들이다.

장대화된 구조물의 증가와 초고층화되고 있는 주상복합건축 등이 현실화되고 있는 실정이다. 시간이 흐름에 따라 강구조물의 수명과 내구성의 중요성이 증대됨에 따라 내구성 제고를 위한 노력은 높아 가지만 이미 구축된 시설물이 경제적 비용투입효과 만큼 효력을 발휘하지 못하고 있는 실정이라고 해도 건축물의 내구성 증대와 안전보장을 위한 사회적 책무를 소홀히 할 수는 없는 것이다. 건축물의 내구성 문제로 기술수준이 평가절하되면 국제경쟁력 확보 또한 어렵게 될 것이다.

서구에 비해 우리나라의 건축물은 30년도 안 되어 헐어내고 재건축, 재개발하는 현실이 계속되는 한 국가경쟁력 확보는 매우 어려울 것으로 판단된다. 한국주택토지공사(LH)에서도 이미 100년의 장수명화 아파트 개념이 도입되고 있으며, 우리나라를 비롯하여 세계 각국에서도 친환경적이며 내구수명 200년을 목표로 건축을 하던가, 연구가 활발히 진행중인 국가들도 있다. 우리나라 국토해양부 시설물 기준으로 건축은 50년이지만(교량의 경우는 75년) 실제 10~15년 사이에 문제가 발생하고 대부분 20~30년이 지나면 헐고 있는 실정에 있다. 이러한 원인은 철근콘크리트 강도와 시공오차를 무시하고 최소피복두께만을 고집하여 실제 필요한 피복두께의 미확보 등 많은 요인들이 원인이 되어 발생한 것으로 판단된다.

1.2 강재 수요의 변화

최근의 건축물 구조형태를 보면 초고층화, 장스팬화, 첨단화의 추세로 변하고 있다. 따라서 구조용 강재는 제작의 용이성, 고인성, 장수명, 재활용성 등의 새로운 성능을 요구하게 됨에 따라 고성능, 고강도, 극후화(극후판, 극형강, 극후강관), 복합화(고성능화) 등의 새로운 강재를 필요로 하고, 이들의 사용이 증대하고 있는 실정이다.

강재의 수요변화와 고강도 강재의 활용화 추이는 다음 〈그림 1-1〉과 같다.

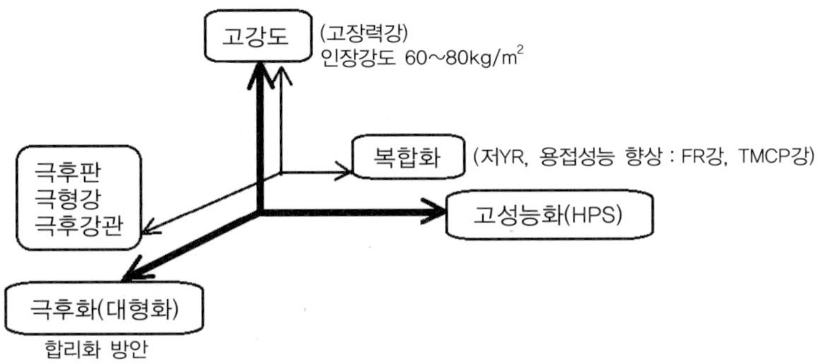

이처럼 얇은 부재를 접합하여 사용하던 종전방식에서 두꺼운 부재를 사용하여 단순화하고 강재의 자중변동이 없이 시공비용이 저렴하게 되는 극후화로 합리화되고 있다.

(국내외 주요 고층건축물 현황)

① 무역센터(54층 : 228m)
② 63빌딩(63층 : 249m)
③ 목동하이페리온(69층 : 256m)
④ 서울국제금융센터(예정 : 270m)
⑤ 타워팰리스(69층 : 262m)
⑥ 부산롯데타워빌딩(107층 : 464m)
⑦ 잠실제2롯데빌딩(예정 : 112층 555m)
⑧ 송도국제금융센터(105층)
⑨ 말레이시아 KLCC(98층 : 452m)
⑩ 상하이금융센터(101층 : 492m)
⑪ 대만 타이페이타워(101층 : 508m)
⑫ 미국 프리덤타워(70층 : 541m)
⑬ 두바이 부루즈 칼리파타워(180층 : 817m)
⑭ 일본 밀레니엄타워(예정 : 840m)

그림 1-1 강재의 수요변화와 고층건축물 현황

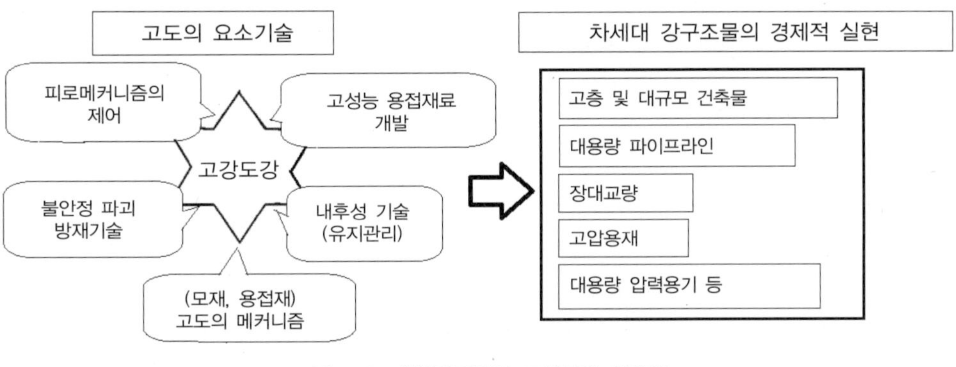

그림 1-2 대형구조물의 고강도강 활용화

1.3 국내생산 강재의 요구특성과 개발추이

국내 건설용 강재의 요구 특성과 개발 추이는 다음 〈표 1-1〉과 같다.

표 1-1 건설용 강재의 요구 특성 및 개발추이(국내)

구분		1980년대	1990년대	2000년대
배경	환경	• 건축물의 고층화	• 초고층화 • 장스팬화	• 안정성 요구 • 환경친화적 요구
	수요사업	• 고생산성(용접자동화) • 고장력제품의 채용	• 고강도 및 고용접성	• 경제성, 작업성 개선 • 환경친화성
요구의 특성		• 고용접성(高鎔接性) • 고강도 및 고인성(高靭性)	• 고강도(高强度) 및 고용접성	• 고강도 및 신기능화
개발제품		• 건축용 TMCP강 (50kg/mm^2~53kg/mm^{2}급)	• 내진강(60kg/mm^{2}급) • 무도장 내후성강 • Z-Plate	• 고강도(80kg/mm^{2}급) • 저YR강, FR강 • 극후강재(후판, 강관 등)

2. 철강재료의 분류와 특성

2.1 분류

강재에는 약 100여 종의 원소가 존재하는데 이들 중 공통적인 성질을 가진 약 60여 종을 금속(Metal)이라고 하며, 그 이외의 것을 비금속(Non-metal)과 경금속(Light metal)으로는 알루미늄(Al), 마그네슘(Mg), 칼슘(Ca), 티탄(Ti), 나트륨(Na) 등이며 중금속(Heavy metal)으로는 철(Fe), 동(Cu), 납(Pb), 니켈(Ni), 크롬(Cr), 아연(Zn) 등이며 공통적인 특성으로는 금속특유의 광택이 있고, 열 및 전기의 양도체로 전도율이 크고, 비중이 크고 빛에 불투명하며, 고체상태에서 결정체(結晶體)를 가지고 있어 가공이 용이하며, 전성(展性)과 연성(延性)이 풍부한 재료이다.

강재의 구성은 철(Fe)과 다른 금속원소의 조합으로 카본(C), 규소(Si), 망간(Mn), 인(P), 유황(S), 구리(Cu)를 소량 함유한 것으로 카본, 규소, 망간, 유황, 인을 5대원소라 하고, 이들 중 탄소, 망간이 철강의 성질에 영향을 주는데 따라 보통강 또는 탄소강, 특수강, 합금강이라 부른다. 탄소강의 함유량이 2.0% 이하(주로 1.3% 이하로 생산되고 있음)의 철강재를 800~1,000℃에서 생산되는 것을 강(Steel)이라 하고, 탄소량 2.0% 이상의 철강재를 주철(Cast-Iron)이라 하는데, 주공성이 크고 취성(脆性)이 크다. 또한, 강재는 가단성이 크고 탄소량이 0~0.035% 함유된 연질의 것을 연철이라 하고, 가단성, 주조성, 담금질 효과가 있고 탄소량이 0.035~1.7% 정도인 것을 탄소강, 주조성이 좋고 경질이며 취성이 크고 탄소량이 1.7% 이상인 것을 주철로 구분한다.

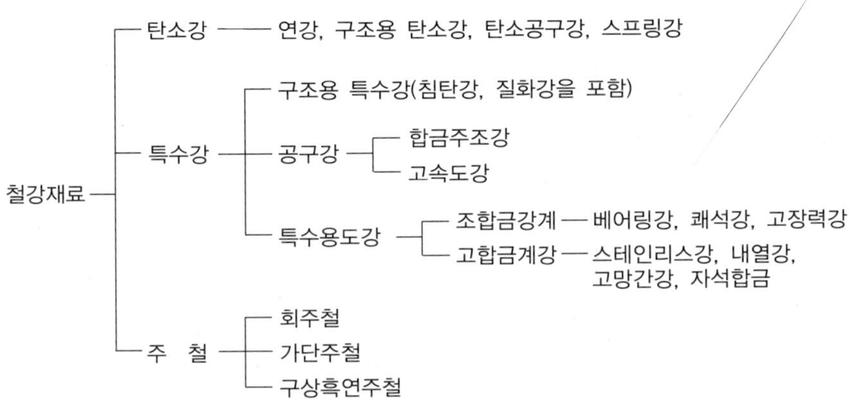

그림 1-3 철강재료의 분류

2.2 공사용 강재의 제품별 분류

1) 기초토지용재(基礎土地用材) : Sheet Pile
2) 가설용재(假設用材) : Road Mat, Metal Form, Support
3) 건축용재(建築用材) : H형강, 일반구조용 강관, 철골재, 새시, 도어, 커튼월
4) 설비용재(設備用材) : Rail, 각종 배관용
5) 철근봉강(鐵筋棒鋼) : 이형철근, 환강, PC봉강
6) 도로용재(道路用材) : 교량관련 강제품, Fence, 차광판, 도로보강재, 교통안내시설
7) 수도지보공재(隧道支保工材) : 광산용, 터널용
8) 마감용재 : 표면처리 강판, 건재용 박판 가공제품, 스테인리스 박판
9) 건설용후판(建設用厚板) : 선박, 토목, 교량, 건축, 건설기계, 차량, 용기 등 각종 플랜트용 강판
10) 선재(線材)2차제품 : 와이어 로프
11) 접합재료(接合材料) : 용접재, 볼트류

2.3 철강재의 특성

압연강재의 특성은 연성과 전성이 있어 힘을 가하면 상온에서 길게 늘어지거나 얇게 넓힐 수 있으며, 가열하면 상온에서 보다 쉽게 형태를 바꿀 수 있어 사용목적에 맞게 편리한 모양으로 가공, 변형이 가능하다. 필요한 강재로 제조하는 방법으로는 압연, 단조, 주조, 압출, 인발 등 5가지 방법이 있으나 주로 압연강재의 생산량이 주를 이루고 있어 강재는 보통 압연강재라고 칭하고 있다.

(1) 강재의 원소가 미치는 영향

강재의 주요 5대 원소로는 탄소, 망간, 규소, 인과 황, 질소와 수소로 되어 있는데, 이들 원소가 강재에 미치는 영향은 다음과 같다.

1) 탄소(C)

강의 강도를 증진시키는 중요한 원소이며 담금질을 할 때 조직을 형성시키며 인장강도, 항복점과 경도를 향상시키는데 중요한 역할을 하지만 탄소가 많으면 단면 수축률과 충격치가 떨어져 취성의 증가와 용접성이 떨어진다.

2) 망간(Mn)

강도와 내마모성, 내산성, 내산화성을 향상시키는 원소로서 강도의 상승에 비해 연성의 감소가 적어 용접성, 연성의 개선에 사용한다.

3) 규소(Si)

탄소강의 기계적 성질에 영향을 미치지 않는 강한 탈산제의 역할을 하여 강도를 높지만 연신율과 충격치는 감소하는 성질이 있다.

4) 인(P), 황(S)

강에 존재하는 불순원소와 결합하여 강의 기계적 성질을 불균일하게 하는 성질이 있다. 황은 강의 인성, 연성을 저하시켜 취성파괴(적열취성)의 요인이 되며, 인(P)과 함께 용접시 해로운 요인이 된다.

5) 질소(N)와 수소(H)

질소는 기계적 성질에 영향을 미치며 항복강도를 증가시키고 연신율을 저하시키며 과잉 첨가될 경우 청열취성을 일으키는 원인이 되고, 수소는 타 원소에 비해 확산속도가 빨라 강재 속을 자유로이 이동이 가능하므로 균열, 선상조직 등의 원인이 된다.

(2) 강재의 장점

① 강도 및 탄성계수가 크며 균일성을 유지한다.

② 재질, 형상, 종류가 다양하며 대량생산이 가능하다.

③ 철골 증축시 접합의 편이성이 있다.(전연성이 크고 가공성형에 적합하다)

(3) 강재의 단점

① 비나 공기에 누출시 부식의 우려가 있다.(단, 무도장 공법의 경우에는 예외)

② 내화성이 약하여 연화되므로 내화피복이 필요하다.
(단, FR강재=Fire Resistance강은 예외이다)

③ 좌굴 방지를 위한 보강 대책이 필요하다.

④ 반복응력에 의한 강도저하를 위한 검토가 필요하다.(예를 들면 LT강재와 같이 저인성강재로 저항성이 강한 강재도 있다.)

3. 강(鋼)의 조직과 성질

3.1 철의 결정격자조직

(1) 철의 구조와 변태

철의 원자배열은 일정 온도에서 〈그림 1-4〉와 같이 면심입방, 체심입방 격자 결정구조 형태가 변화하는 것을 동소변태(同素變態)라 한다. 즉 순철은 상온에서 α철이라 부르고 체심입방격자를 나타내며 910℃에서는 면심입방격자인 γ철로 변태하고, 1,400℃는 다시 체심입방격자 σ철로 되며, 1,535℃에서 용융하여 액체로 변한다. 이와 같은 원자배열만 변화하는 온도를 변태점이라고 한다.

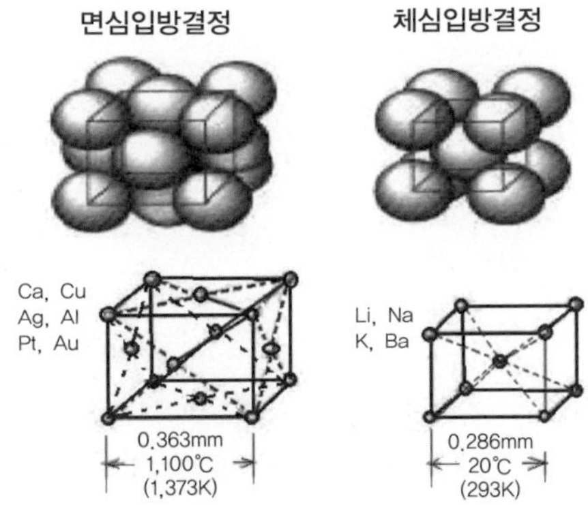

그림 1-4 강의 격자조직

(2) 철(Fe)-시멘타이트(Fe_3C)계 평형상태도

〈그림 1-5〉는 Fe-Fe_3C 상태의 일부로 강의 변태와 조직을 설명한 것이다. 0.8%의 탄소를 함유하는 조성의 탄소강은 온도 723℃ 이하로 냉각시 오스테나이트가 페라이트와 시멘타이트로 분해되는 공석반응을 일으키므로 공석강(共析鋼)이라 하며, 이때 반응이 일어나는 온도를 A_1선이라 하고, 이 공석반응에 의한 변태를 공석변태, Pearlite변태 또는 A_1변태라고 한다. 또한, 탄소량이 0.8% 이하일 때를 아공석강(亞共析綱=hypoeutectoid steel)이라 하여 공업용 생산품의 대부분이 아공석강이다. 순철이 γ철로 변태하는 온도는 910℃이지만 아공석강이 γ오스테나이트 단상으로 변태하는 온도는 A_3선상 이상이므로 GS선이라고 한다. 또 탄소량 0.8% 이상일 때를 과공석강(過共析鋼=hypereutectoid steel)라고 하는데 SE선 이상으로 가열될 때 단상오스테나이트로 변태하는 SE선을 Acm 선이라고 한다.

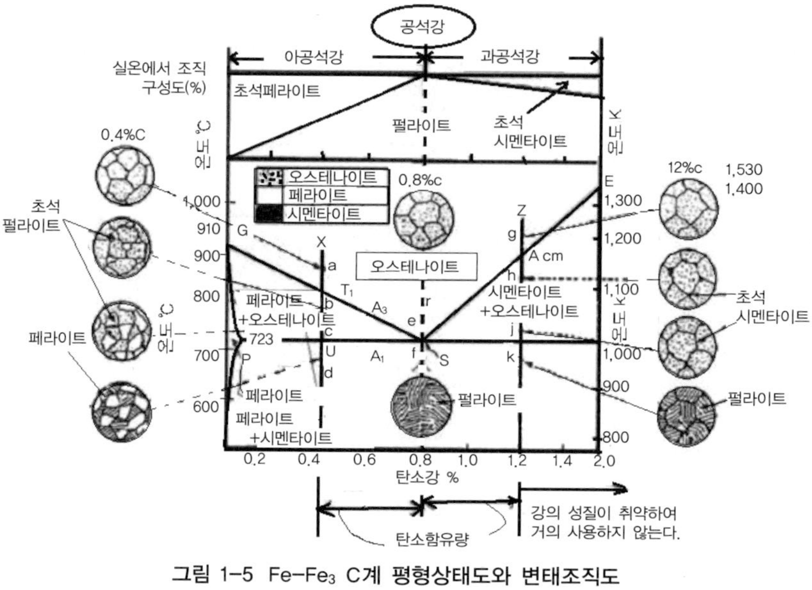

그림 1-5 Fe-Fe_3C계 평형상태도와 변태조직도

3.2 강의 성질

(1) 기계적 성질

1) 상온의 성질

강의 상온에서의 기계적 성질은 탄소량에 따라 직선상으로 변화하는데, 아공석강에서 인장강도, 경도 및 항복점은 탄소량에 따라 증가하지만 연신율과 단면감소율은 감소한다. 반면, 과공석강에서는 "시멘타이트"가 망상이므로 탄소량이 증가할수록 인장강도는 감소하고 경도는 증가하게 된다.

〈표 1-2〉에서와 같이 페라이트는 연성이 크고, 인장강도가 비교적 적다. 시멘타이트는 경도가 높고 인성은 거의 없고, 펄라이트는 페라이트에 비해 인장강도가 크고 경도가 훨씬 높은 것을 알 수 있다. 따라서 아공석강에서 탄소량에 따라 인장강도가 증가되는 것은 펄라이트의 증가, 과공석강에서 연신율의 감소는 연신율이 0인 시멘조직 성질 타이트에 기인한 것을 알 수 있다.

표 1-2 페라이트, 시멘타이트 및 펄라이트의 기계적 성질

조직 성질	페라이트	시멘타이트	펄라이트
인장강도(kg/mm^2)	35	3.5 이하	90
연신율(%)	40	0	10
경도(HB)	85	820	200

2) 고온의 성질

동일 성분의 탄소강이라 해도 온도에 따라 성질이 달라지는데, 탄소강이 0~500℃ 사이에서 일어나는 기계적 성질 변화는 온도상승으로 200~300℃ 온도범위에서 인장강도는 증가하나 감소하는 것을 알 수 있다. 그 이외에 항복비, 경도, 연성, 인성, 취성 등에 영향을 미치게 된다.

① 항복비(YR = Yield Ratio) : 내력과 인장강도의 비를 말하며, 인장강도 $41kg/mm^2$ 정도의 강재일 경우 0.6~0.7 정도로 기계적 성질의 한 지표이다.

② 경도 : 강재료를 소성변형시키려는 힘에 대한 저항성으로 강재의 기본성질 중 하나이다.

③ 연성 : 강재료를 가는 선으로 늘릴 수 있는 성질로, 항복한 후 하중을 받아 파괴에 이르기까지 소성변형의 능력을 수행할 수 있는 재료의 능력을 말한다. 적절한 연성을 가지기 위해서는 탄소, 유황, 인의 열처리가 필요하다.

④ 인성 : 충격에 대한 저항성을 말한다.(샤르피 흡수에너지라고 한다),

⑤ 취성 : 재료가 외부의 충격적인 하중에 쉽게 깨어지는 현상을 말한다.

취성파괴는 강재가 충분한 인성을 가지지 못할 때 발생하는 파괴현상으로 파괴의 가능을 높이는 원인은 다음과 같으며 취성파괴의 요인은 〈그림 1-6〉과 같다.

㉮ 고강도 강재의 사용　　　㉯ 강재두께의 증가

㉰ 사용온도의 저하　　　㉱ 안전계수의 감소

㉲ 응력집중의 가능성을 증가시키는 부재들의 복잡한 배열

㉳ 용접사용의 증가

⑥ 피로 : 하중의 반복작용에 의해 균열이 발생 · 진전하여 부재가 파단되는 현상을 말한다.

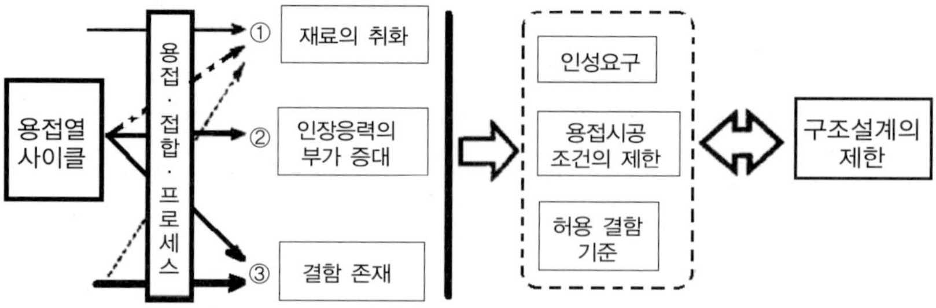

그림 1-6 취성파괴 요인과 구조설계에 반영되는 요구, 제한, 기준

3) 취성의 여러 형태

① 청열취성(Blue Shortness) : 저탄소강을 저온에서 인장시험을 하면 200~300℃에서 인장강도가 증가하고 연성이 저하되는 현상을 청열취성이라고 한다. 질소량의 증가가 취성화를 크게 한다.

② 저온취성 : 충격시험에서 시험온도를 저하시키면 충격치가 급격히 저하하는 온도(천이온도=Transition Temperature)가 존재하고, 이때 인접부분의 재질이 열화하는 취성화 현상을 저온취성이라 한다. 탈산이 부족한 림드강이 천이온도가 높고, 세미킬드강(SS490), 킬드강(SM520강재)이 림드강 보다 낮아 우수한 것으로 되어 있다. 즉 탈산 및 탈질을 행한 강은 천이온도가 매우 낮아진다.

③ 적열취성(Hot Shortness) : 일반적으로 철을 가열하면 연화되어 가공이 쉽게 되지만 불순물이 많으면 열가공 중 900~1,200℃에서 갈라지게 된다. 이것을 적열취성이라 한다. 주원인은 유황(S)이며, 산소도 취성화의 한 원인으로 영향을 미친다. 망간을 첨가하면 취성화를 방지할 수 있다.

(2) 물리적 성질

다음〈그림 1-7〉은 탄소강에서 탄소량에 따른 물리적 성질변화를 나타낸 것이다.

탄소강의 비중, 열팽창계수, 열전도도는 탄소량이 증가함에 따라 감소되지만 비열, 전기저항 및 항자력은 증가함을 알 수 있다. 또 탄소강의 내식성은 탄소량이 증가할수록 감소하고 소량의 구리가 첨가되면 내식성이 향상된다.

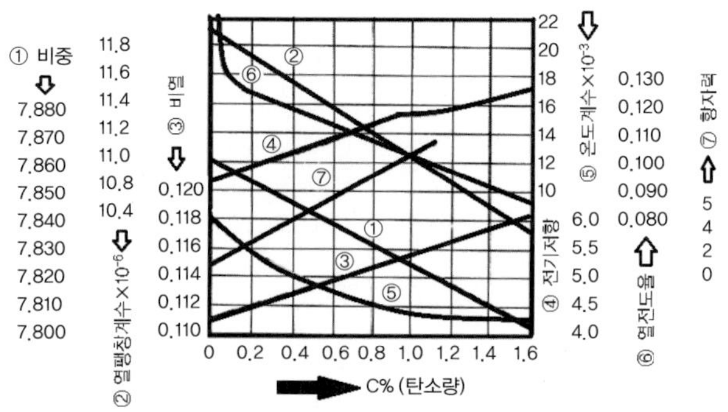

그림 1-7 강의 물리적 성질의 변화

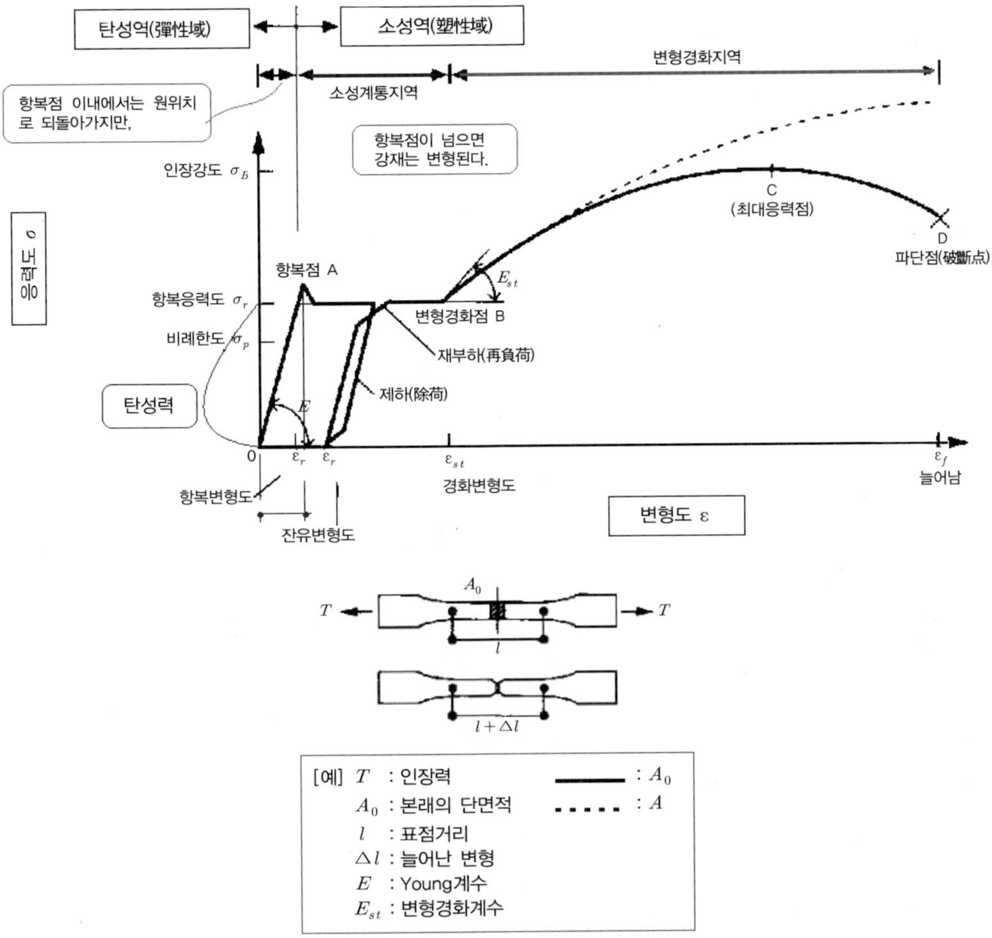

그림 1-8 강재의 인장시험에 의한 응력도와 변형도의 관계

Tip

응력과 강도

응력(Stress)	구조체에 외력이 작용했을 때 구조체 내부에 생기는 저항력, 부재에 작용하는 힘과 단위 단면적당의 관계를 가진다. 예로 1톤의 압축력을 받는 어떤 부재의 단면적이 $1cm^2$와 $10cm^2$가 있다면 전자는 $\sigma=1tf/cm^2$이고 후자는 $\sigma=0.1tf/cm^2$이다. 강구조에서는 일반적으로 허용응력도로 계산하고 있다. 즉 $F_c=0.3f_c\cdot k$라고 하면 30%가 힘을 받도록 하고 나머지는 주변의 환경에 대한 안전율을 고려하여 설계한다는 의미이다.
강도(Strength)	구조물의 부재가 외력에 대하여 저항하는 힘의 최대값으로 재료에서는 주로 단위 단면적당 저항할 수 있는 힘의 크기로 나타낸다. 예를 들면 $F_c=270kg/cm^2$라고 한다면 이 재료는 $1cm^2$당 270kg의 힘을 받는다는 의미이므로 만약 단면적이 10cm×10cm($100cm^2$)의 기둥이라면 $100cm^2\times270kg/cm^2=27{,}000kg/cm^2=$ 27ton의 힘을 받을 수 있다는 의미이다.

4. 철강의 제조

4.1 선철의 제조

선철은 전로법(轉爐法=1885년 영국인 "베세머"가 개발), 회전로법, 용광로법(高爐法) 내에서 환원하여 만들고 제강용의 원료로 사용된다. 가장 널리 사용하고 있는 방법으로는 〈그림 1-9〉처럼 코크스를 연료로 하는 용광로법이다.

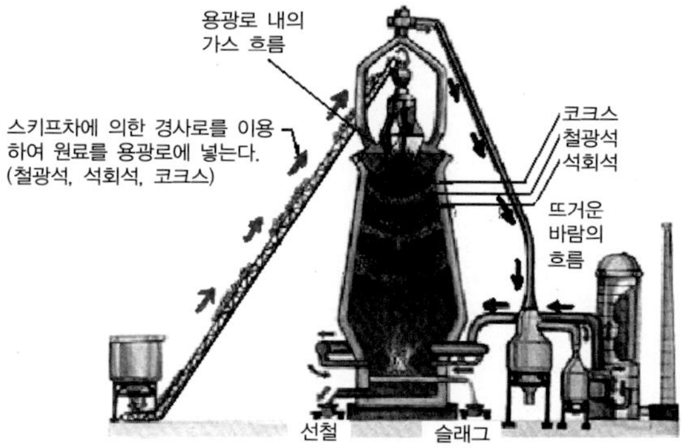

그림 1-9 용광로법에 의한 제조법

(1) 강의 제조

제조된 선철은 탄소량이 많고 불순물을 다량 함유하고 있기 때문에 이것을 강(Steel)으로 만들기 위한 방법을 제강법이라 하는데, 일반 강의 제조에는 평로(平爐)제강법, 전로제강법이 있는데, 생산량의 약 70%~80%가 전로(轉爐)제강법으로 제조되며 평로제강법은 최근에는 사용하지 않는다. 그 이외에 특수강 제조법으로는 전기로(電氣爐)제강법과 도가니제강법이 있다. 고로재는 철광석을 주원료로 하여 높이 100m 용광로에서 만든 선철을 원료로 하여 제강한다. 전로재는 폐자동차, 캔부스러기 등의 강판부스러기를 전기로로 용해하여 재활용으로 만든다.

(2) 제조와 압연

제강작업이 끝나면 용강은 쇳물바가지(Ladle)에 받아 금형에 주입, 응고시킨다. 강괴는 제품의 형상에 따라 압연하기 편리하도록 주조한다. 또 가열로에서 분괴밀 또는 가공하여 적당한 모양으로(강봉, 형강, 강판) 압연하든가 단조한다.

다음 〈그림 1-10〉은 품질 향상을 위해 오늘날 95% 이상의 강재가 연속주조법으로 제조되는 철강의 제조공정도이다.

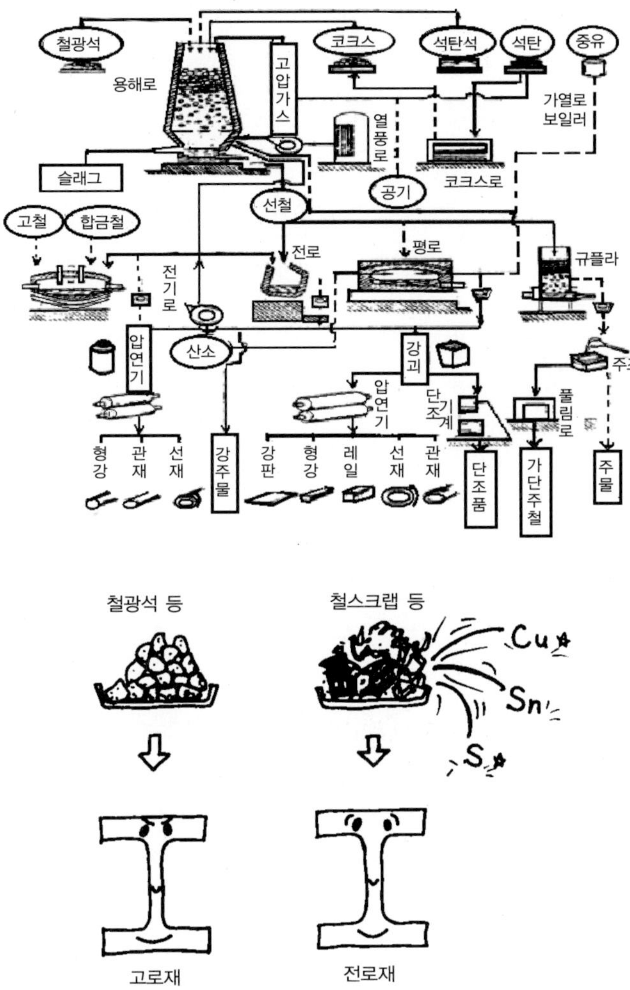

그림 1-10 철강의 제조 공정도

4.2 강재의 기계적 가공과 열처리법

(1) 기계적 가공

1) 소성 가공법

① 냉간가공 : 재결정 온도 723℃ 이하에서 가공하는 강을 말한다.

② 열간가공 : 재결정 온도 723℃ 이상에서 가공하는 강을 말한다.

2) 기계적 가공방법

① 압연(壓延)강재 : 역으로 회전하는 롤러에 가열상태의 강을 끼워 성형해 가는 방법으로 강괴를 1,100~1,250℃에서 열간압연하여 소요단면으로 조립하는 공정을 말하는

데, 구조용 강재의 대부분이 압연강재로 만들어지고 있다.

두께 3mm의 판재에서 형강, 봉강 등이 압연강재로 제조된다.

② 단조(鍛造)강재 : 가열상태의 강을 프레스 또는 해머로 단련하여 변형시켜 기계적 성질을 개선하는 가공방법을 말하며, 볼트, 너트용 강재 등이 이 방법으로 제조된다.

③ 압출(壓出)강재 : 재료가 제조되어 나오는 방향에 따라 전방압출, 후방압출로 분류하고 있으나 대부분 전방압출방식에 의해 제조하고 있다. 또 압출방식에 따라 인발강재, 프레스강재로 부르기도 한다.

(2) 열처리법

1) 불림

불림(소준 : Normalizing)은 800~1,000℃로 가열하여 소정의 시간까지 유지한 후에 대기 중에서 냉각하는 처리를 말한다. 불림의 목적은 조직을 개선하고 결정을 미세화하기 위함이다.

2) 풀림

풀림(소둔 : Annealing)은 강을 연화(軟化)하거나 내부응력을 제거할 목적으로 실시한다. 풀림은 불림과 같이 가열하여 소정의 시간까지 유지한 후에 로(爐) 내부에서 서서히 냉각하는 처리를 말한다.

3) 담금질

담금질(소입 : Quenching)은 고온(오스테나이트화 온도)으로 가열하여 소정의 시간동안 유지한 후에 냉수, 온수 또는 기름에 담가 급랭각시켜 마르텐사이트로 변태시켜 강을 경화하는 처리를 말한다. 담금질한 강은 강도나 경도가 증가하고 마모가 작아진다. 강재의 종류에 따라 크게 두 가지로 나누고 있다.

① 공구강의 경우 단단하고 내마모성이 강해야 하므로 고탄소 마르텐사이트의 특징인 큰 경도를 그대로 이용한다. 따라서 뜨임온도를 150~200℃의 비교적 낮은 온도로 하거나 고합금강에서처럼 500~600℃로 뜨임을 하더라도 담금질상태와 거의 같거나 그 이상의 경도가 얻어지도록 해야 한다.

② 구조용 강과 같이 강도가 요구되면서 강한 인성이 요구될 경우 일단 담금질하여 마르텐사이트 조직을 만들고 500~700℃의 상당히 높은 온도로 뜨임해서 담금질 상태에서 비해 훨씬 낮은 경도와 강도의 상태로 사용하는 것이 좋다.

4) 뜨임질

뜨임질(소려 : Tempering)은 불림하거나 담금질한 강을 다시 200~600℃로 수 십분 가열한 후에 공기 중에서 냉각처리하는 것을 말한다. 뜨임질의 목적은 경도를 감소시키고 내부응력을 제거하며 연성과 인성을 크게 하기 위해 실시한다. 즉 담금질로 인해 강의 내부응력이 발생되고 담금질에 의해 나타난 마르텐사이트 조직은 단단하고 부서지기 쉬운 성질을 가지고 있으며, 조직이 불안정하여 탄소가 탄화물로 석출하려는 경향을 보이게 된다.

이처럼 담금질에 의해 생성된 조직을 변태 또는 석출을 진행시켜 안정한 조직에 근접시키는 동시에 잔류응력을 감소시켜 소요되는 성질이나 상태를 유지하기 위하여 적당한 온도로 가열냉각하는 조작을 말한다.

5) 특수열처리

① 가공열처리(TMT : Thermo-Mechanical Treatment)

소성가공과 열처리를 결합시킨 방법으로 보통의 열처리 또는 소성가공을 독립적으로 사용할 때 얻을 수 없는 조직과 기계적 성질을 얻고자 하는 경우에 사용한다. 가공열처리방법의 대표적인 것으로는 안정된 오스테나이트 영역에서 가공열처리, 오스포밍에 의한 강화, 마르에이징 강의 가공열처리, 마르텐사이트 변태 중의 가공, 페라이트 · 펄라이트변태 중의 가공, 펄라이트 가공에 의한 강화, 제어압연 및 제어냉각에 의한 강화 등이 있다.

② 오스템퍼링(Austempering)

오스테나이트 상태에서 마르텐사이트 조직 석출 이상 온도로 담금질하여 과냉 오스테나이트가 변태를 완료하기까지 상온에서 유지한 후에 공기 중에서 냉각시키는 방법이다. 이때 얻어지는 베이나이트는 담금질, 뜨임재보다 인성이 크며 담금질 변형과 균열을 방지할 수 있는 장점이 있다.

③ 마르담금질(Marquenching)

오스테나이트 상태에서 마르텐사이트 조직 석출 직상의 열로 담금질하여 강의 내외가 동일한 온도가 되도록 상온에서 유지시킨 후 과냉 오스테나이트가 상온변태를 일으키기 전에 공기 중에서 마르텐사이트 변태가 서서히 진행되도록 하는 방법이다. 수랭한 마르텐사이트 보다 경도가 다소 떨어지지만 담금질로 인한 균열의 발생이 적다.

4.3 구조용 후판압연강재의 분류체계와 등급

400MPa급	SS400, SM400, SN400, FR400, SMA400
500MPa급	SM490, SM490TMC (일명 PILAC-BT33), SN490, SMA490, SM520, FR490 (일명 POS-FR50), SM520TMC (일명 PILAC-BT36)
600MPa급	SM570, SMA570, SM570TMC (일명 PILAC-BT45)

이들을 제조 공정별로 분류해 보면 As-Rolled로 되는 SS400, SM400, SM490, SM520 등의 일반 압연강재와 SM570, SMA570, SM490TMC 등과 같이 소준(Normalizing)이나 소입과 소려, 즉 QT(Quenching & Tempering)처리가 있고, SM490TMC, SM520TMC, M570TMC 등의 열가공 제어 강재(TMC=Thermo-Mechanical Control)가 있다.

이외에도 건축구조용으로 이용되고 있는 강재로는 구조용 탄소강관(STKN), 일반구조용 각형강관(STKR), 박스Column에 사용되는 냉간롤성형각형강(BCR), 냉간프레스각형강(BCP) 등이 있다.

(1) SS재(KS D 3505) : 일반구조용 압연강재

기계가공을 중요시 하는 강재이나 용접성을 고려하지 않는 강재이다. KS에서는 화학성분 중 인(P), 황(S)의 양만 규정하고 용접성 확보는 규정하고 있지 않다.(SS400 경우 교량에 적용할 경우 비용접부에 한하여 사용 가능) 판두께 22mm 이하에서만 사용 가능하지만, 한랭지에서는 용접구조용 강재(SM)만을 사용해야 한다.

(2) SM재(KS D 3515) : 용접구조용 압연강재

용접성 확보를 위한 강재로 탄소와 망간의 양이 규정되어 있다. 저온 인성의 판단기준이 되는 샤르피 흡수에너지량에 따라 용접성이 우수한 A>B>C급으로 분류되어 있고, 저온 인성은 C>B>A순으로 우수하다.

(3) SMA재 : 고내후성 열간압연강재

격심한 부식조건일 때 사용하는 강재이다.

다음 〈그림 1-11〉은 구조용 후판압연강재의 분류체계를 나타낸 것이다.

① 맨 앞에 있는 영문 대문자들은 강재의 종류, 숫자는 인장강도를 의미한다.
종전 kgf/mm^2는 MPa를 사용

② 영문 대문자 A, B, C는 샤르피 흡수에너지의 등급
③ N, QT, TMC는 열처리의 종류
④ 특히 용접구조용 내후성 열간압연강재의 경우에는 샤르피 흡수에너지의 열처리 종류를 나타내는 등급과 영문 대문자 W와 P가 추가된다.
⑤ 내라멜라티어 등급에 따라서 ZA, ZB, ZC, ZD가 추가로 명시될 수 있다.
⑥ 샤르피 흡수에너지 A에서는 샤르피 흡수에너지의 제한 값이 없지만, B에서는 최소 0℃에서 27J 이상이고, C에서는 47J 이상이다.
⑦ 열처리의 종류를 나타내는 질소(N)는 소준(Normalizing), QT는 소입과 소려(Quenching & Tempering), TMC는 열가공제어(Thermo-Mechanical Control)를 의미한다. 따라서 열처리기호가 없는 강재는 As-Rolled된 상태로 공급한다.

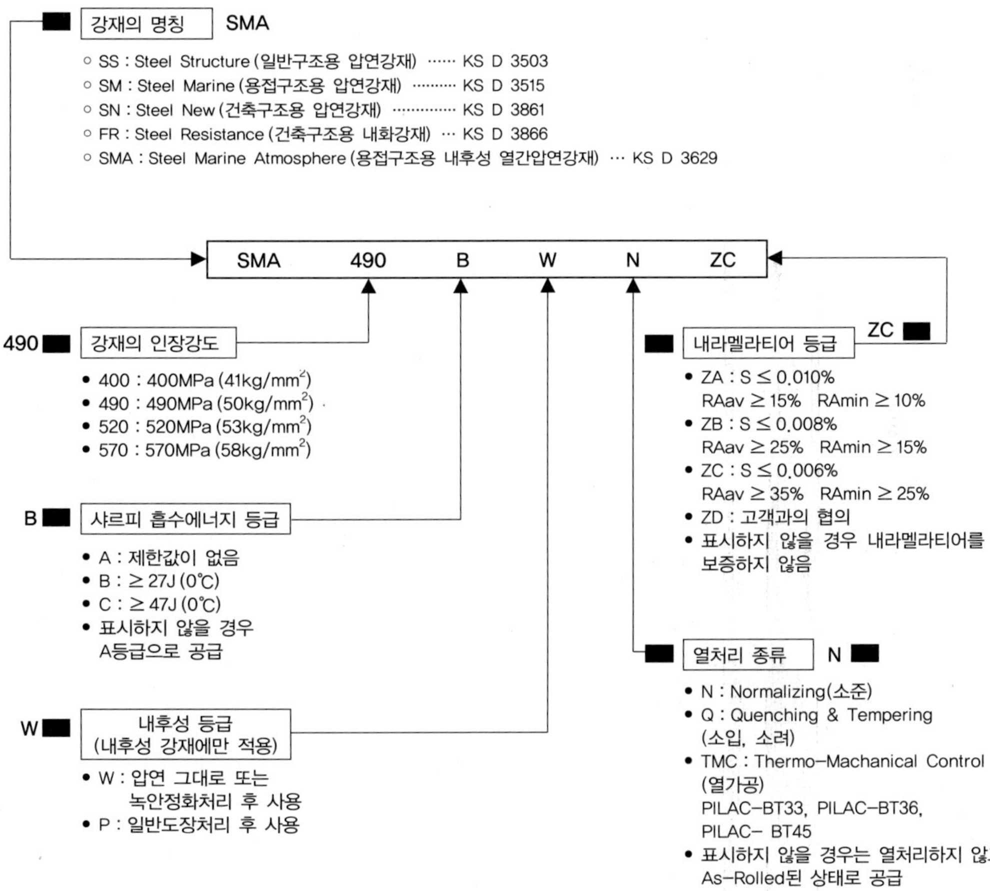

그림 1-11 구조용 후판압연강재의 분류체계

5. 특수 강재의 종류

5.1 구조용 특수강의 종류

(1) 고성능강(HPS : High Performance Steel)

표 1-3 고성능강의 분류 및 기술개발현황

목 적	고성능강의 종류		한국	일본	미국
강도	고강도강(고장력강)	80kg/mm^2	○	○	○
		70kg/mm^2	○	○	○
		60kg/mm^2	○	○	○
	일정항복강		○	○	○
	저항복비강		○	○	×
	극후판	t ≤100mm	○	○	○
		t >100mm	△	○	×
인성 및 용접성 성능 향상	고인성강		○	○	×
	저예열강		○	○	○
	대입열대응강		○	○	○
	내라멜라티어링강		○	○	○
	TMC강		○	○	×
내부식성 및 기타 성능 향상	무도장 내후성강		○	○	○
	내화강(FR강)		△	○	△
	SN강		○	○	○
	클래딩강(Clading강)		△	○	○
	LP강판		○	○	×
	CFT강		○	○	○
	교량케이블용 고강도강선(180kg/mm^2)		×	○	×
복합성능 향상 (강도, 내후성, 인성, 용접성 등)	HPS(High Performance Steel) * 미국(HPS), 일본(HBS), 한국(HSB)로 표시하고 있음		○	○	○

* [주] 강재기술 개발은 미국, 일본에 비해 떨어져 있다고 알려져 왔으나 최근 급속히 발전하고 있음을 알 수 있다.

1) 고장력강(High Strength Steel)

① 개요 : 인장강도가 50~100kg/mm^2 이상, 인성, 용접성, 내후성의 부가가치를 일반강 보다 높인 강이다.(국내에서는 80kg/mm^{2}급 이상은 아직 규정되어 있지 않다.)

② 적용 효과 : 높은 허용응력을 가지므로 교량구조의 합리화, 경량화를 도모한다.

③ 설계상 유의점 :

㉮ 단면강성의 저하로 처짐, 변형, 진동발생 우려가 있다.

㉯ 좌굴(Buckling)을 고려하여 세장비가 크지 않게 할 것

㉯ 피로는 일반과 동일 강도를 유지할 것

④ 기타 : 고장력의 용접성 및 제작상의 유의점으로는 용접균열, 인성 저하, 가공성이 낮은 점에 유의할 필요가 있다.

2) 일정항복강(Steel Constant Yield Point)

① 개요 : 설계기준에 명시한 판두께는 SM400C, SM490C, SM490YB, SM520C, SM570의 강 종류에 따라 기존의 50mm에서 100mm로 확대되었으나 동일 강이라도 판두께가 증가하면 항복강도 감소로 허용응력을 감소시켜야 하지만 판두께가 40mm를 초과해도 40mm 이하인 경우와 동일한 항복강도를 유지, 허용응력의 손실이 없도록 성능을 개선시킨 강재이다.

② 적용시 효과 : 허용응력의 손실만큼 강의 중량을 줄일 수 있어 경제성, 설계의 자유도가 증가하는 효과가 있다.

3) 극후판(極厚板 : Ultrathick Steel Plate)

① 100mm가 넘는 두꺼운 판재를 교량 등에 사용하는 강을 말한다.

② 각종 보강재의 생략으로 부재수의 감소 및 생략으로 단순화 가능, 극한상태에서 부재단면의 소성변형도 기대되어 변형능력의 증대 효과도 얻을 수 있다.

4) 고인성강(Steel with Excellent Toughness)

① 저온지역에서의 인성저하, 취성파괴 위험성을 극복하기 위해 질소(N) 성분을 0.006% 이하로 조정하여 인성을 향상시킨 강이다.

② 냉간성형성의 증대와 한랭지역에서의 적용성을 증대함으로써 사용 제한을 극복할 수 있다.

5) 내라멜라티어강(耐Lamellar Tear鋼)

① 개요 : 대형화, 초고층화에 따라 후판 사용시 용접작업시에 강판 두께방향(Z방향)으로 큰 구속응력의 작용으로 층상의 용접균열 발생(취성파괴 발생)이 우려되는데, 강판 두께방향의 용접균열 Lamellar Tear(층상균열) 발생방지를 위해 판두께 방향의 연성을 향상시킨 강을 말한다.(설계상 25mm로 규정되어 있으나 실제 15mm에서 발생하고 있다.)

② 품질의 특성 : 일반 강에 비하여 S성분을 낮게 관리하고, 일반재에 비해 두께방향의 연성(단면수축률, 연신율, 인성)이 우수하여 Lamellar Tear 방지가 가능하다.(두께방향 인장시험 : KS B 0802)

③ 강판의 적용범위와 등급 :

㉮ 적용범위 : 전체 후판 규격에 적용하여 기본품질보증과 동시에 두께방향의 연성을 추가로 보증한다.(15mm~80mm까지)

㉯ 강판등급 : 보증수준에 따라 3가지로 분류하고 있다.(예 : KS SM490B-ZB)

표 1-4 내 라멜라티어강의 등급 규정

등급	진공탈 GAS (RH)	S함유량 (%)	두께방향 단면수축률(%)		적 용	비 고
			평균 (3개시험관)	최소		
ZA	필요시 실시	≤0.010	15 이상	10 이상	LT가능성이 있는 구조부재	KS D 0276 참조
ZB	필요시 실시 PI처리	≤0.008	25 이상	15 이상	LT가능성이 높은 구조부재	
ZC		≤0.006	35 이상	25 이상	LT가능성이 높고, 안정성이 특별히 요구되는 구조부재	

(*자료 : 1998년 국토해양부 발행 "강 도로교 용접 및 도장요령" 참조)
[주] Z방향의 시험을 표시한 것이며, LT는 Lamellar Tear의 약자임.

6) TMCP강(Thermo-Mechanical Control Process)

① 개요 : 두께의 증가에 따라 강도저하, 용접성 확보 등에 대응하기 위하여 열간 압연시 가열, 압연, 냉각조건을 조절, 가속냉각과정의 냉각속도에 의해 강도를 상승시킨 강(鋼)이다.

② 용도 및 적용 :

㉮ 대형빌딩의 기둥부재(Box Column, H형기둥 등)로 사용된다.
──(사용 예 : 포스코센터, 목동하이페리온, 타워팰리스 등)

㉯ 장스팬구조의 주요부재(강관 및 트러스 구조 등)로 사용된다.
──(사용 예 : ASEM빌딩, 인천국제공항여객청사 등)

㉰ 초고층 건축물의 대다수에 적용하고 있으며, 토목구조물 중에서는 해양구조물과 강교량 등에 사용되고 있다.

③ 품질특성 :

㉮ 판두께가 40mm를 초과해도 설계기준강도(F_y) 저감이 없고, 내진설계를 위해 저항복비(Y_R=항복강도/인장강도)를 갖는다.

㉯ 저탄소량(C_{eq})으로서 용접성이 우수하다.

㉠ 일반강인 SM490B강의 저탄소량이 0.10~0.42%에 비하여 TMC강판은 0.27~0.37% 정도로 용접성이 우수하고 경도의 값이 극히 낮은 등급의 강이다.

㉡ 예열온도는 실용상의 온도보다 50~70℃ 낮은 관리가 가능하다. 두께 50mm를 초과하면 50℃의 예열이 필요하지만, 외기온도가 10℃ 미만인 경우 25℃ 정도의 예열이 필요하다.

㉢ 용접균열에 대한 감수성의 저하로 낮은 예열로도 용접이 가능하며, 변형교정시 선상가열 후에도 재질의 변화가 적은 강이다.

㉣ 탄소량이 적어 박스기둥의 용접시 발생하기 쉬운 용접금속의 균열을 방지할 수 있다.

㉰ 저탄소당량임에도 고강도이고 항복비가 낮아 내진성이 우수하며, SAW, ESW(대입열 용접기법)용접에서 인성의 저하 없이 강도 확보가 가능하지만 일반강에 비하여 판변형에 대한 감수성이 커서 길이방향보다 폭방향에 대한 판의 변형이 크므로 유의해야 한다.

다음 〈표 1-5〉는 TMC강재의 규격 및 기계적 성질을 표시한 것이다.

표 1-5 TMC강재 규격 및 기계적 성질

종류 (KS규격)	두께 (mm)	Ceq (%)	Pcm (%)	항복점 (MPa)	인장강도 (MPa)	연신율 (%)	항복비 (%)	충격값 E(J)	단면수축률 RAz(%)
PILAC-BT33 (SM490TMC)	40 초과 50 이하	0.38 이하	0.24 이하	325 ~400	480 ~610	23 이상	80 이하	27 이상 (0℃)	25 이상
	50 초과 80 이하	0.40 이하	0.26 이하						
PILAC-BT36 (SM520TMC)	40 초과 50 이하	0.40 이하	0.26 이하	355 ~470	520 ~640	21 이상	80 이하	27 이상 (0℃)	25 이상
	50 초과 80 이하	0.42 이하	0.27 이하						
PILAC-BT45 (SM570TMC)	80 이하	0.37 이하	0.15 이하	440 이상	570 ~720	20 이상	85 이하	100 이상 (−5℃)	25 이상

7) 내후성강(Weathering Steel)

① 개요 : 대기 중의 부식에 잘 견디는 성질, 일반강에 구리(Cu), 크롬(Cr), 인(P), 질소(N) 등의 내식성이 우수한 원소를 소량 첨가한 저합금강으로 4~8배의 내식성을 가진 강(스테인리스 고합금강 보다는 못함)으로 약 20% 정도로 고가이다.

② 종류 : SMA400, SMA490, SMA570 등이며, 다시 각각 A, B, C로 나누고 무도장일 때 W, 도장일 때 P로 표시한다. KS D 3529(용접구조용 내후성 열간압연강재)에 의하면 도장용 내후성강으로 SMA000AP, BP, CP 등이 있는데, 이는 무도장 내후성강에 비하여 더 열악한 환경인 해안지대의 교량, 조명타워, 해상용 컨테이너, 콘크리트믹서 제작용 등에 이용되며, 무도장 내후성강으로 SMA000AW, BW, CW로 나타내고 있는데 내후성이 높아 무도장으로 사용하는 곳에 사용하며 재도장이 필요 없으므로 유지관리비용의 절감과 상수원 보호구역 등에서 환경보호에 유리하며 외관도 우수하다. 또 표면처리에 따라 Blasting실시와 미실시, 녹안정화처리 등으로 구분하고 있다.

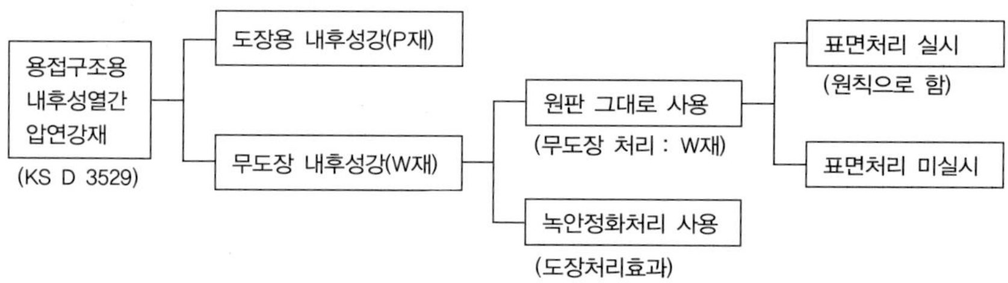

그림 1-12 내후성강의 분류

③ 내후성강의 방식원리 : 내후성강이 외기에 노출되면 초기에는 일반강과 유사하게 녹이 발생하지만 시간의 경과에 따라 크롬(Cr) 성분을 함유한 녹층이 모재에 빈틈없이 밀착하여 보호 산화피막인 안정녹층을 형성하고, 이 안정녹층이 산소와 물의 차단 작용을 함으로써 대기에서의 부식에 대한 보호막인 도장 역할을 하게 되어 부식이 진행되지 않도록 억제하게 된다. 내후성강재의 종류별 특징은 다음 〈표 1-6〉과 같다.

표 1-6 내후성 강재의 종류별 특징

<table>
<tr><th colspan="3">종 류</th><th>규격(KS)</th><th>특 징</th><th>적 용</th></tr>
<tr><td rowspan="5">용접
구조용
내후성
열간
압연
강재
(KS D
3529)</td><td colspan="2">도장용
내후성강</td><td>SMA000AP
BP
CP</td><td>① 경제성을 고려한 내후성강으로 도장하여 사용한다.
② 동일한 도장계를 적용한 경우에 일반강에 비해서 재도장 주기가 1.5~2배 정도 길다.
③ 해안지역에서 사용할 경우 일반강에 비해서 유리하다.
④ 미관을 중요시 할 경우에 사용한다.</td><td>㉮ 무도장 내후성강에 비해 열악한 환경에 사용한다.(해안지역)
㉯ 교량, 조명타워 등 해상용 컨테이너 구조물
㉰ 콘크리트 믹서</td></tr>
<tr><td colspan="2">무도장
내후성강</td><td rowspan="4">SMA000AW
BW
CW</td><td colspan="2">① 내후성이 높으므로 무도장으로 사용할 수 있다.
② 재도장이 불필요하므로 유지관리비용이 절감되고 환경보호에 유리하다.(예 : 상수원 보호구역 등)</td></tr>
<tr><td rowspan="3">표
면
처
리
종
류</td><td>Blasting
실시</td><td>① 비교적 경제적이며 우수한 외관을 갖는다.</td><td>㉮ 조기에 균등한 외관을 필요로 한 지역(도심 및 전원지역)</td></tr>
<tr><td>Blasting
미실시</td><td>① 가장 경제적이지만 흑피박리에 시간이 필요하여 상자형 교량에서는 적합지 못하다.</td><td>㉮ 조기에 미관을 필요로 하지 않는 지역에 사용(산악지 등)</td></tr>
<tr><td>녹안정화
처리</td><td>① 도장한 것처럼 외장이 미려하여 도장용 내후성강보다 경제적이다.</td><td>㉮ 외관을 중요시 하는 지역에 사용(도심지)</td></tr>
</table>

8) 건축구조용 고성능 후판강재 / 강판SN

① 개요 : SN(Steel New)는 일반의 강재 SS, SM보다 내진성과 용접성을 개선한 새로운 건축구조용 강재이다. 또 SN강재는 낮은 항복비 때문에 높은 소성변형 능력 확보가 가능하여 판두께 방향의 단면수축률을 보증하므로 라멜라티어가 발생할 우려가 적고 낮은 탄소량을 유지할 수 있어 용접이 용이하다. SN을 기본으로 하는 고성능 강관재로는 STKN의 원형강관과 각형강관인 SPAP 및 SPAR 등이 있다. 따라서 SN강재는 내진성이 요구되면서도 설계기준강도를 10% 저감하지 않아도 되는 40mm 이하의 후판재로 사용하는 것이 유리하다.

일반강재		고성능강재
SS400	→	SN400A
SM400B,C	→	SN400B,C
SM490B,C	→	SN490B,C

② SN강재의 특성 :

㉠ 내진성이 우수

㉡ 용접성이 우수

㉢ 판두께의 마이너스 공차를 엄격히 관리(−0.3mm)

③ SN강재의 적용대상 :

㉠ A종 : 2차 부재와 함께 큰 하중을 받지 않는 부재에 사용하는 강의 종류이다.

㉡ B종 : 소성변형능력과 용접성이 요구되는 내진상 주요 구조부에 사용하는 강의 종류이다.

㉢ C종 : B종 성능에 판두께방향 특성을 부여함으로써 박스기둥의 스킨플레이 같이 판두께 방향의 성능과 대입열용접(ESW)이 요구되는 부재에 사용하는 강의 종류이다.

9) LP강판(Tapered Plate)

① 개요

그림 1-13 기존 후판과 LP강판의 비교

② LP강판의 장점

㉠ 자중을 감소시킬 수 있어 재료비가 절감된다.

㉡ 공기단축 및 제작이 용이하다.

㉢ 공장제작으로 품질이 우수하다.

㉣ 피로성능의 향상 및 유지관리에 유리하다.

10) CFT강관(CFT : Concrete Filled Steel Tube)

① 개요 : 강관 내부에 콘크리트를 충전한 구조형식으로 콘크리트와 강관의 재료적 특성을 효율적으로 포함한 기둥시스템(System)으로, 내력의 증대, 변형능력의 향상, 강성의 증대 등 우수한 역학적 효과를 가진다. 거푸집 작업의 해소로 시공성, 공장제작에 의한 품질 확보 등이 가능한 구조형식이다.

② CFT의 구조적 장점 :

㉠ 외부강관이 충전콘크리트를 구속하고 있어 CFT기둥에 부재의 압축력이 작용할 경우, 내부콘크리트는 3축응력 상태가 되어 부재 압축강도 증가현상을 보이는데, 원형 강관일 때 효과가 크다.(충전 콘크리트는 강관의 국부좌굴을 억제하고 강관은 콘크리트를 구속하여 강도 및 인성을 증대시킨다)

㉡ 과도한 하중에 의해 압괴가 발생할 경우 일반 콘크리트는 콘크리트 탈락에 의한 단면 손실로 내력이 저하하지만 CFT기둥은 압괴 후 단면 손실이 없으므로 내력 저하가 적다.

㉢ 외부강관이 충전 콘크리트를 감싸는 폐단면 부재이므로 비틀림에 강한 특성을 가지고 있다.

㉣ 충전콘크리트로 인해 기둥–보 Panel Zone에서의 전단내력이 증가한다.

㉤ 충전콘크리트의 열용량이 크기 때문에 순수강구조에 비해 내화성이 향상된다.

㉥ 철근콘크리트조에 비해 거푸집 및 철근공사가 불필요하여 생산성 향상과 공기단축이 가능하다.

㉦ 강관을 외측에 사용함으로써 고강도 강재를 효과적으로 적용할 수 있고, 시각적으로 우수한 외관을 형성할 수 있다.

③ 적용 사례 : 삼성건설기술연구소, 타워팰리스 스포츠클럽, 현대자동차 첨단연구센터 등이 있다.

(2) 고성능 및 고장력강의 장점

① 강재의 저감에 의한 건설공사비를 절감할 수 있다.

② 소성능력 부여에 따른 내진성능을 향상시킬 수 있다.

③ 용접 건전성 확보에 따른 시공의 신뢰성을 향상시킨다.

④ 장스팬 구조를 위한 휨부재의 설계가 용이하고 층고의 절감이 가능하다.

⑤ 부재의 콤팩트화로 유효공간을 확대할 수 있다.

⑥ 건물의 자중감소로 인해 내진설계시 지진하중이 감소한다.

⑦ 철근콘크리트 건물에 비해 기둥의 수축치(shortening)가 적다.

재료에 대해 정리해 보면...

1. 건축에 사용되는 강재의 종류는 어떤 것이 있는가?

일반적으로 건축에 사용되는 강재의 종류는 KS규격으로 정해져 있고 화학성분 및 기계적 성질로 결정된다. 건축구조의 구조체로 사용되고 있는 종래의 강재는 SS400, SM490이다. 이에 해당되는 KS규격에 규정되어 있는 것을 보면 다음과 같다.

SS재 : KS D 3503 – 일반구조용 압연강재
SS300, 400, 490, 540
SM재 : KS D 3515 – 용접구조용 압연강재
SM400A, B, C
SM490A, B, C
SM490YA, YB
SM520B, C

2. 강재표기의 의미

KS규격은 본래 건축용 강재만을 의미하여 규정한 것은 아니다. 건축에서는 판두께 방향으로 작용하는 힘 등 여러 가지 작용하는 힘이 있는데, 최근에 KS D 3861 건축구조용 압연강재(SN재)가 생산되기 시작하면서 SS재와 SM재가 공동으로 사용되고 있다.

SMA 490 A
- A: 내충격성을 구분한다. (A<B<C의 순서로 내충격성이 높다)
- 490: 인장강도(N/mm^2)
- SMA: 강재의 종류를 표시한다.

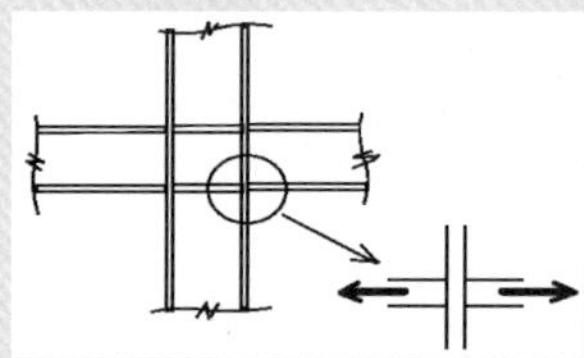

3. SN강재의 표기 의미

SN 490 B
- B: 사용구분을 표시한다((A, B, C)
- 490: 인장강도
- SN: (건축구조용)고강도압연강재의 표시

4. 샤르피 충격시험(Sharpy impact Test)

강재는 저온에서 점성의 강도가 상실되어 취성파괴를 일으키게 된다. 이 취성을 판단하는 지표로 샤르피 충격시험에 대한 흡수에너지 값을 얻게 되는데, V자형으로 절취한 시험편을 흔들리는 해머로 쳐서 시험편이 파탄된 후 시험기 해머의 각도와의 차이로 흡수에너지 값을 측정하게 된다. 따라서 이 값이 크면 인성이 풍부한 것으로 판단한다.

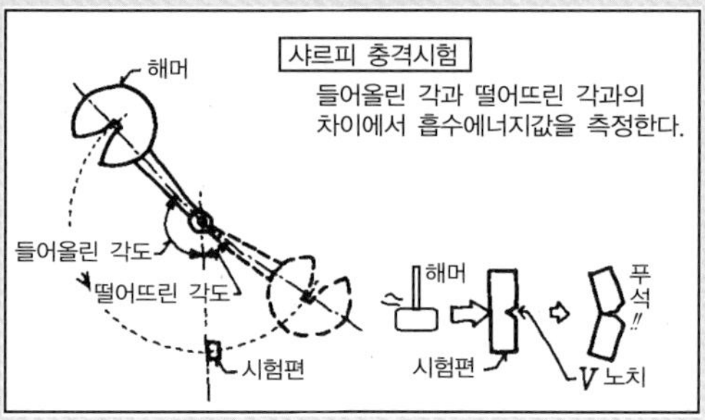

〈아날로그 샤르피 충격시험기〉

2 재료의 구법과 유통경로

1. 철골구조와 구법
2. 철골재의 유통경로

제2장 재료의 구법과 유통경로

1. 철골구조와 구법

1.1 건축 철골구조의 특징

철골구조(S조)의 특징을 이해하기 위해서는 철근콘크리트구조(RC조)와 비교하면 쉽게 장점과 단점을 이해할 수 있을 것으로 본다.

(1) 철골구조의 장 · 단점

1) 장점

① 철골구조는 철근콘크리트구조(RC조)에 비하여 단면적이 적기 때문에 건물 전체의 경량화가 가능하다.

② 철골은 친환경적인 재료이다. 100% 리사이클이 가능하다.
(콘크리트 리사이클률 : 약 50% 이하)

③ 부재 대부분이 공장제작으로 현장에서는 조립만하면 되므로 현장에서 매층마다 작업하는 RC조에 비해 공기를 단축할 수 있다.

④ 재질이 강하기 때문에 고층 또는 초고층, 대공간 등의 건축에 사용된다.

2) 단점

① 내화적이지 못하여 내화피복이 필요하다.

② 부식이 쉬워 방청도장, 용융아연도금 등의 부식방지가 필요하다.

(2) 이용방법에 따른 구조의 특징

① 철근콘크리트조, 철골철근콘크리트 구조 : 주택, 병원 등으로 사람이 조용하게 거주할 수 있는 건축물에 사용되고 있다.

② 순철골구조 : 기타 공공시설 건축에 사용되고 있다.

(3) 철골재의 3종류

① 경량철골 : 박판으로 판두께 4.0mm 미만의 경량 구형강 · 각형강관
(주택, 소규모 공장 및 창고에 사용된다.)
(바닥 연면적당 철골 사용량 : 20~70kg/m^2)

② 보통철골 : 판두께 4.0mm 이상인 철골재를 말한다.
(보통 빌딩, 공장 · 점포에 사용된다.)
(바닥 연면적당 철골 사용량 : 60~100kg/m^2)

③ 중량철골 : 초고층 건축, 강당, 대형스팬(Long Span)구조에 사용된다.
(바닥 연면적당 철골 사용량 : 120~240kg/m^2, 발전소 등의 공작물 대공간 건축물일 때는 190~600kg/m^{2}가 소요되고 있다.

표 2-1 소요 철골량 추정(중층 정도의 건축물일 때의 강재 사용량 비교)

<table>
<tr><th>항 목</th><th>철골조
(S조)</th><th colspan="2">철골CONC
구조(RC조)</th><th>철골철근CONC
구조(SRC조)</th></tr>
<tr><td>철근, 강재 및
콘크리트합계
중량(kg/m^2)</td><td>1,293(55%)</td><td colspan="2">2,343(100%)</td><td>1,904(81%)</td></tr>
<tr><td>철근, 강재
중량(kg/m^2)</td><td>178(116%)</td><td colspan="2">153(100%)</td><td>194(127%)</td></tr>
<tr><td rowspan="3">비 고</td><td>기둥 : 각주, 둥근강관</td><td>기둥</td><td rowspan="3">철근
+CONC</td><td>기둥 : +자형기둥에 철근+CONC</td></tr>
<tr><td>보 : H형강</td><td>보</td><td>보 : H형강에 철근+CONC</td></tr>
<tr><td>바닥 : Deck Plate 철근+CONC</td><td>바닥</td><td></td></tr>
</table>

(4) 철골구법의 특징

① H–Beam제작법 :

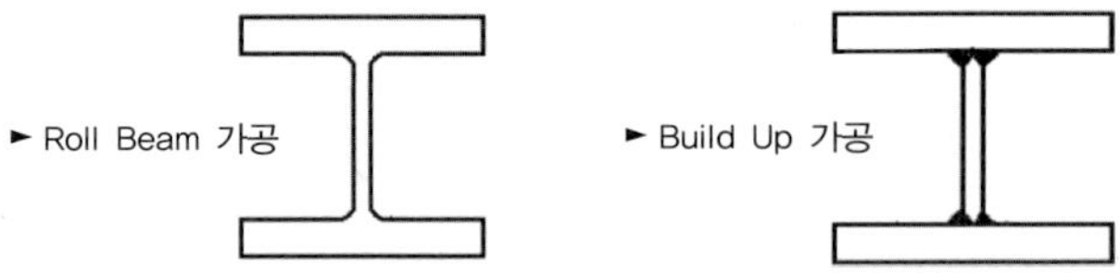

② CFT(Concrete Filled Tube)공법 : Steel plate판 두께 25~30mm 정도의 구형 강관으로 CFT공법은 H–Beam 사용시보다 철골량을 감소시킬 수 있다.

[참고] H–Beam을 사용한 30층짜리 B/D이라면 약 30,000톤의 철골이 소요된다면 CFT로 하면 약 60%인 18,000톤으로 가능하다고 한다.

③ TSC공법 : Steel plate로 Beam을 만들어 거푸집 대용으로 사용하므로 층고를 낮출 수 있는 장점이 있다.

④ SPS공법 : 본 구조물을 가설화하여 사용하며 지하실 공사에 이용되고 있다. Beam은 Strut 대용으로 사용된다.

⑤ CORE선행공법 : 중앙부 코–어의 철근콘크리트를 먼저 시공한 다음 철골을 설치하는 공법 중의 하나이다.

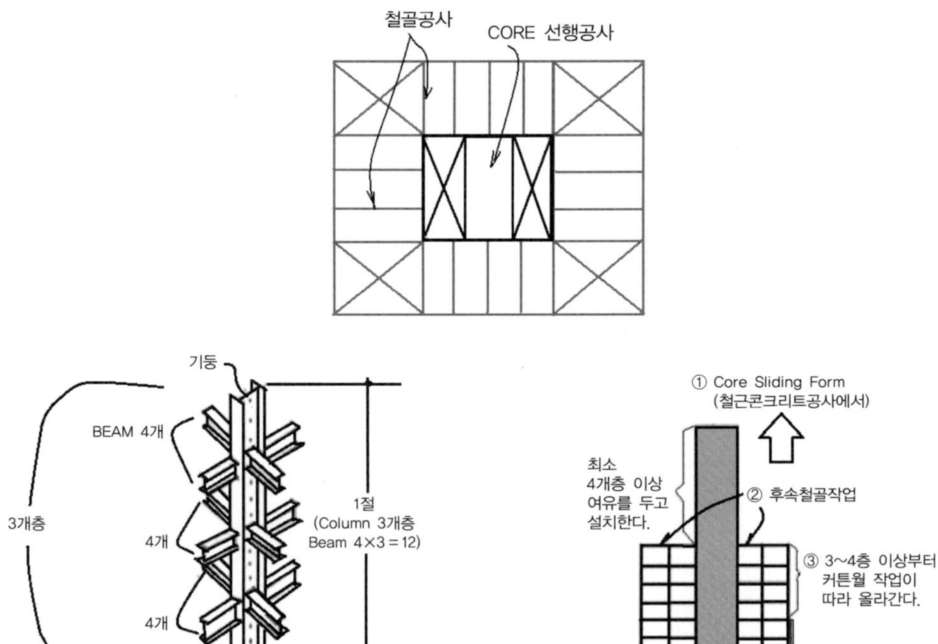

그림 2–1 철골기둥 1개 절의 구성과 코어 선행공법

- Column구조는 철골공사 복수층(대개 3개 층) 기둥을 1부재로 제작하고 이 부재의 기본 단위를 1절이라고 한다.

- Erection작업에서는 미국의 경우는 2개 층이 1절이고, 한국과 일본, 중국의 경우는 3개 층이 1절로 되는 경향이 일반적이다.

* 출처 : 내셔널지오그래픽채널(아부다비 소재 CORE공법을 이용한 원형 건축물)

그림 2-2 코어선행공법으로 건축중인 빌딩(외국)

그림 2-3 코어선행공법으로 건축중인 빌딩(국내)

⑥ NS Beam공법 : Roll Beam대체공법으로 Steel Plate로 Build Up 가공하지만 상하의 폭이 다른 점이 특징이다. 층고 절감 효과와 철골조 물량 감소 및 내화피복 면적이 감소되어 경제적인 이점이 있다. 처짐이나 진동성능을 향상시킨 공법이다.

1.2 강재 종류에 의한 특징

(1) 건축구조용 압연강재(SN=Steel New) : KS D 3861

강재로는 SN400A, SN400B, SN400C, SN490B, SN490C 등이 있다.

* SN	강재의 종류
* 400~490	강재의 기계적 성질. 즉 강재의 인장강도 하한치가 400N/mm^{2}이다.
* A<B<C	• 용접성을 보증하는 화학성분의 제한치 • 그 외 SS400, SM400A, STK400, STKR400, SSC 등과 리벳용 강재로 SV34, SC41A가 사용되고 있다. • 초고층빌딩, 대스팬의 건축에서는 두께 40mm 이상의 후판강재를 이용한 고장력강(SN490B, TMCP강, SMA490)이 많이 사용되고 있다. • SN에는 강판 · 형강 · 평강 · 강대가 있고, 두께 6mm 이상, 100mm 이하로 제작한다. • 한랭지에 사용하는 강재는 SN규격상의 충격치가 보장되는 C를 사용해야 한다. 즉 SN400C, SN490C 등

새로운 내진설계에서는 부재의 소성변형성능 등의 확보와 접합부의 내력이 요구되고 있다. SN재는 이러한 성능을 고려하여 규격화된 제품으로 특히 B종과 C종은 충분한 소성변형능력을 확보함과 동시에 용접에 대한 배려로 제조된 제품으로 다음과 같이 구분하여 사용되고 있다.

기 호	사용구분
SN400A	소성변형성능을 기대하지 않는 부재 또는 부위. (예 : 사이 기둥이나 작은 보 등의 용접을 하는 구조내력상 주요부분에는 사용하지 않는다.)
SN400B, SN490B	일반 구조부재에 사용한다. (SN400C, SN490C의 사용 구분 외의 사용)
SN400C, SN490C	판두께 방향으로 큰 인장응력을 받는 부분에 사용한다.

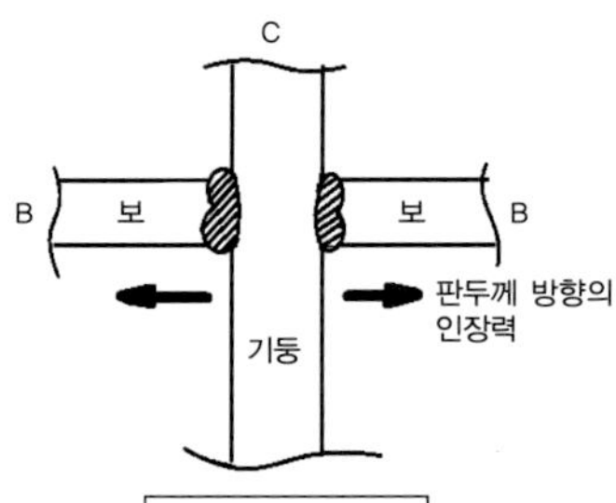

SN재의 사용구분

(2) 건축구조용 냉간성형 경량형강(SSC) : (1949년 미국 AISC 발표)

SSC는 두께가 얇고 너비가 일정하게 좁고 긴(Slitter) 강판으로 만들어 냉간성형한 것이다.(Deck plate, 경량 C형강에 사용된다.)

(3) 일반 구조용 압연강재(SS=Steel Structure) : KS D 3503

SS는 규격제한은 없으나 용접성을 고려하지 않는 강재이다. 판두께 22mm 이하에서만 사용한다.

(4) 고내후성 열간압연강재(SMA=Steel Marine Atrnosphere) : KS D 3529

격심한 부식조건일 때 사용하는 강재이다. 상수도지역에 위치하여 수자원 보호 목적으로 이 강재를 사용하여 건설한 양평대교 강교에 대해 이곳을 지나는 많은 이들이 교량관리를 잘못하여 부식했다는 핀잔의 소리를 들었다는 일화는 유명하다.

(5) 용접구조용 압연강재(SM=Steel Marine) : KS D 3515

용접 건축구조용 압연강재(SM=Steel Marine : KS D 3515)는 용접구조에만 사용해야 한다.

*	SM강재는 후판(厚板)일 경우에는 적절한 용접시공관리가 별도로 필요하다.
**	샤르피 흡수에너지량에 따라 용접성이 우수한 A, B, C급으로 분류하고, 반대로 저온인성은 C, B, A순으로 우수하다.

(6) 건축구조용 탄소강관(STKN)

SN에 준하는 탄소원형강관으로 외경은 21.7~1,574.8mm, 또 STKN400과 STKN490으로 강도를 구분하고 있다. 건축용 비계, 서포트 등에 많이 이용된다.

(7) 건축구조용 압연봉강(SNR)

앵커볼트에 사용하는 강재이다.(SN과 동일한 성질을 가지고 있다.)

(8) 일반 구조용 각형강관(STKR)

STKR400과 STKR490으로 강도를 구분하고 있다. 동일 각형 강관으로 BCR, BCP가 있다.

*	BCR	냉간 롤성형 각형강관 (BCR295 : 인장강도 400N/mm^2)
**	BCP	냉간 프레스성형 각형강관 (BCP235 : 400N/mm^2, BCP325 : 490N/mm^2)
비 고		(BC는 Box Column의 약자 BC와 제조방법을 표시하는 롤성형의 R, 프레스성형의 머리글자 P를 사용한 것.)

1.3 구조용 형강

(1) 형강의 형상과 규격표시

	명칭	단면 형태	부재치수 표시법
형강	등변 L형강	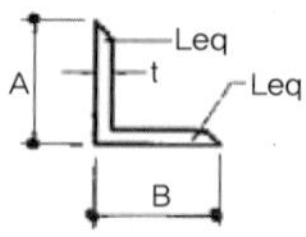	L－A×B×t
	부등변 L형강	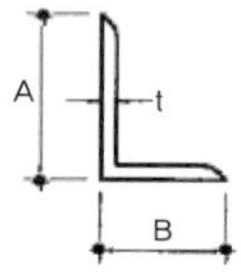	2Ls－A×B×t
	ㄷ형강	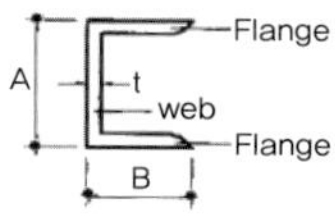	ㄷ－A×B×t
	I-형강	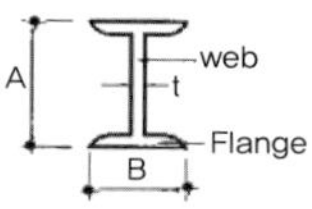	I－A×B×t
	H-형강	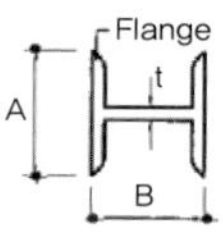	H－A×B×t
	T-형강	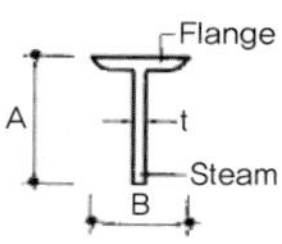	T－A×B×t
	Z-형강	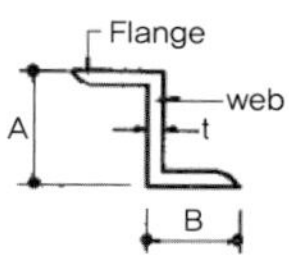	Z－A×B×t

명칭	단면 형태	부재치수 표시법
환강		ϕ－D 또는 Dϕ
각강		□－A
박판	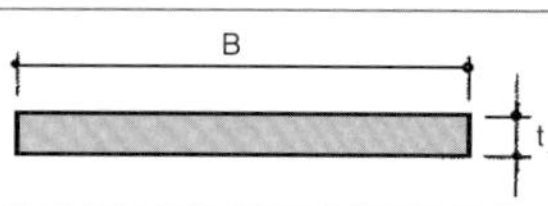	PL－B×t
후판		
평강	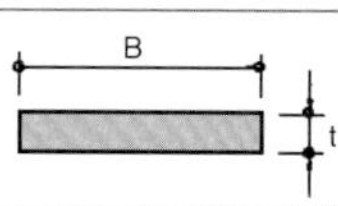	▭－B×t

그림 2-4 구조용 형강의 형상

(2) 국내외 강재의 규격 비교

강종	POSCO		KS		JIS		ASTM	
	기호	등급	기호	등급	기호	등급	기호	등급
일반 구조용강			KS D 3503	SS330 SS400 SS490	JISG 3101	SS 30 SS400 SS490	ASTM A283 ASTM A36	Gr.A,B,C,D
용접 구조용강			KS D 3515	SM400 SM490 SM520 SM570	JISG 3106	SM400 SM490 SM520 SM570	ASTM A284 ASTM A527 ASTM A633	Gr.A,B,C,D Gr.42,52,60,65 Gr.A,B,C,D,E
TMCP강	PILAC	BT33 BT36	KS D 3515	SM490 −TMC				
내진강					JISG 3136	SN400 SN490		
내화강					JIS	SM400 SM490		
내후성강			KS D 3529	SM400 SMA490 SMA570	JISG 3114	SMA400 SMA490 SMA570	ASTM A441 ASTM A558	Gr.A,B,C,D,E,F

2. 철골재의 유통경로

2.1 강재의 유통경로

강재의 유통경로는 제조사(maker), 강재판매상사, 강재도매상, 중간가공회사(예 : 샤-링 메이커)가 있으나 대량 구매시에는 일반적으로 제조사(maker)로부터 구매하던가 또는 제작공장에 재료구매과정을 위임하는 경우도 있다.

강재료 구입시에는 재료의 품질이 틀리지 않도록 반드시 재료품질 증명서를 받도록 하고, 강재 제조사에서 발행하는 제품의 품질증명서를 밀 시트(Mill sheet)라고 한다. 재료의 구입부터 반입시에는 제조사로부터 규격품증명서, 가공자의 가공품증명서, 증명번호, 용접번호(원품증명서), 히트넘버(Heat No) 및 롤넘버(Roll No) 등을 확인해야 한다.

2.2 강재발주와 구매스케줄(Schedule)

(1) 구매와 납기일

강재를 발주하기 전에 명세서를 작성하고, 실제로 철골제작공장에서 납입까지의 기간은 강재에 따라 상당한 차이가 있다. 또, Roll Beam 대응품을 제작하면 납기기간이 길어지고, 시중의 재고품을 이용하면 기간을 단축할 수 있으나, 발주시 롤-품목 등의 납품시기와 양(量)은 중요한 요소이다. 일반적으로 판두께 40mm 이상의 강재나 항복점 385N/mm^2 이상의 강재일 때의 납기일은 대개 4.5~5개월 정도(최근 수요의 증가로 2.5개월 정도에 가능하다고 한다)가 소요되며, 각형강관일 때는 2.5~3개월, Roll-H형강일 때는 1.5~2개월, 조립H형강(Buid up)일 때는 3.5개월 정도 소요되고 있다.

2.3 제조강의 종류와 형상

(1) 제조강의 종류

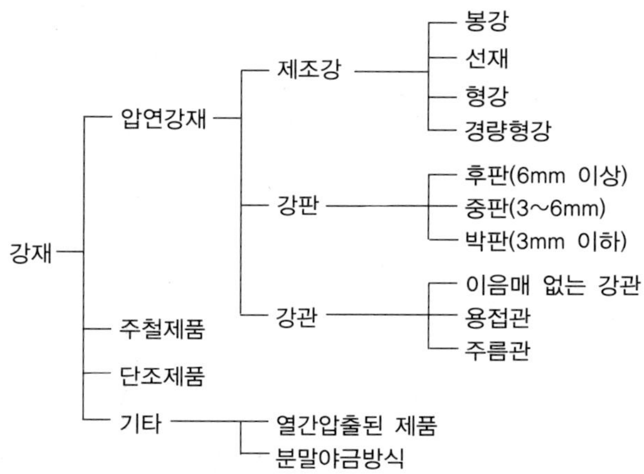

그림 2-5 제조강의 종류

(2) 제조강의 형상

그림 2-6 제조강의 형상 : (형강)

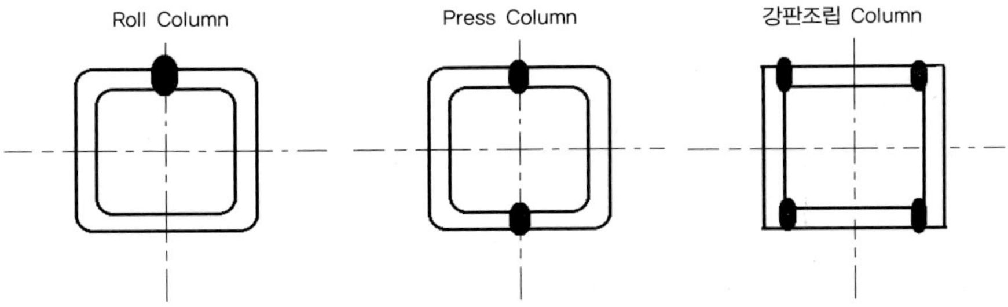

그림 2-7 제조강의 형상 : (각형강관)

(3) 강재 발주시 조사항목 및 확인사항

① 설계시방서 및 지시사항

② 사용강재의 종류 확인(예 : SS400, SN400A, B, C, SM490A, SN490B, C 등)

③ 제조사(maker)의 지정 유무

④ 체결볼트의 종류

⑤ 방청도장의 범위와 종류

H형강의 경우에는 빌드업(Build up) 타입과 롤빔(Roll Beam) 타입의 경우 가공시 웨브(Web) 또는 플랜지(Flange) 등의 용접접합을 동시에 검사 · 확인한다.

(4) 강재의 구매스케줄 사례

다음 〈그림 2-8〉은 강재구매스케줄 일정을 그림으로 나타낸 것이다.

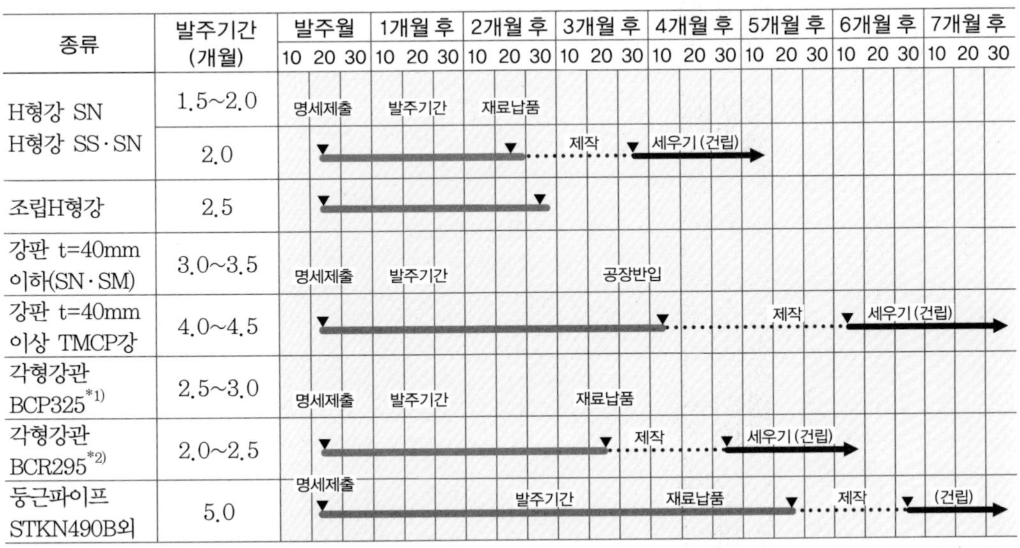

[주] TMCP강의 경우 일반적으로 주문기간이 4.0~4.5개월 소요되었으나 최근 2.0~2.5개월 정도에 구매가 가능할 정도로 소요량이 늘어 급변하고 있다.

그림 2-8 강재구매 스케줄(사례)

철골재 기본상식

1. 강재의 종류와 형상

건축에서 흔히 사용되는 강재의 단면형태에 대해 그 특징 및 사용용도를 알아보자.

- □ (각형강관, BOX) : 단면성능에 방향성이 없고 축방향에 대해 강하기 때문에 기둥재로 사용한다.
- ○ (강관, PIPE) : 위와 동일하며, BOX형과 같이 기둥재와 트라스재로 많이 사용된다.
- H (H형강) : 일방향 단면성이 우수하여 기둥, 보에 사용되는 경향이 많다.
- L (산형강, 앵글) : L형강으로 취급이 편리하여, 경미한 브레이스트라스재, 지붕재의 부품재로 만히 사용된다.
- [(구형강, 채널) : 열간 롤로 만든 두꺼운 강재로 소규모 건물에 사용된다.
- C (경량형강, 채널) : 엷은 판재의 냉간 롤로 만든 것으로 지붕재와 보, 주택 등의 소규모 건물 기둥 및 보에 사용된다.
- I (I형강) : 경미한 크레인, 레인 등에 사용된다.

2. BOX재의 여러 가지 형태

BOX재는 용접조립 각형강관(Build up Box)과 냉간성형 각형강관을 주로 기둥재로 사용하는 외에도 여러 구조재로 사용되고 있다.

① 용접조립각형강관 : 4장의 강재판을 BOX 상태로 조립하기 위해 모퉁이를 용접한 것.

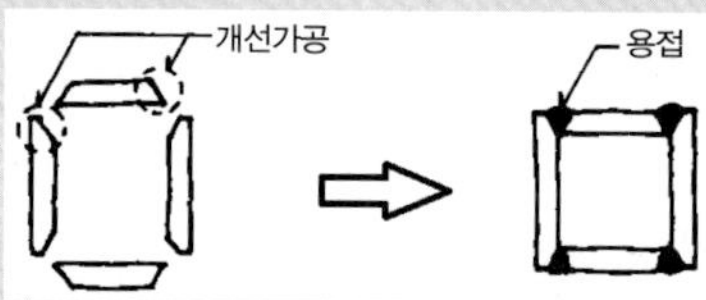

② 냉간성형각형강관 :

㉮ Rolled 성형강관 : 냉간에서 원통형상으로 성형하여 다시 각형롤로 성형한 것. 일반적으로 ㅁ－500×500×22 정도 이하로 비교적 작은 사이즈이다.

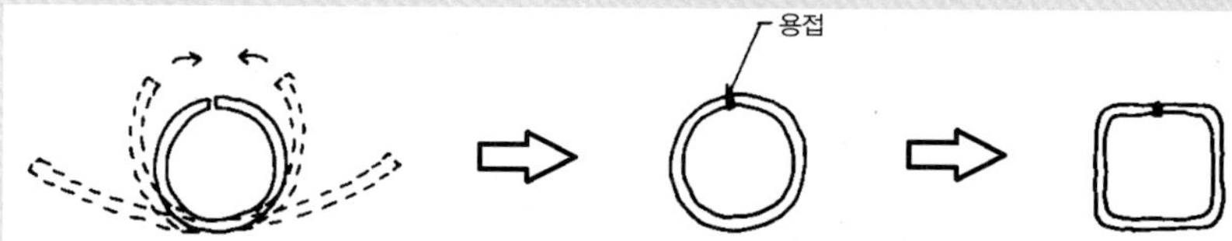

㉯ Press성형강관 : 프레스로 ㄷ형 2개를 조립하여 용접하는 2 Seam Type과 Box에 근접한 상태로 프레스하여 용접한 1 Seam Type이 있다. 대체로 규격은 ㅁ－300×300×9, ㅁ－1000×1000×40까지의 대형규격이 있다.

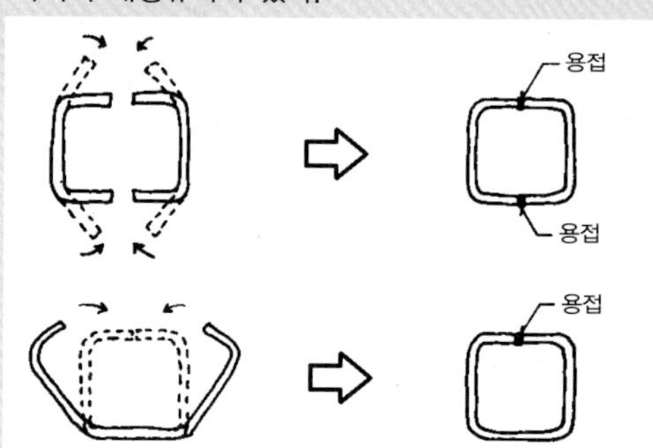

철골 용어해설

① Rolled H : 형강을 열간으로 Roll성형하여 제조된 H형강이다.
② BH(Build up H) : 강판에 강대를 용접하여 조립한 H형강이다.
(더물긴 하나 WH로 표시하는 경우도 있다.)

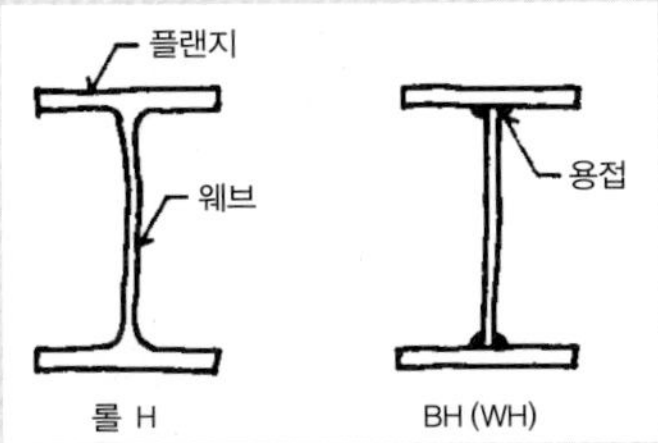

③ 플랜지(Flange), 웨브(Web) : H형강에서 각부의 명칭으로 Flange는 I형단부의 상하 부분이고, Web는 전단력을 부담하기 위해 플랜지와 잇는 부분이다.(그림 참조)

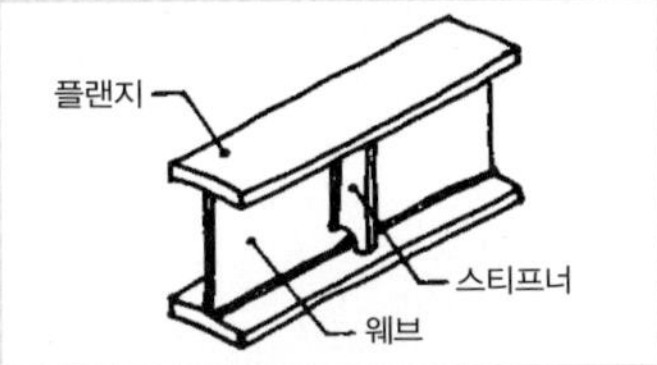

④ 스티프너(Stiffener) : 기둥, 보 등의 웨브 플레이트로 국부좌굴을 방지할 목적으로 쓰이는 보강재 (위 그림 참조)
⑤ 다이어프램(Diaphragm) : 중공단면의 기둥과 보의 격벽 부분의 강성을 높이기 위해 기둥재 등의 중간에 조합시킨 보강재로 판상의 스티프너이다.

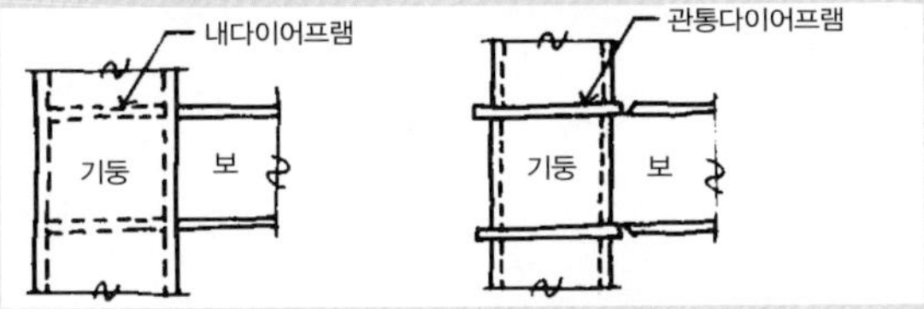

⑥ 커버 플레이트(Cover Plate) : 보강용 덧판
⑦ 리브 플레이트(Rib Plate) : 기둥, 보의 플랜지 및 웨브플레이트가 국부적인 변형이 되지 않도록 덧붙인 보강판재.

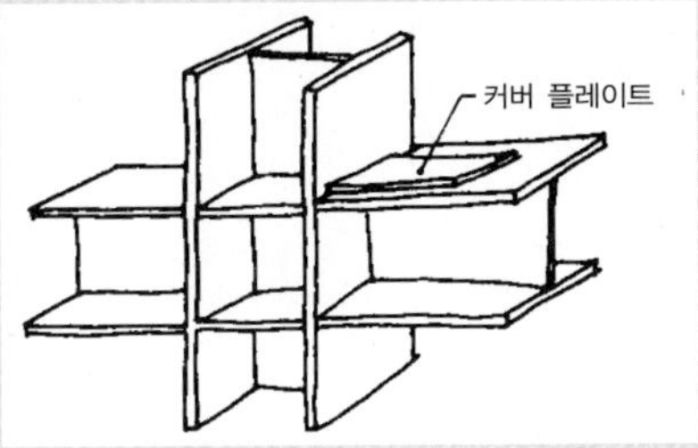

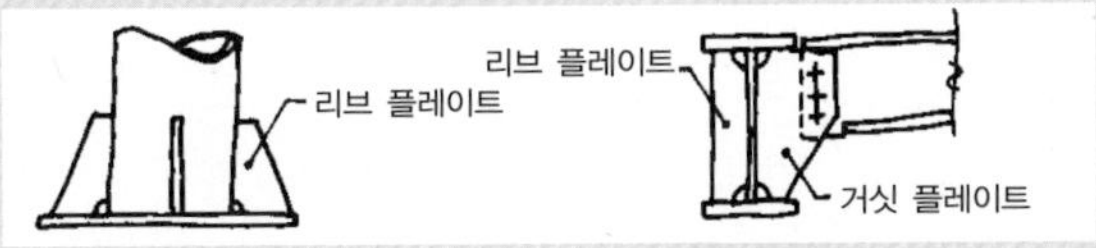

⑧ 거싯 플레이트(Gusset Plate) : 철골구조의 큰보, 작은보 등의 접합재 절점에서 부재를 접합하기 위해 사용하는 연결판재.

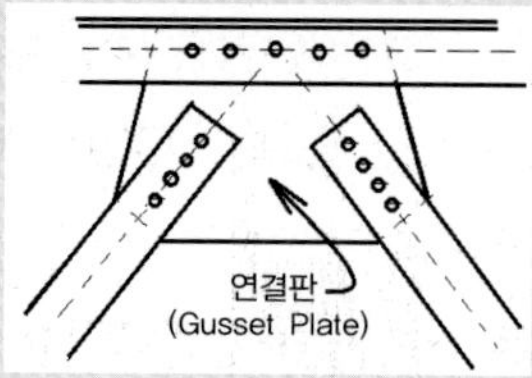

⑨ 좌굴 방지재 : 부재에 압축하중이 작용하면 면외방향에 변형이 생기고, 급격히 부재에 내력이 감소하는 현상(좌굴)을 방지하기 위한 부재.

⑩ 트러스(Truss) : 삼각형을 단위로 하여 짜여진 구조형식, 역학적으로는 외력에 저항하는 축방향만 작용한다. 부재의 절점은 핀접합으로 다루는 경향이 많다. 공장 지붕 등의 구조에 많이 사용된다.

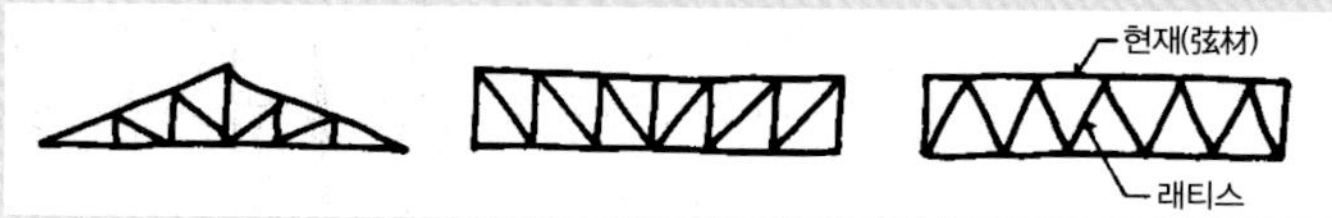

⑪ 현재(弦材)와 래티스(Lattice) : 트러스의 상하에 배치된 부재로 현재(弦材)라고도 한다. 트러스에 작용하는 휨모멘트에 대해 인장력, 압축력으로 저항한다. 상하현재를 결합하는 웨브부분을 구성하는 경사재를 래티스라고 하며, 트러스에 작용하는 전단력에 대해 인장력과 압축력에 저항한다.

⑫ 브레이스(Brace) : 바람이나 지진에 의한 수평력에 저항하는 4변의 변형을 방지하는 경사재이다.

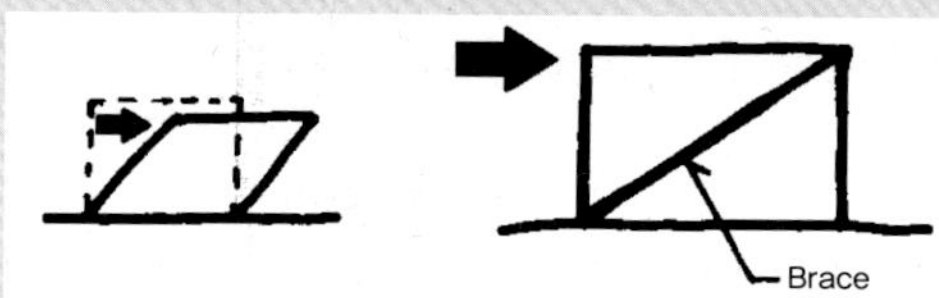

⑬ 타이 빔(Tie Beam) : 트러스구조나 아치구조, 기초, 기둥, 상호간 등의 지점간을 결합하고, 수직하중에 대하여 이동이나 회전을 구속하기 위해 설치하는 부재이다.

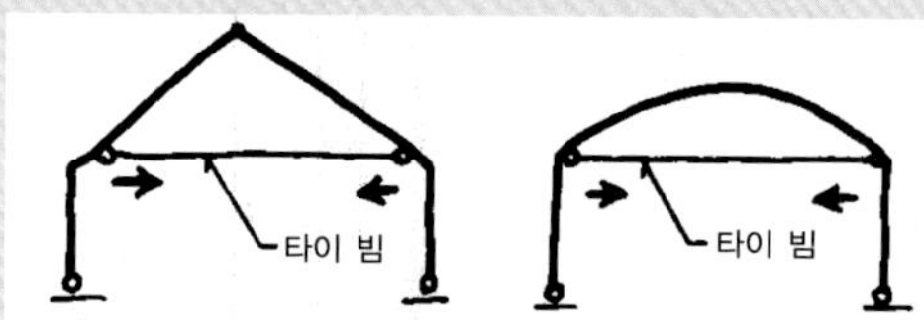

⑭ 패브리케이트(Fabricator) : 철골가공공장에서 강재를 가공, 조립하여 철골부재를 제작하는 업체를 말한다.

3 공작도 작성과 공장선정

1. 철골공사의 흐름도(FLOW)
2. 철골공장 가공 · 제작의 흐름도
3. 철골 제작공장의 선정

제3장 공작도 작성과 공장선정

1. 철골공사의 흐름도(FLOW)

1.1 공사의 흐름도

(1) 철골공사 진행절차

일반적으로 경량철골을 제외한 보통철골과 중량철골공사 진행은 구조형식과 규모를 파악하고, 사용강재의 구매방법을 포함하여 철골제작공장(Fabricator라고 함)을 선정한 다음에 진행방향을 설정한다.

진행절차의 설정은 계획 ⟶ 구매 ⟶ 롤-빔제작 ⟶ 가공, 제작 ⟶ 운반 반입 ⟶ 건립 순으로 진행되고, 여기서 롤빔제작이란 강재를 열처리하여 H형강, 강관 등을 만드는 작업을 말한다. 시공계획에서 강재발주, 재료 제조사, 제작공장 선정, 재료의 납입, 제작, 검사한 후 현장으로 운반, 반입되어 세워진다. 다음 〈그림 3-1〉은 일련의 소요기간을 공정별로 알기 쉽게 나타낸 도표이다.

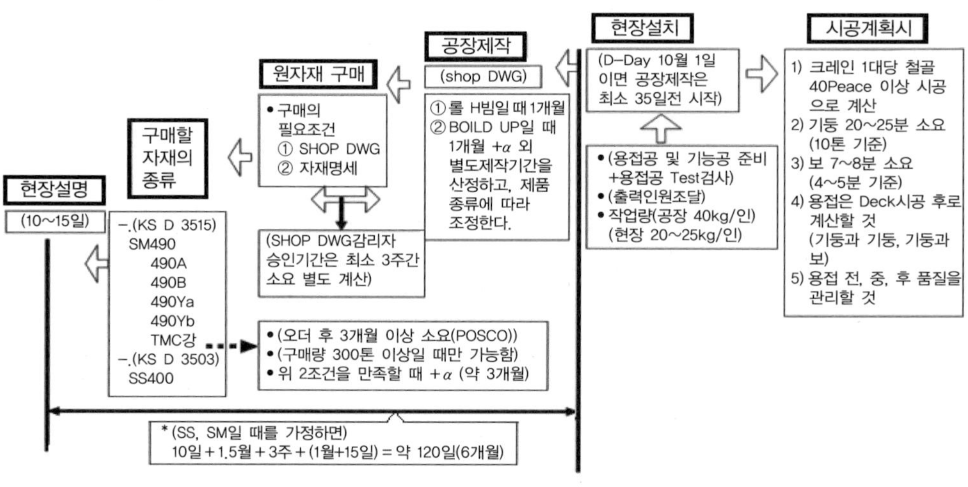

그림 3-1 시공계획수립을 위한 철골공사 소요기간 산정일정

1) 철골공사계획의 흐름

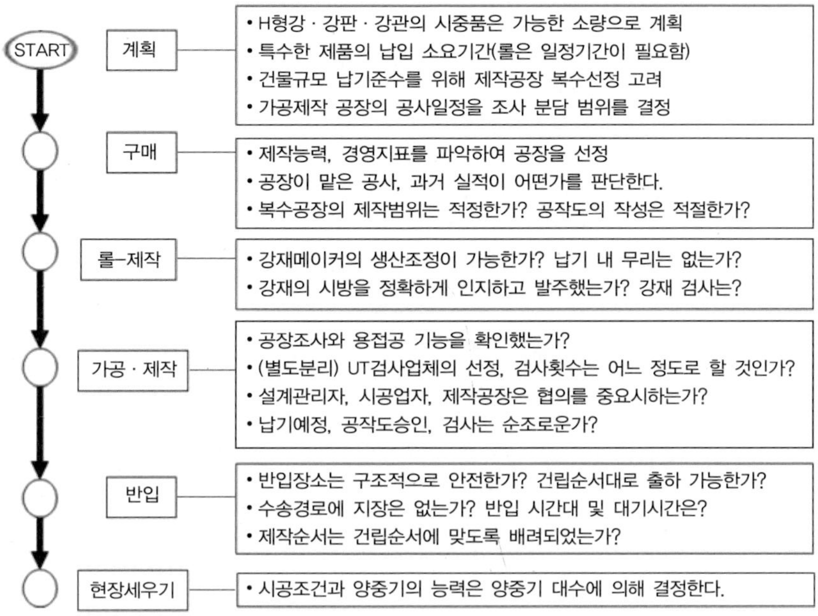

그림 3-2 계획 Flow 및 세부지침

2) 철골공사 시공계획서

시공계획서에는 다음과 같은 내용이 포함되도록 작성한다. 품질계획에는 별도로 세부사항을 작성하여야 한다.

① 공사개요 및 총칙

② 실시공정표

③ 건설업체의 관리조직과 협력업체 조직

④ 가설공사계획에 대한 사항

⑤ 조립설치계획

⑥ 접합방식에 대한 계획

⑦ 타공사와의 관련된 부분

⑧ 공사안전관리에 대한 계획

⑨ 품질계획서(작업의 흐름, 관리항목과 수준 및 방법에 대한 상세 내역, 품질관리의 체제, 품질관리 방법과 서식, 관리 책임자와 보고대상)

3) 철골 공장제작 순서

① 공작도 작성 및 승인, ② 원척, ③ 본뜨기, ④ 변형바로잡기, ⑤ 금매김, ⑥ 절단,

⑦ 구멍뚫기, ⑧ 휨, 개선가공, ⑨ 가조립, ⑩ 본조립, ⑪ 공장 제품검사, ⑫ 도장, ⑬ 현장으로 운송 반출, (⑭ 현장도착, 검사, ⑮ 조립, 설치, 검사) ※ ( ) 내는 현장작업임.

항 목	검토할 내용	비 고
기준도 및 시방서	1) 적용기준 및 법규 ① 설계 ② 자재 ③ 검사 및 시험 2) 원자재 종류 및 사양 ① 철강류 : 철판, 형강, 볼트, Deck Plate ② 기타 : 그라우팅, 페인팅, 내화피복 3) 검사와 시험의 종류 4) 용접시험의 종류 및 방법과 기준 5) 모살용접과 맞댄용접 적용기준 6) 메탈터치인 경우 적용기준	
제작상세도 및 분리발주	1) 제작 상세도, 협력업체평가 2) 현장설명회 자료준비 ① 공사범위 일반사항 ② 제작상세도 작성 표준 요령서 ③ 기본도, 시방서, 구조계산서 ④ 제작상세도 제출 및 승인계획	
철골 발주	1) 철골 협력업체 평가 2) 현장설명회 자료 준비 ① 공사 일반사항 ② 기본도, 시방서, 구조계산서 ③ 1차 제작 상세도 ④ 신공법 적용 기본개념	
비파괴 검사 분리발주	1) 비파괴검사 협력업체 평가 2) 현장설명회 자료준비 ① 공사범위 일반사항 ② 특기 및 일반사항 ③ 기본도, 시방서, 구조계산서 2) 공장제작 수정계획 ① Master Schedule ② 공정별 제작 요령서 ③ 공장제작 품질관리 계획서	
P.C.M (Pre-Construction Meeting)	1) 지원 및 관리계획 ① 제작상세도, 비파괴검사 ② 공정계획(수량 및 인력계획) ③ 부재 반입 및 설치계획 ④ 가설구대 제작 및 설치계획 ⑤ 현장품질보증 시험계획 2) 현장설치 시공계획서 ① 현장시공 절차서(검사 및 시험절차) ② 종합 가설계획도 ③ 장비사용 계획 ④ 가설구대 설치계획 ⑤ 야적장 조성계획 3) 현장설치 품질관리 계획서 ① 검사 및 시험계획 ② 체크 리스트 작성 4) 신공법 적용 범위 최종확정 5) 제작 및 설치도면 작성과 승인 6) 비파괴검사 업체선정 및 적용계획 7) Changer Order 관리계획	

이상을 근거로 하여 다음 〈그림 3-3〉은 시공감리 공정일정을 현장관리 및 감리와 사무계획에 대한 감리를 분리하여 대별해 나타낸 것이다.

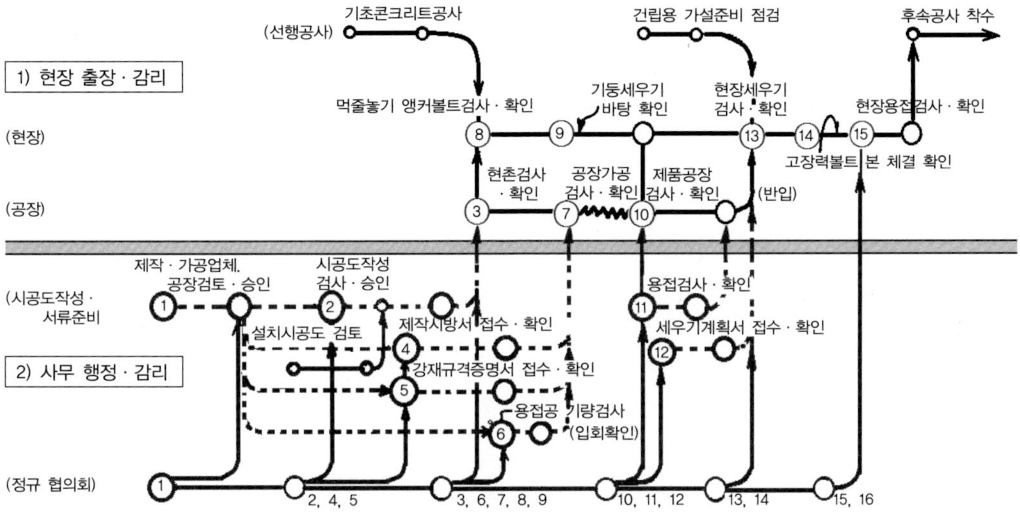

그림 3-3 철골공사의 감리공정 일정

1.2 공작도 작성(SHOP DWG)

공작도란 설계도에 의거 작성되며 철골을 가공하는데 편리하고 정확하게 제작되도록 각 부분을 상세하게 변경시킨 도면을 말하는 것으로, 도면의 축척은 1/10, 1/20, 1/30, 1/100 등으로 작성된다. 따라서 공작도 작성은 설계에서 부족하거나 누락된 부분에 대한 보완 대책과 정밀시공의 확보, 정확한 작업내용의 전달, 도면상 잘못 이해되기 쉬운 부분에 대하여 제작 잘못이 발생하지 않도록 사전에 접합부마다 상세한 형상과 치수를 표시함으로써 시공관리체계를 확립하기 위해 작성한다.

(1) 공작도의 구성

도면은 그 용도와 내용에 따라 종류가 많다. 그 중 가장 많이 쓰이는 것은 제품 제작시 사용되는 제작도(공작도)로서 조립도, 부품도와 공정설계도로 구분하고 있다.

① 윤곽선

도면에는 복사, 취급 등의 과정에서 오손되거나 찢어져서 도면이 보기 어렵게 되는 것을 방지하기 위하여 그 가장 자리에 윤곽선을 그린다.

KS A 5201에서는 윤곽의 크기를 그림과 같이 지정하고 있다.

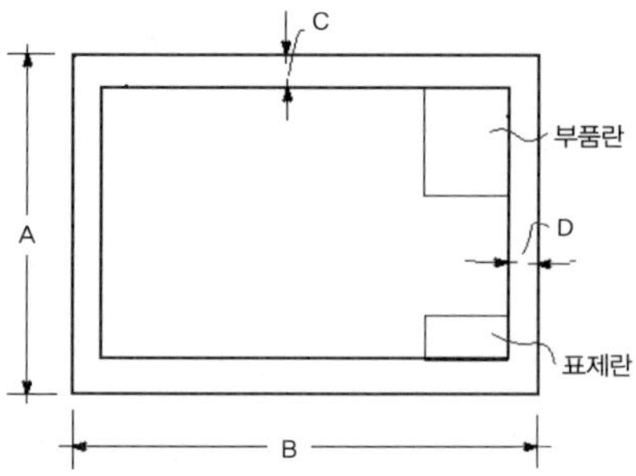

② 표제란

표제란에는 도면번호, 도면이름, 공사번호, 공사명, Item No, 축척도(scale), 투상법, 제도자의 서명 및 결제란, 도면작성 년 월 일 등을 기입한다.

표제란에 치수를 기입하는 것은 아니며, 형식 또는 크기에 대한 규정은 없으나 회사마다 생산방식에 따라 필요한 공정설계도, 공작도 등 사내에서만 사용되는 도면은 회사의 표준을 따르며 표제란은 도면의 우측 하단에 위치한다.

③ 부품란(Bill Of Material)

부품란에는 품번, 품명, 재질, 수량, 중량, 공정, 비고 등을 기입하며, 그 위치는 정해져 있지 않으나 앞의 그림에서와 같이 표제란 위에 붙여 그리거나 우측 상단의 윤곽선에 붙여서 그린다.

㉮ 품번

· 도면의 부품번호를 기입한다. 번호는 윤곽선에 가까운 곳에서 1, 2, 3......순으로 기입한다.

㉯ 품명 : 부품의 명칭을 기입한다.

㉰ 재질 : 설계 적용 Code에 따라 기입한다.

㉱ 수량 : 제작할 수량을 기입한다.

㉲ 중량 : 부품별 중량을 kg으로 표시한다.

㉳ 공정 : 각 공정의 이름을 약칭하는 문자나 기호를 KS에 따라 기입한다.

㉴ 비고 : 기타 가공상의 주의할 점 또는 표준부품인 경우는 규격번호 등을 기입한다.

(2) 공작도의 표기

① 선(Line)

· 도면에서의 "선"은 물체의 형상을 표시하는 수단으로 크게 물체의 보이는 부분을

나타내는 실선과 보이지 않는 부분을 나타내는 점선(은선)으로 구분한다.

· 그 외 물체의 기준을 나타내거나 도면 작성상 필요에 의해서 여러 가지 종류의 선으로 구분하여 사용하며 한국산업규격 기계제도(KS B 0001)에는 선에 대하여 다음과 같이 규정하고 있다.

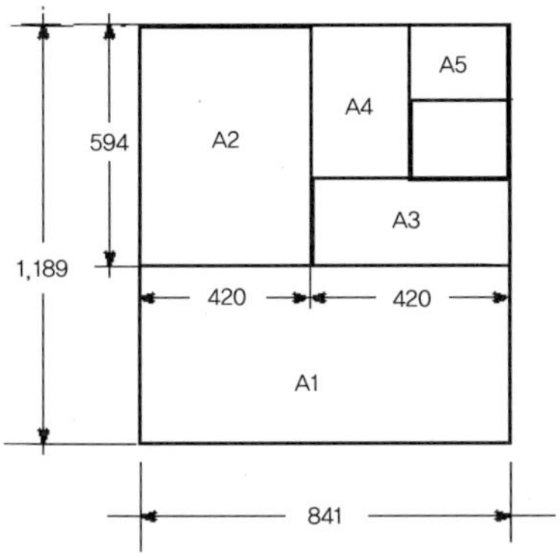

열 / 번호	A (너비×길이)	B (너비×길이)	
A0	841×1,189	B0	1,414×1,000
A1	594×841	B1	1,000×707
A2	420×594	B2	707×500
A3	297×420	B3	500×353
A4	210×297	B4	353×250
A5	148×210	B5	250×176

· 선의 종류는 실선, 점선, 쇄선(일점쇄선, 이점쇄선)의 3종류로 나눈다.

· 실선은 외형부분을 표시하는 선(외형선, 파단선) 등에 사용하며 치수선, 치수보조선, 지시선, Hatching선(경사선) 등에는 가는 실선을 사용한다.

· 점선(은선)의 보이지 않는 부분의 모양을 표시하는 선에 사용한다.

· 쇄선은 중심선, 인접외형선, 회전단면 외형선, 절단부 쇄선, 경계선, 기준선 등에 사용한다.

② 다듬질 기호와 표면거칠기

· 다듬질한 면을 수직한 피측정면으로 절단했을 때, 그 단면에 나타난 윤곽을 단면곡선이라고 하며, 이 단면곡선에 나타난 굴곡을 표면거칠기라고 한다.
이와 같은 표면다듬질은 기호로 나타낸다.

㉮ 표면거칠기의 표시방법

표면거칠기는 다듬질기호와 표면거칠기를 양적으로 표시하는 표면기호로 표시한다. 다듬질 기호는 〈그림 3-4〉와 같은 기호를 사용하며 삼각기호(▽)는 가공한 면에 사용하고, 파형기호(~)는 가공하지 않는 면에 사용한다.

[다듬질 기호]

다듬질 기호	정 도	사용보기
——	일체의 가공이 없는 자연면	압력에 견디어야 하는 곳
～	고운 자연면은 그대로 두고 아주 거친 곳만 조금 가공	스패너 자루, 핸들, 휠의 바퀴
▽	가공 흔적이 남을 정도의 막다듬질	피스톤 링의 내면, 샤프트의 골면
▽▽	가공 흔적이 거의 없는 중 다듬질	기어와 크링크의 측면
▽▽▽	가공 흔적이 전혀 없는 상 다듬질	게이지의 측정면, 공작기계의 미끄럼면

다듬질 기호	표면 거칠기의 구분값		
	Rmax (최대높이)	Rz (십점 평균거칠기)	Ra (중심선 평균거칠기)
▽▽▽▽	0.8S	0.8Z	0.2a
▽▽▽	6.3S	6.3Z	1.6a
▽▽	25S	25Z	6.3a
▽	100S	100Z	25a
～	특별히 규정하지 않는다.		

[주] 표면기호는 건축공사에서 일반적으로 사용하는 경향이 적고, 메탈터치공법에서만 사용하고 있는 정도이다.

그림 3-4 다듬질 기호

③ 도면상 약어의 종류

No	약 어	내용 또는 의미
1	SECT(Section)	단면(단면상태를 나타내어 별도 표시)
2	VIEW	바깥에서 쳐다봄(투상면을 표시)
3	VOID(or Cancel)	삭제(Owner의 요구로 수정시 또는 작업방법 변경)
4	Hold(or Verify)	미확정(Owner가 결정 보류를 요구할 경우)
5	F.L(Floor Level)	기초면에서부터의 높이
6	ERECTION DWG	설치도면
7	ASSEMBLY DWG	조립도면
8	AS SHOWN	같게
9	OFF HAND	반대로
10	F.P(Full Penetration)	완전용입 또는 완전용접(C.P 또는 CJP를 동일하게 사용한다)
11	P.P(Partial Penetration)	부분용입 또는 부분용접
12	EL(Elevation)	고도, 해발, 올림높이
13	B.S(Both Side)	양면(표면과 이면)
14	F.S(Far Side)	이면(도면상의 뒷면)
15	N.S(Near Side)	이면(도면상의 뒷면)
16	B.M(Bill of Material)	부재 List
17	D.L(DWG List)	도면 List
18	U.N.O(Unless Notes Otherwise)	표기 외(특기 이외의 모든 것을 공통 표기)

No	약 어	내용 또는 의미
19	PP(Pipe)	파이프
20	TY'P(Typical)	일반적으로 공통의미(공통의 뜻으로 사용)
21	T.O.S(Top of Steel)	강재의 상부면(윗면)
22	B.O.S(Bottom of Steel)	강재의 하부면(밑면)
23	W.L(Weld Line, Work Line)	용접선, 작업선
24	Q'TY(Quantity)	수량
25	MAT'L(Material)	재질
26	ANGLE BENDING	앵글벤딩
27	ANCHOR BOLT	기초볼트
28	A.W(Automatic Welding)	자동용접(자동아크용접)
29	B.C(Back Chipping)	후면 따내기
30	CHAMFER(C)	모따기
31	CHIPPING	홈파기
32	DEPTH	깊이
33	D.C.P(Detail Cutting Plan)	상세 절단 계획
34	G.P(Gusset Plate)	연결판
35	I.D(Inside Diameter)	내경
36	SMAW(Shilded Manual Arc Welding)	수동용접(수동아크용접)
37	NET WEIGHT	실제중량
38	O.D(Out Side Diameter)	외경
39	P/B(Pre-Bending)	우선벤딩
40	POST HEATING	후열
41	PRE-HEATING	예열
42	R(Radius)	반지름(또는 r로도 표시함)
43	RE-CUTTING	재절단
44	RE-MARKING	재마킹
45	SAW(Submerged Arc Welding)	잠호용접
46	TH'K(Thickness)	두께
47	WPS(Welding Precedure Specification)	용접시방서
48	W.T(Water Tight)	수밀
49	BOTT(Bottom)	아래면
50	CTR'D(Centered)	중심
51	W.P(Working Point)	작업기준점
52	P/P(Working Point to Point)	기준점에서 기준점까지
53	C/C(Center to Center)	중심에서 중심까지
54	PL(PLATE)	철판
55	COL(Cloumn)	기둥
56	FLG(FLANGE)	플랜지

No	약 어	내용 또는 의미
57	A.B(Anchor Bolt)	앵커볼트, 기초앵볼트
58	H.S.B(High Strength Bolt)	고장력볼트
59	M.B(Machin Bolt)	기계볼트
60	WASH(Washer)	와셔
61	HL'S(HOLES)	구멍
62	DWG(Drawing)	도면
63	DWT(DETAIL)	상세
64	REQ 'D(REQUIRED)	요구
65	WT(WEIGHT)	중량
66	TW(TOTAL WEIGHT)	총중량
67	R(RIGHT)	우측
68	L(LEFT)	좌측
69	REV(REVISION)	수정

(3) SHOP도면상의 "NOTE" 사례

1) 재료(MATERIALS)

① MATERIAL : SM490A(U.N.O)

② WELDING ELECTRODES : E7016

③ ALL ANGLE & CHANNELS : SS400

④ ALL PLATE : SM400

일반강재
SS400 SM400B,C SM490B,C

→

고성능 구조용 강재
SN400A SN400B,C SN490B,C

SN강재는 일반의 강재SS, SM강재의 내진성과 용접성을 개선한 새로운 고성능 건축구조용 재료이다.

2) 길이, 폭의 치수(DIMENSIONS)

① EDGE DIST : 45mm (U.N.O)

② ALL HOLES : ϕ22 (U.N.O)

③ PITCHE : 75mm (U.N.O)

3) 절단(CUTTING)

① SCALLOP : R=30 (U.N.O)

4) 도장(PAINTING) 및 관리

① NO PAINT WITHIN 70mm OF OPEN HOLES(U.N.O)

② ALL GRATINGS : GALV

(4) 원척도

공작도에 의거하여 작성된 도면에 따라 각 부재의 길이 등을 상세하게 원척으로 작성한 도면으로 이 원척도에 의거하여 얇은 강판으로 절단 및 구멍뚫기 등 본뜨기(치수 뜨기)를 하는데, 원척도를 작성함으로써 시공의 정밀도를 확보하고, 강재량의 절약과 노무 및 공사비 절감을 얻을 수 있는 효과가 있다.

1) 원척도 작성 내용

① 기둥 높이, ② 보 길이, ③ 기둥 중심간 거리, ④ 리벳수량과 피치(또는 볼트 및 피치) 및 게이지라인(Gauge Line), ⑤ 강재의 형상과 치수, ⑥ 물매(Camber) 및 구부림 정도, ⑦ 클리어런스

현촌도 검사는 어떻게 하는가?

적절한 인정을 받은 철골가공공장에는 반드시 현촌장이 있다. 종전에는 넓은 바닥에 검정판이 평활하게 설치되어 있어 이곳에서 실물 크기의 철골 도면을 그리게 된다. 현촌도 작성은 철골제작의 기본공정 중 하나로 원척도의 정밀도는 제품의 정밀도에 직접 영향을 미치게 된다. 현촌장은 치수, 각도, 기둥, 보의 마감과 지붕재 · 연결재 등의 나누기와 형판 등의 검사를 하는 곳이다. 그러나 컴퓨터 설계기술이 개발되면서 공작도 작성은 CAD로 작성되어 형판 등을 직접 작성하여 절단기와 가공기계에 데이터를 입력시켜 가공하므로 매우 복잡한 형상으로 제작소프트웨어로 불가능한 경우를 제외하고는 현촌장 바닥에 작성하는 경우는 희박하다. 따라서 기준자와 형판, 검사 등의 절차는 필요치 않게 되었다. 공장투어에서는 공장작업상황과 제품의 가공, 조립, 마무리, 출하전 제품관리, 보관상태 등과 공장경영자세와 품질관리 상태를 파악하는 것이 바람직하다.

(5) 도면의 종류와 용도

1) 도면의 종류

① ERECTION DWG : (설치도면)

설치 도면은 철구조물이 오차(Error) 없이 설치될 수 있도록 작성된 공작도(Shop DWG)이며, 설치 도면에는 각 부재의 표시, 부재SIZE, GRID LINE 등이 반드시 표시되어 있으며, 만일 현장 용접부재가 있다면 현장 용접상세가 작도되어 있어야 한다.

② SHOP DWG : (공작용 제작도면)

제작 도면은 설계실로부터 생산부서 혹은 생산 담당자에게 생산에 필요한 모든 정보를 각종 약어와 도형으로 표기한, 제품 제작용 도면으로 생산 담당자는 도면에 표시된 모든 약어와 정보를 정확히 판독하여 이 DWG에 의해서 제품을 생산하여야 한다.

③ PIECE DWG : (공작도)

공작도는 단품을 가공하기 위한 공작도이며, 개선면의 형상, 가공여유, Bending 요령, 기준선(WORK LINE), 재절단 여유, 부재Marking 등이 표시되어 있다.

④ FULL SCALE : (현도)

단품의 형상이 복잡하고, 공작도로써 표시하기 불가능한 PIECE를 가공하기 위한 형판이며, 현물 SIZE와 동일한 크기로 제작되어 개선면의 형상, 가공여유, 기준선, 기준면 등이 표시되어 있다.

⑤ PROCESS DWG : (공정설계도)

제품제작을 위하여 수많은 공정을 거치게 되어 있으며, 각 공정별 작업방법, 작업순서, 작업시간, 소요부재, 준비사항, 품질준수 사항 등을 표시한 도면

⑥ PRELIMINARY DRAWING : (임시도면)

제작에 투입하기 전 OWNER측의 APPROVE는 받지 않았으나 큰 변경 사항이 없을 것으로 예상되는 도면, 공사진행에 필요한 시공계획, 인원투입 계획 등을 수립할 수 있는 도면

⑦ FOR REFERENCE DRAWING : (참고도)

실제 제작과는 무관한 순수 공사 참고용 도면

⑧ FOR CONSTRUCTION DRAWING or FABRICATION DWG : 제작을 위한 도면으로 작업 착수가 가능한 도면(OWNER측의 APPROVE를 받았거나 받을 필요가 있는 도면)

⑨ REVISED DRAWING : For Construction Drawing 출도 후 변경내용이 있을 경우 수정 도면(Owner의 지시 또는 기본설계 변경에 의함)

⑩ FOR ERECTION DRAWING : 설치용 도면(설치 시공해도 좋다는 의미)

⑪ FINAL DRAWING : 제작 완료 후 제품과 상관없는 도면. 추후 변경내용이 없는 도면.(도면실 보관용 또는 User의 Operation or Maintenance를 위해 제출하는 도면)

⑫ FOR APPROVAL DRAWING : Owner or User로부터의 승인을 득하기 위한 도면

⑬ APPROVAL DRAWING : Owner or User가 승인한 도면(제작 투입 가능)

⑭ APPROVAL AS NOTED DRAWING : Owner or User가 일부 수정하는 것을 조건으로 승인한 도면(Note한 부분을 제외한 나머지는 투입 가능)

⑮ NOTE APPROVAL DRAWING : Note Approved Drawing에 대해 전면 재조정, 검토를 요구하는 도면(제작 투입이 불가능하고 재승인을 신청해야 함)

⑯ CERTIFIED DRAWING : For Approved 도면 접수 후 또는 Approved as Note 도면접수 수정 후(Owner측에 재승인 혹은 확정하기 위해 제출하는 도면)

이상의 도면과 같이 결론적으로 공작도(SHOP DWG)란? 시방서에서 요구하는 사항을 그대로 작성하여 작업이 가능하도록 한 것으로 SHOP DWG의 내용이 충실한가에 따라 공사의 성패가 좌우된다.

특기시방서에 양중용 Lug(U형 인양고리)의 규격과 비파괴 검사에 대한 내용을 반드시 기술해야 한다. 또 용접구조일 때는 변형 · 수축 등 내부응력이 없도록 최소화하여 시공하도록 해야 하며, 앵커고정에는 유동성이 있는 무수축콘크리트와 에폭시그라우팅(Epoxy Grouting)을 동시에 실시하는 경우도 있다.

설계도가 있는데 왜 공작도를 작성해야 하는가?

설계도는 평면과 마감과 관련된 상세 등이 기재된 의장도이다. 또 골조의 구조단면이 기재된 구조도, 전기, 위생설비, 공조설비 계통에 대한 것을 기재한 설비도면이 포함된다. 여기서 철골의 경우에는 주요 부재의 치수는 구조도로 알 수 있지만 각 부재의 나누기, 이음 위치와 접합 부위의 각 치수 상세와 배수관 등이 보를 관통할 경우 관통구멍의 위치, 보강 등에 대한 상세한 시공도가 필요하다. 또, 철골 현장세우기시에 각 부재의 인양, 안전망과 같은 가설시설 등은 설계도에 기재되어 있지 않다. 따라서 가공에 필요한 각종 정보를 각 부분별로 기재하여 제작 전에 설치가 안 되는 현상을 사전에 방지하기 위해 작성하는 것이 공작도이다.

공작도에 포함되어야 할 점검목록

① 앵커도면 : 앵커볼트의 형상, 재질, 길이, 앵커볼트 위치와 세팅 레벨, 베이스 플레이트의 형상, 두께, 재질, 베이스 플레이트 중심선 및 앵커구멍의 직경
② 복도 : 통용부호 및 스팬, 부재의 배치 및 부호와 중심선, 기둥, 보의 이음 위치, 취부방향 등
③ 구조도 : 통용부호 및 스팬, 층고, 부재 배치 및 부호별 중심선, 기둥, 보의 이음 위치, 보의 레벨 및 구배 베이스 플레이트의 레벨 표시.
④ 기둥, 보 부재 리스트, 이음기준도 : 부호, 단면 재질, 이음부의 재질과 형상, 치수, 판두께, 볼트의 피치와 게이지 가장자리의 거리. 볼트 직경 및 보수, 스프라이스 플레이트의 형상, 치수, 판두께
⑤ 용접기준도 : 맞댄용접, 모살용접 등의 적용 부위, 용접공법, 개선형상 및 모서리 각장, 뒷댐재의 유무, 재질, 형상치수, End Tab의 종류, 형상, 취부방법, 스캘럽의 위치 및 형상
⑥ 기둥상세도 : 부호, 부재의 위치, 전체길이 및 층고(단높이), 기둥, 보의 이음 보호와 길이, 기둥, 보의 재질 및 단면치수, 보의 레벨, 베이스 플레이트의 형상, 두께, 재질, 앵커볼트, STUD, 다이어프램, 스티프너, 스캘럽, 파스너철물, 세우기용 피스(Piece)
⑦ 보 상세도 : 부호, 부재의 위치, 전체길이, 재질 및 단면치수, 보의 이음 위치, 거싯의 재질과 위치, 형상, 치수, 취부용 부재(작은 보 등), 보관통구멍, 파스너 철물, 세우기용 피스
⑧ 계단도 : 계단의 형상, 단높이, 계단부재의 재질 및 단면, 치수, 두께, 계단받이 재료의 재질, 위치, 형상과 치수, 취부용 볼트, 용접 위치 및 치수

사례를 통한 공작도의 필요성

1. 기둥에 취부되는 보가 3방향이 모두 다른 경우의 사례

좁은 간격에 다이어프램을 접합할 경우의 사례이다. 맞댄용접량이 증가되어 비틀림 결함의 원인이 되기 때문에 용접간격이 협소한 경우 초음파탐상검사가 불가능한 부분이 발생하여 곤란한 경우로 된다. 그러므로 다이어프램 간격은 보통 최소 100~150mm 이상이어야 하므로 용접량을 경감시켜 용접으로 인한 비틀림을 방지하기 위해 내다이어프램을 사용하게 된다. 다만, 보통 기둥 직경의 1/2을 초과할 경우에는 다이어프램 전체를 용접해야 하므로 용접작업에 무리가 있어 대부분 150mm 이하일 때는 그림과 같이 보에 구배헌치를 설치하여 다이어프램을 생략한다.

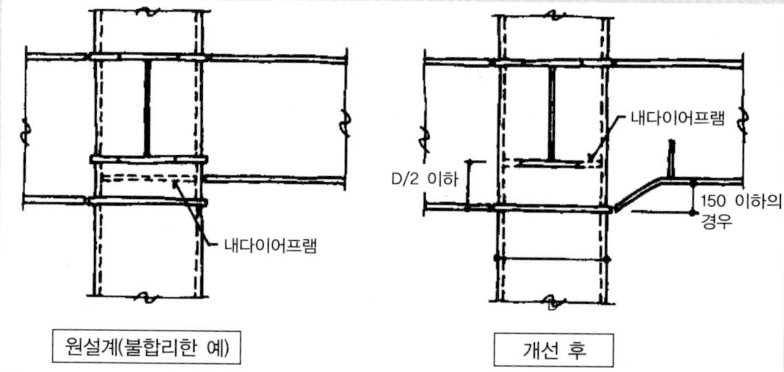

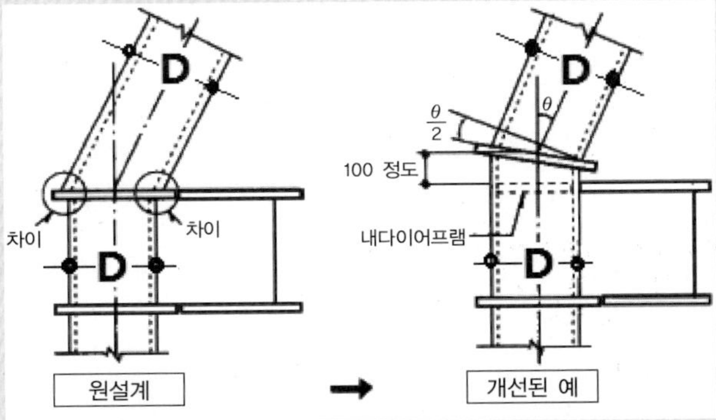

(Set Back 기둥의 이음부 마무리의 예)

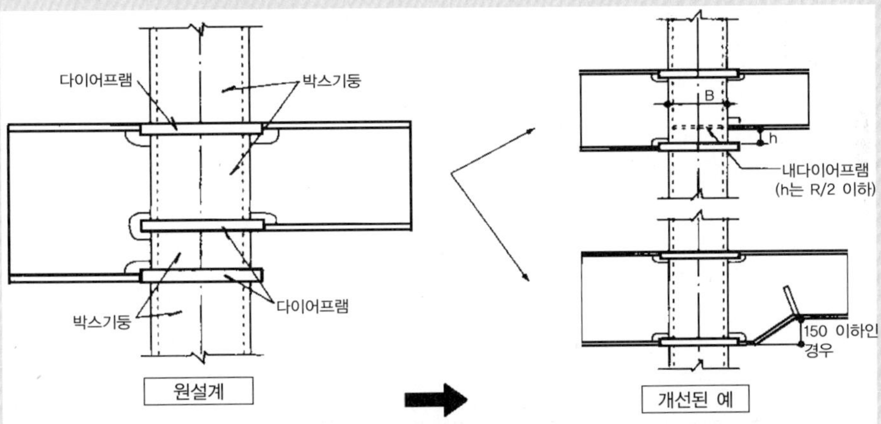

(보 길이가 다른 경우 다이어프램의 예)

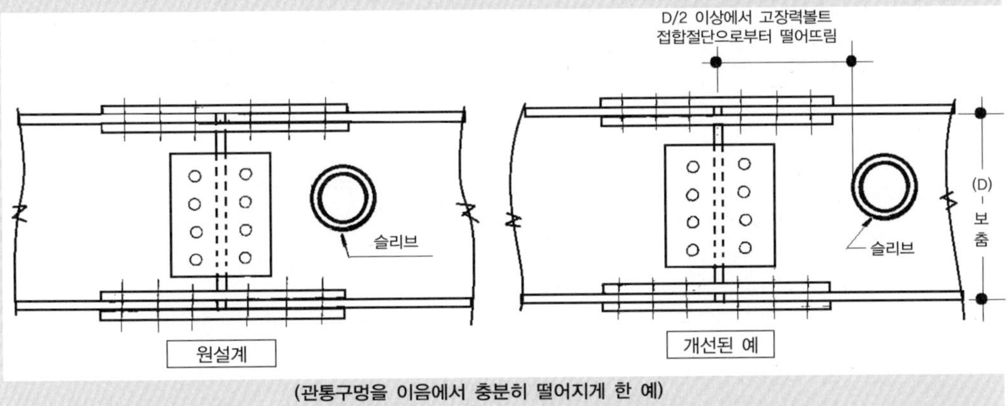

(관통구멍을 이음에서 충분히 떨어지게 한 예)

그림 3-5 Shop DWG이 필요한 사례

2. 철골공장 가공 · 제작의 흐름도

이미 앞에서 기술한 바와 같이 철골 공장제작 순서는 ① 공작도 작성 및 승인, ② 원척, ③ 본뜨기, ④ 변형바로잡기, ⑤ 금매김, ⑥ 절단, ⑦ 구멍뚫기, ⑧ 휨, 개선가공, ⑨ 가조립, ⑩ 본조립, ⑪ 공장 제품검사, ⑫ 도장, ⑬ 현장으로 운송 반출, (⑭ 현장도착, 검사, ⑮ 조립, 설치, 검사)로 이루어지는데, 〈그림 3-6〉은 철골공장에서의 가공, 제작의 흐름도를 그림으로서 작업 내용을 나타낸 것이다.

또 공장 제작시방서에 기재되어야 할 내용을 순서대로 나열하면

첫째, 공사개요, 철골공사 도급업체와 제작공장 위치, 조직도, 업무분담 내용, 공장의 배치도와 설비 일람표를 알 수 있도록 한 일반적인 사항

둘째, 공작도 작성, 재료의 조달, 제작, 제품검사, 도장, 반출 등의 시기를 알 수 있도록 한 제작공정표

셋째, 철골제작 관리기술자, 용접관리 기술자, 비파괴 검사 기술자와 용접기능사의 자격, 증빙서를 비치한 기술자 및 기능사의 자격 유무

넷째, 강재, 고력볼트, 용접재료, 스터드, 도료의 재질 및 종류와 제조사, 사용장소, 식별 방법 등을 알 수 있는 재료

다섯째, 공작도(Shop DWG)의 작성요령과 현치수 요령

여섯째, 흠, 절단, 그루브가공, 휨가공, 틈, 뒤틀림가공, 고장력 볼트 접합면의 처리, 용접접합, 기둥 및 보의 제작순서를 나타낸 가공, 조립

일곱째, 용접설비와 재료의 관리와 시공, 마감, 교정, 불량 용접 부위의 보수 등을 나타낸 용접사항을 기술

여덟 번째, 공정검사, 제품검사의 항목, 비파괴검사의 추출률과 대상, 판정기준 및 정밀도 표준을 기술한 품질관리 및 검사 기준

아홉 번째, 바탕조정과 방청도장에 대한 도장부분을 기술하고, 마지막으로 짐 올리고 내리기를 위한 제품기호, 출하순서, 수송기간 및 반출완료에 대한 제품수송 계획서를 기술하여야 한다.

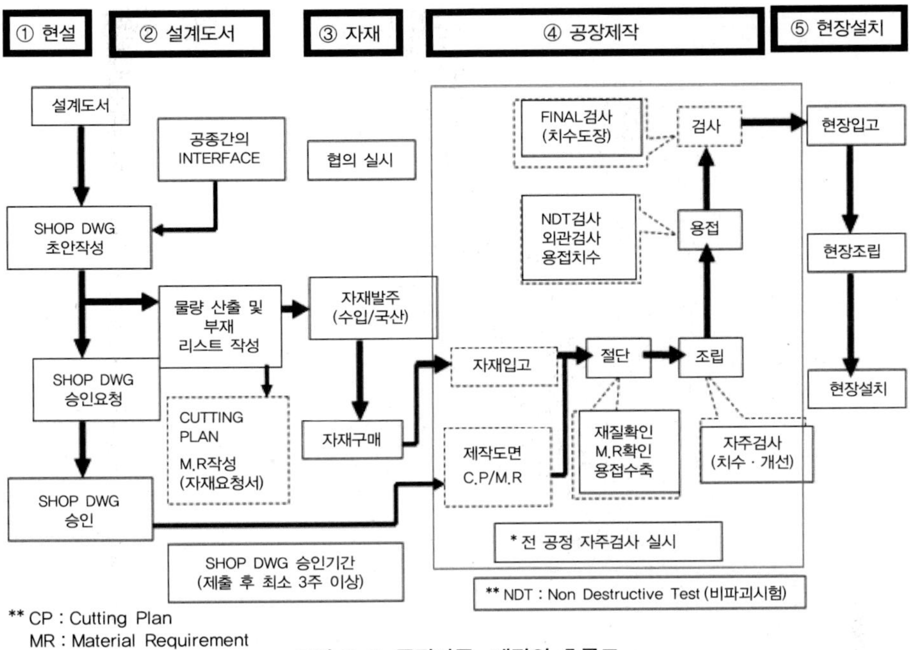

그림 3-6 공장가공, 제작의 흐름도

2.1 공장제작과 품질관리계획

(1) 제작계획

1) 공장제작 일정(SCHEDULE) 및 구분

① 공장제작 Schedule

② 사내 및 사외 제작을 구분

2) 원 · 부자재 승인 및 발주

① 자재공급원 승인요청

② 발주, 구매 및 입고

3) SHOP DWG작성 및 승인

① SHOP DRAWING 작성

② SHOP DRAWING 승인요청

4) 직종별 인력동원 계획

① 가공(마킹, 절단, 기계가공)

② 조립(취부), 용접, 다듬질(사상 : 仕上) 및 도장공

(2) 품질관리계획

1) 설계도서 검토

① 건축구조도면 검토

② 구조계산서 검토

③ 일반 및 특기시방서 검토

④ CODE, STANDARD & SPECIFICATION

2) 품질보증 및 관리

① 검사 및 시험계획서

② 검사 및 시험기준서

③ 제작절차서 및 Check List

3) 용접 및 비파괴검사 절차서

① 용접절차서(WPS) 작성 및 시험

② 용접기량 시험 및 유자격자 승인제출

③ 비파괴검사자 자격 확인 및 승인제출

공장 제작단계에서의 공사 시공 준비를 위해 검토할 세부사항은 다음과 같다.

항 목	검토할 내용	비 고
품질보증 시험	1) 용접절차 및 기량시험 ① 용접사 기량시험 ② 용접절차서(WPS) 작성, 시험	
공장제작 착수	1) 메인 스케줄 ① 부재별 제작을 위한 공정계획 ② 원자재 발주 및 입고현황 ③ 제작도면 승인현황 ④ 비파괴검사 준비현황	
공장제작 품질	1) 공장제작 품질관리 ① 검사 및 시험계획, 시험기준서 ② 공정별 제작요령서	
P.C.M (Pre-Construction Meeting)	1) 공장제작 계획 ① 제작계획도면 대비 실적분석 ② 제작도면 및 비파괴검사 현황 2) 현장설치 계획 ① 주공정(Main Schedule) ② 설치시공 계획서 ③ 현장 품질관리계획	

3. 철골 제작공장의 선정

3.1 공장인증 등급(Grade)조사

한국건설기술관리법 시행령 제47조의 5, 제6항에 의한 국토해양부 고시 제2001-24호를 참조하여 선정한다.(참고 : 일본건축기준법시행령 제92조, 98조 참조하면 국내 규정에서는 supper 등급이 없다.)

3.2 철골 제작공장의 선정

2006년 이후 「건설기술관리법 제24조3항 인증공장」에 따라

① 건축물 규모가 26층 이상일 때는 1등급을 받은 업체만 철골공사 수행이 가능하다.

② 26층 이하이지만, 용접 철판 두께 25mm 이상은 1등급 업체의 공장에서만 시공이 가능하다. 이상의 조건을 갖춘 공장을 조사한 후 다음 사항을 고려하여 결정한다.

표 3-1 철골 공장제작 능력 개략추정 : (공장규모 및 보유 기계설비)

등급(Grade)		건축물 규모 및 사용재료
1	1등급	철골용접구조 판두께 60mm 이하의 400MPa(41kg/mm^2), 490MPa(50kg/mm^2), 520MPa(53kg/mm^2)의 강재를 사용할 때
2	2등급	철골용접구조 판두께 40mm 이하의 400MPa, 490MPa의 강재 사용일 때
3	3등급	철골용접구조 5층 이하의 건축물로서 연면적이 3,000m^2 이내, 높이 20m 이하로 판두께 25mm 이하의 400MPa 강재를 사용할 때
4	4등급	철골용 저부조로 3층 이하의 건축물로 연면적 500m^2 이내, 높이 13m 이하 또는 처마높이 10m 이하로 판두께 16mm 이하의 400MPa 강재 사용일 때
기타		일본의 경우에는 J, R, M, H, S급으로 나누고 "S" 등급은 모든 건축철골용접구조를 시공할 수 있도록 규정하고 있다.(국내 규정 없음)

[주] ① 공사현장에서 수송거리를 감안하여 설계도서의 요구조건을 충분히 만족시킬 수 있는 공장을 선택해야 한다.

② 공장 출하시 현장으로 원활한 운반이 가능한가를 확인하고, 지인의 추천업계의 평판을 근거로 해서는 아니 된다.

③ 과거의 실적은 참고하되, 그 실적에 현혹될 필요는 없다. 현재의 품질관리체제, 경영상태를 확인한다.

④ 규모가 크고 인정제도의 상위 등급만을 선호할 필요는 없으며, 철골 제작공장을 선정하면 감리자의 승인을 받는다.

3.3 공장 선정 전 방문조사(SHOP TOUR)

(1) 공장시설의 확인

공장에서 제출한 소개서 혹은 공사지명원의 내용을 검토한 후, 대상 공장이 해당공사에

대한 충분한 시공능력이 있다고 판단될 경우, 공장을 방문하여 제출된 서류에 기록된 내용을 상세히 확인하고, 아울러 공장의 운영상태, 제품의 품질 및 생산능력이 적당한지를 판단한다. 다음 〈표 3-2〉는 일반적으로 산정하는 기준을 나타낸 것이다.

표 3-2 공장생산 능력 산정 기준

구 분		생산능력(톤/월)	비 고
공장면적과 관계	공장부지면적(A m^2)	A+B/25	• 제품창고면적은 공장 부지면적의 25~30%가 적당하다.
	제품창고면적(B m^2)		
전력 관계	C : 계약전력	1.65×C kw	
용접기 현황	N : CO_2 용접기 대수	20×N	
천장크레인 및 운반장비 (Goliath Crane)	OC : 천장크레인 대수	80×OC	• 크레인 기준은 중량으로 한다. (예 : 5톤 3대 등)

(2) 공장 현장조사

철골가공 제작공장 선정시 고려해야 할 사항으로는 먼저 공장에 근무하는 기술자와 기능공이 얼마나 있는지, 수준이 어느 등급인지를 파악하고, 공작용 기계의 보유상태와 제작능력을 파악하기 위함이다. 따라서 제품을 보관할 적치장(STOCK YARD)과 적치 상태, 그리고 가공기간 중의 작업량이 어느 정도인가를 아는 것이 중요하다. 너무 많은 작업을 맡고 있다면 요구하는 공정에 맞추기가 쉽지 않다는 점을 고려하여 선정해야 한다. 다음은 공장조사에서 알아야 할 사항들을 세부적으로 나열한 것이다. 실제 공장에서 이루어지고 있는 상황을 유심히 관찰하고, 경영자에게 경영방침과 제품의 품질관리에 대한 자세한 내용을 듣거나 관리자에게 공장제작의 흐름, 작업 지시 및 전달 방법과 자체검사 체계 등에 대한 질문과 과거 실적공사에 대한 제작요령서나 검사기록 등도 확인할 필요가 있다. 공장 내의 정리정돈 및 청소상태의 확인은 매우 중요하다. 작업장이 어수선하고 철판 등이 바닥에 굴러다닌다면 좋은 제품을 만들 수 없다.

1) 공장 개요 및 공사 현황 확인

① 공장소개서 또는 공사지명원 내용을 확인한다.
② 경영자의 경영방침, 품질 및 공정관리 체계를 청취한다.
③ 실적공사의 성공 사례 및 해당공사 추진계획 청취한다.
④ 사외 혹은 사내 외주제작 공정 및 품질관리를 확인한다.

2) 공장조직 및 품질관리체계

① 공장조직(품질 포함) 및 품질조직 독립성 여부를 알아본다.

② 품질정보 전달체계도 및 사내규격의 정비상태를 알아본다.

③ 실적공사의 검사기준서와 검사보고서 내용을 알아본다.

④ 검사설비(기기) 보유상태 및 교정(Calibration)확인 상태를 알아본다.

3) 공장현황 및 품질관리상태

① 철골제작의 기계설비 종류 및 설비 레이아웃(Lay-out)을 확인한다.

② 원자재 보관에서 제품제작까지 플로 차트(Flow-Chart)를 확인하고 제작과정의 흐름은 단순하고, 명확할수록 좋다. 복잡한 제조과정은 안전 및 불량 발생의 원인이 될 수 있다.(구부러짐, 비틀어짐, 흠 등이 발생할 수 있다)

③ 공장제작 과정의 적정 품질 확보를 위한 관리체계를 알아본다.

④ 공장내 정리정돈 및 청소상태를 확인한다. 작업장이 어수선하고 철판 등이 바닥에 굴러다닌다면 좋은 제품을 만들 수 없음은 당연하다.

3.4 철골제작 공장 선정을 위한 점검목록표(Check List)

(1) 조직 및 관리체제

① 관리자(일반관리자 및 기술자)가 실제로 상주하고 관리에 종사하고 있는가?

② 작업자(용접공, 절단공, 조립공 등)가 실제로 상주하고 작업에 종사하고 있는가?

③ 용접자(용접방법, 자세, 두께 등)는 적절한 자격을 보유하고 있는가?

④ 공장제작 요령서, 검사 및 시험기준서 등이 공사마다 준비되어 있는가?

⑤ 철골공사 관련 Code, Standard 및 Specification이 비치되어 있는가?
(기본도면, 특기시방서, 건축공사표준시방서, AWS D1.1, KS, AISC 등)

(2) 공장내 작업환경

① 기계설비가 제작공정의 흐름에 따라 적절하게 배치되어 있는가?

② 안전통로는 확보되어 있으며 조명 및 환기상태는 적절한가?

③ 크레인 이동에 대한 안전수칙은 준수하고 있는가?

④ 양중용 Wire Rope는 정기적으로 점검하고 있는가?

⑤ 각종 기계의 안전대책은 수립되어 있는가?

⑥ 재료 및 제품은 정리정돈되어 있는가?

⑦ 부자재(용접봉, 볼트 등은 파렛 위에 보관) 관리는 적절한가?

(3) 용접전 준비 및 작업 상태

① 방풍막은 적절히 활용하는가?

② 용접자세는 적절하며 회전치구 및 포지셔너 등을 활용하는가?

③ 용접재료의 보관관리 상태는 적절한가?

④ 용접환경 및 안전(감전, 가스중독, 화재 등)은 적절한가?

(4) 원자재 및 부자재 입고보관 상태

① 원자재 보관상태 및 재질을 식별할 수 있는가?

② 정리정돈 상태 및 제품이 지면과 바로 접하여 놓여 있지는 않는가?
원 · 부자재(강재, 볼트, 너트 등)의 Mill Sheet(시험성적서)를 확보하고, Heat No, Roll No 또는 Plate No를 확인이 가능하도록 되어 있는가?

③ 제품이 2단 이상 적치될 경우 안전 및 변형 방지는 적절한가?

④ 입고된 원자재가 구매요구서, 설계도서와 Shop Drawing 요구조건과 일치하는가?

(5) 원자재 및 부자재의 제품보관 상태

① 타공사의 자재와 혼동되지 않도록 보관장소를 선정하여 구분관리되어야 한다.
특히 중판 및 박판은 보관 과정에서 변형 방지를 위한 관리를 해야 한다.
모든 자재는 심한 녹 등이 발생되지 않도록 보관되어야 한다.

② 강재의 재질을 명확히 식별이 가능하도록 사내 규정에 따라 Color Marking 관리되어야 한다.

No	재 질	Color Coding	비 고
1	SS400	없음	건축공사표준시방서에서 색상은 사내규정을 적용토록 하고 있다.
2	SM490A / SM490B	없음	
3	SM490 / SM490YA, YB	초록색 1본선 / 초록색 2본선	

(6) 원자재 및 부자재의 제품보관관리와 사용관리의 목적

① 강재의 재질 및 공사별 혼용을 방지할 목적이다.

② 강재의 변형 및 부식방지의 목적에 있다.

③ 강재의 자재시험관리는 "한국화학연구소"에서 시험 의뢰가 가능하며 약 15일 이상 시험기간이 요구된다.

(7) 제작중인 가공 및 완성품의 육안검사

① 절단면 및 개선 상태는 양호한가?

② 개선면에 기름, 녹 등이 부착되어 있지는 않는가?

③ Back Bar와 모재와의 밀착 상태는 양호한가?

④ 부재의 조립(취부) 정밀도는 양호한가?

⑤ 용접 Size 및 길이는 적정한가?

⑥ 용접부의 슬러그(Slug) 및 스패터(Spatter) 제거 및 청소상태는 좋은가?

⑦ 용접부 비드(Bead)의 외관은 일정하며 양호한가?

⑧ 모재에 아크 스트라이크 등의 흠집은 없는가?

⑨ 제품 이동시 발생한 Mechanical Damage는 없는가?

⑩ End Tab사용 및 발생한 End Tab이 제거된 절단면의 상태는 양호한가?

⑪ 고장력 볼트 접합부 마찰면에 도료 등이 부착되어 있는가?

⑫ 고장력 볼트 접합부 마찰면은 충분히 붉은 녹 상태인가?

⑬ 고장력 볼트 구멍 주변에 이물질이 제거되었는가?

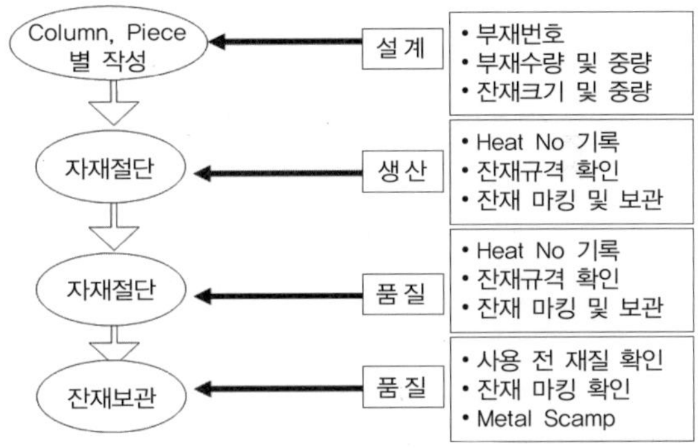

그림 3-7 강재의 재질관리를 위한 공장작업 흐름도

⑭ 제품의 녹방지 도장은 적절하게 되어 있는가?

Tip

용어 설명

Mill Sheet (밀 시트)	모든 자재는 규격화 또는 표준화되어 있다. 자재들은 각각의 특성에 따라 고유의 기계적 성질을 가지고 있다. 이러한 기계적 성질을 증명하기 위한 자재의 이력서이다.
Heat No (히트 넘버)	Mill Sheet상에는 자재의 이력관리를 위한 번호가 부여된다. 즉 Heat No와 Roll No로 나누는데, Heat No는 Group의 번호를 말한다.
Roll No (롤넘버)	Plate No라고 부른다. 제품 개개의 번호를 말한다. 즉 한 개의 Heat No 내에는 여러 개의 Roll No(Plate No)가 존재한다.
Bead(비드)	용접에서 용접봉이 1회 통과할 때 용재 표면에 용착된 금속층을 말한다.
Pass(패스)	용접봉이 진행방향으로 1회 통과하는 용접 조작을 말한다.
Weaving (위빙)	① 용접봉을 용접방향에 대하여 직각으로 움직여가며 용접하는 운봉법. ② 실시 목적은 용착, 너비의 증가, 열영향의 방지, 공기구멍(Blow Hole) 발생 방지에 있다.

감리업무 흐름도 요점 해설

1. 철골공사의 감리업무는 어떻게 하는 것이 옳은가?

철골구조는 설계도면의 완성으로부터 구체공사 완료까지의 흐름을 대별하여 설명하면 다음과 같다.

설계도서 완성 공장자체승인	설계도서의 검토와 행정승인(특정지구) 시공업체와 협의 및 가공업체의 승인 등 구체적인 내용을 협의한다.
제작시방서 공작도 (Shop DWG)	제작시방서, 공작도의 검토, 설계 미비점이나 불명확한 점을 질의응답하고 시정한다.
현치수 검사 강재재질검사	현치수 검사로 가공 착수 승인을 받는다. 현촌장, 공장 작업상황 등을 점검한다.
공작 · 조립 조립검사	조립검사에서 본 용접점 개선부위 등에 대한 정밀도와 용접조립 등의 검사를 실시한다.
용접 제품검사	치수확인 및 외관검사, 초음파 검사의 입회 등 제품검사 실시로 제품의 품질을 확보한다.
현장세우기 (건립)	세우기용 앵커볼트 매입 검사. 세우기(Erection)계획 검토
고장력볼트체결 현장용접 STUD볼트검사	고장력볼트 체결, 현장용접, 스터드 볼트 용접검사
슬래브 배근 내화피복	슬래브의 배근 검사 및 철골 내화피복 실시와 검사, 외벽 설치공사(커튼월)
구체공사완료	

철골가공 공장의 선정 기준은?

표 3-1의 기준을 참조하고 3.3의 Shop Tour를 참조할 것.

1) 평가기관에 의한 철골공장제작 능력
2) 공장시설 확인
3) 공장의 시설개요 및 공사 현황
4) 공장 조직 및 작업 환경
5) 품질관리 상태 확인(원 · 부자재의 관리 등)

공장제작 시방서의 항목과 점검포인트

1) 총칙 : 적용범위, 적용도면, 기준 및 규준
2) 일반사항 : 공사개요, 철골공사 하도급업자, 제작공장, 조직도, 업무분담표, 기술자경력, 작업흐름도, (승인, 입회, 검사 등) 공장안내도 및 배치도, 설비기준일람표
3) 재료 : 강재, 고장력 볼트, 용접재료, STUD, 도료(재질 및 종류, 제조사, 사용개소, 식별법 등)
4) 공작도 및 현치도(현촌도) : 공작도(용지규격, 축척), 현치수(현치수작업내용)
5) 가공 : 재료의 교정, 마킹, 절단, 개선가공, 휨가공, 역변형, 구멍뚫기, 고장력 볼트 접합부 및 마찰면의 처리 등
6) 조립 : 조립일반(준비, 치구 등), 조립용접, 기둥제작 순서(흐름도, 형체도), 보 제작순서(흐름도, 형체도),
7) 용접 : 용접공(종사자 중 용접공의 자격), 용접기, 용접재료관리, 용접시공(용접순서, 자세, 예열, 용접조건, PASS간 처리, 앤드탭(END TAB), 뒷댐재(BACK STRIP), 마감, 교정, 불량용접부의 보수, STUD용접(전용용접공, 용접시공, 검사) 등
8) 검사 : 공장검사, 제품검사(검사항목, 표현방법), 용접부에 대한 비파괴검사(발췌율, 대상부위, 판정기준), 정밀도의 표준 등
9) 도장 : 바탕조정, 도장(종류, 도장횟수, 도포량, 도포두께), 공사장 용접 부위의 방청도장, 용융아연도금(부착량, 도금공장, 시공상의 주의)
10) 적재 및 수송 : 적치장, 제품기호, 출하순서, 운송(기간, 운반경로 등)
11) 기타 :
   ① 공장인증서 사본
   ② 해당공장 종사자, 용접기능자 명부(자격, 유효기간)
   ③ 해당공장 용접기준도(개선자료, END TAB, SCALLOP형상)
   ④ 기타 불명확하거나 의문사항을 질의 확인할 것.

4

철골부재의 제작과 접합

제4장 철골부재의 제작과 접합

1. 철골제작과 조립

철골공작 가공, 제작과정의 강의 재질검사가 완료되고 나면 작업순서로는 원척도를 작성하고 본뜨기를 한다. 본뜨기를 한 후 변형 등을 바로잡고 금매김을 하여 절단 및 가공, 구멍뚫기를 한 다음 가조립을 한다. 가조립이 완성되어 문제가 없을 때 본조립을 하고, 작업이 완료되면 검사를 실시하여 필요한 녹막이 칠을 한 후 반출, 운반의 순서로 작업이 진행된다.

1.1 강재의 재질 검사

강재 재질 검사는 화학성분, 기계적 성질을 확인시 밀시트(Mill Sheet)와 맞춰 본다.

다시, 강재에서 시험편을 절취하여 인장시험을 실시하여 인장성상을 확인하고 밀시트와 대조해 본다. 항복치나 인장강도의 값이 강재규격에 합당한지 확인한다.

인장시험과 같은 파괴시험이 아닌 세미스틸 체크(Semi-steel Checker)라고 하는 비파괴용 강재 식별장치를 사용하여 강재 표면의 전기전도율을 계측하여 강재재질의 잘못 사용 유무를 판단한다(특히 SS400과 SM490A는 망간 등의 화학성분 함유량의 차이로 판별이 가능하다).

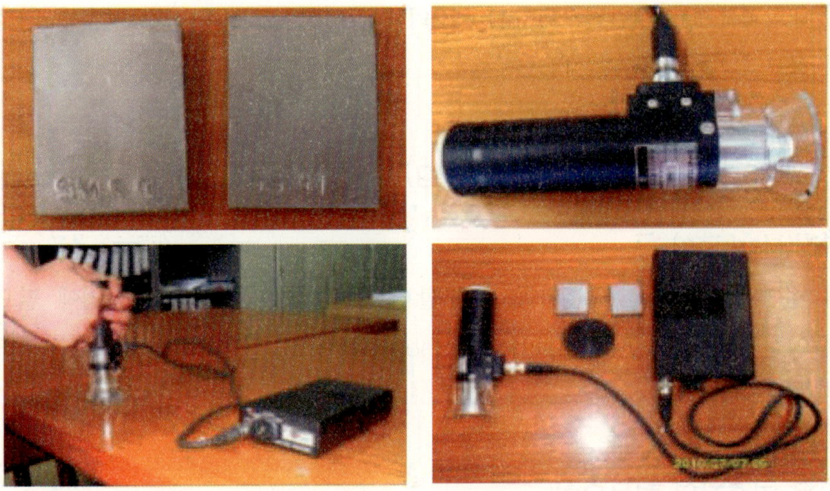

그림 4-1 비파괴용 강재 식별장치 Semi-Steel Checker

(1) 강도의 물성치와 변화요인

탄소의 함유량, 즉 원소(C, Si, Mn, P, S)의 첨가 또는 감소에 의해 변화한다.

열처리로 인한 변화, 예를 들면 TMCP강(Thermo-Mechanical Control Process)이 열처리에 따라 TMC강으로 불리고 있다.

1) 강재검사 시기

① 강재에 물리적인 변형이 있을 때

② 강재가 부식되었을 때에 실시한다.

2) 강재의 부식 요인과 대책

① 요인 : 탄소(C), 규소(Si), 마그네슘(Mg), 인(P), 황(S) 및 철(Fe), 원소 중에서 철이 공기 중의 O_2와 반응으로 발생한다.

② 방지대책 : 부식을 방지하기 위해서는 250μ 이상 도막해야 가능하다. 따라서 하도, 중도, 상도의 순서로 도막해야 두꺼운 도막을 형성할 수 있다. 일반적으로 광명단 도장은 부식과는 거리가 멀고 미관상 효과만 얻을 목적으로 사용한다(광명단 1회 30~50μ(최대)×3회라도 250μ을 넘지 못한다).

따라서 장기간 방치할 경우에는 250μ 이상이 되도록 조치해야 한다.

3) 강재의 부식방지 조치에 대한 고려

Conc와 접합부에는 부식 조치를 하지만 Bolt의 접합부, 용접 부위에 도장해서는 아니

된다. 또 내화피복재는 일반적으로 pH=12의 알칼리성이므로 도장할 경우 도장재를 물고 떨어지게 하므로 도장하지 않는다.

1.2 마킹(Marking)과 절단(Cutting)

(1) 마킹(Marking)

부재를 절단, Bending, Hole가공, 취부할 위치 및 기준선 등 조립작업에 필요한 모든 위치를 주어진 강재에 형판(Template)과 Shop Drawing 등을 이용하여 가장 효율적으로 배치하는 작업이다.

(2) 사용 기준자의 허용오차

철골제작가공, 설치에 사용할 기준자(Steel Tape)는 다음 범위 내의 오차를 벗어난 것은 사용하지 않는다.

1) 1m 이하일 때

등급	허용치
1급	±0.3mm
2급	±0.6mm

2) 1m를 초과할 때

등급	허용치
1급	1급±0.3mm, 2급±0.6mm에서 1m를 증가할 때마다 1급은 0.1mm, 2급은 0.2mm를 더한 값
2급	

① 기준자(Steel Tape) 검사방법 :

㉮ 전체 길이가 5m 미만의 것일 때는 검사대 위에 당겨놓고 1kg의 장력을 가해본다.

㉯ 전체 길이가 5m 이상의 것일 때는 5m 검사대 위에 당겨놓고 2kg의 장력을 가한 상태에서 1급기준자와 비교했을 때 허용치 범위 내에 있어야 한다.

② 1급품 경우의 사례 : 1급품으로 50m 길이인 경우(1×0.3)+(49×0.1)=±5.2mm, 따라서 5.2mm 이내의 오차가 있으면 합격이다.

③ 2급품 경우의 사례 : 2급품으로 20m 길이인 경우(1×0.6)+(19×0.2)=4.4mm, 따라서 4.4mm 이내의 오차가 있다면 합격이다.

(3) 절단(Cutting)

절단하는 방법으로는

① 가스절단(㉠ 수동 가스절단과 ㉡ 레일 위에 일정속도로 주행하면서 여러 개의 노치를 설치하여 절단하는 가반식 자동가스절단)

② 벤트톱 또는 글라인더톱을 이용하여 절단하는 기계절단(13mm 이하일 때 사용)

③ 고온고압의 플라스마를 이용하여 절단하는 플라스마 절단법을 사용한다. 부재의 절단에 사용하는 가스절단은 자동가스 절단을 원칙으로 하고, 불가능한 경우에만 수동으로 한다.

철골의 주요 부재에는 노치가 없어야 하지만 철골에서는 절단면의 Notch 깊이를 1mm 이하로 한다. 가스절단면의 거칠기 정도는 200S 이하이어야 한다. 12t(13mm) 이하의 박판류는 경우에 따라 Shearing Machine을 사용한다.

가스절단시 열에 의한 부재의 변형을 최소화하는 방법으로 절단해야 한다.

절단면은 표면과 직각을 유지해야 한다. Metal Touch가 요구되는 Column의 절단은 Milling 혹은 Sawing으로 절단되어야 한다. 특수한 경우 이외에는 대부분 가스절단으로 절단한다.

그림 4-2 강재의 자동절단

강재를 절단할 때 물을 분사(Spray)하는 이유로는

① 강재의 담금질 효과

② 다른 면적으로 열의 이동을 방지함으로써 철의 내부조직이 바뀌지 않도록 하기 위함이다.

③ 즉 온도가 723℃ 이상일 때 조직의 성질이 바뀌어 철의 물성치가 변화되기 때문이다.

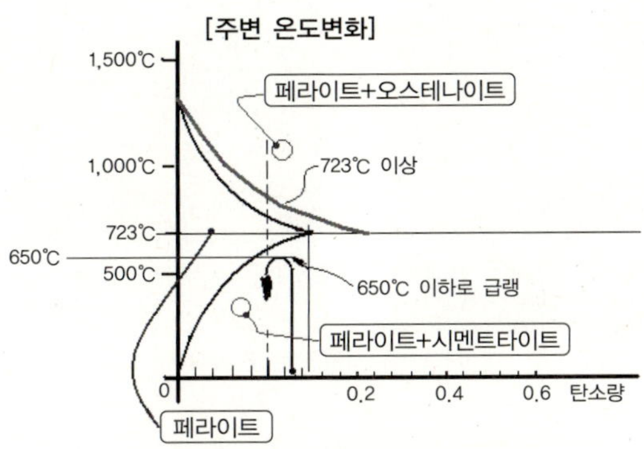

그림 4-3 강재의 주변 온도변화

(4) 개선(開先)가공 : (Groove가공)

개선작업이라 함은 철골재를 가공함에 앞서 부재를 적절하게 절단하여 다듬질하는 것으로, 즉 용접할 부위의 모재를 용접에 알맞게 적당한 모양으로 절단, 가공한 것을 말한다. 개선작업은 자동 및 반자동 가스 절단을 원칙으로 하고, 특별한 경우 수동가스절단을 하되 절단 후 개선면을 Grinder로 Smooth하게 해야 한다.

Flange 개선은 Beveling machine 및 반자동 절단기를 사용하며, 개선면의 Notch 등은 용접으로 육성하여 Grinder로 Smooth하게 해야 한다. BOX용 Skin Plate는 양면을 동시에 개선하여 변형을 방지하여야 한다.

그림 4-4 Grinder로 개선작업과 개선된 모재의 모양

그림 4-5 개선작업에 사용되는 Beveling Machine

또, 개선면의 슬래그(slag)는 완전히 제거한다. 개선의 필요성은 설계응력을 완전하게 전달하기 위해 용접부의 인장 및 휨강도가 모재 이상으로 강도가 유지되도록 하기 위해 얇은 판의 경우는 개선 없이 완전용입이 가능하나 두꺼운 철판의 경우는 중앙부가 용입되지 않는다. 따라서 완전용입을 위해 모서리를 재단하는 것을 개선가공이라 하며 보통 9mm 이상은 필히 개선가공을 해야 한다.

개선가공의 기준은 [부록] 1의 제작설치 기준을 참조바란다.

1) 개선가공(Groove)

개선가공(Groove)의 대표적인 종류는 다음과 같다.

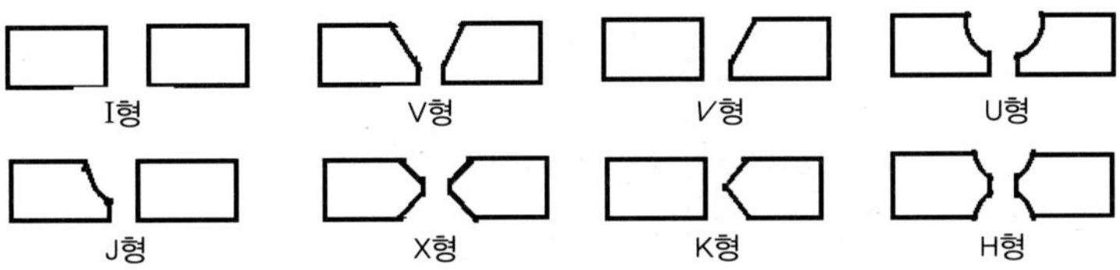

그림 4-6 개선가공의 여러 형상

왜 개선가공을 해야 하는가?

용접은 와이어 또는 용접선 선단에서 발생하는 아크열로 용접하는 것으로 모재를 녹여 모재와 용착금속이 용융되어 융합되게 하는 방법이다. 따라서 접합하는 모재에 개선가공을 함으로써 아크가 용접하려는 모재 부분에 고르게 용입되어 모재의 용착금속이 충분히 융합되게 하기 위한 조치이다.
표준개선가공 형상은 본문 그림 4-4와 같다.

Tip

용어 설명	
Notch (노치)	Flame절단시 절단면이 매끄럽지 못하고 골이 패이는 현상을 말하며, 이러한 원인은 고압산소의 압력저하, 절단속도의 변화 또는 절단면에 이물질(흙) 등이 있으면 발생하는 현상이다. 노치는 없어야 하지만 철골에서는 가스절단면의 거칠기는 100μRy 이하, 노치깊이는 1mm 이하로 하고, 개선가공면의 거칠기는 200μRy 이하, 노치 깊이는 2mm 이하로 규정하고 있다. 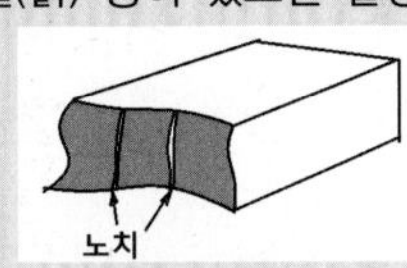
박판과 후판	열연강판은 경우에 따라 여러 가지로 표현하고 있으나 통상 상거래 관례에 따라 두께 6mm 이상을 후판, 두께 3mm 이상, 6mm 미만을 중판, 두께 3mm 미만을 박판이라고 한다.
Metal Touch (메탈 터치)	용접접합부의 부분용입부(PJP)에서 용접을 하지 않는 Flame의 표면 부분을 말하며, 기둥의 축력부분이 크고 인장력이 거의 발생하지 않는 초고층 건물의 기둥 등에 사용하는 상하부재의 접촉면에서 축력을 전달시키는 이음방법이다. 일반적으로 메탈 터치의 면적이 1/2이면(50%), 1/3이면(약 30%), 2/3이면(약 65%)로 적용되는 경우가 있다. 이때 당연히 메탈 터치가 요구되는 절단면은 가스절단은 허용하지 않는다. 다듬질은 〈그림 3-4〉 다듬질기호의 정밀다듬질로 한다.

1.3 휨 및 변형 교정(Bending)

강재의 가공 유형에는 평면의 판재를 컵 모양으로 성형하는 것으로 Press기기에 유입되기 전의 부위에서 길이방향으로는 심한 인장력을 받으며 원주방향으로 압축을 받는 가공을 Drawing가공이라 하고, 이런 형태의 가공유형은 강판의 소성변형비인 r값과 밀접한 관계가 있다. 즉 r값이 높은 소재일수록 균열의 발생이 없이 깊이가 증가하게 된다. Flanging가공은 심가공을 하는 형태에서 가장 중요한 유형 중 하나로 주로 용기류의 체결 부위나 주입구의 가공이 이에 해당하며, 특히 압력용기의 경우에는 안정성과 직접적인 관계가 있는 가공이다. 이런 유형의 가공은 소재의 가공경화지수인 n값과 r값이 중요하며, 두 수치 모두 높을수록 가공에 유리하다고 볼 수 있다.

Stretching가공은 강판의 전후좌우 2축방향으로 모두 인장력이 작용하여 두께의 감소와 함께 강판이 늘어나는 변형을 말하며, 이 가공에서 중요한 강판의 특성은 가공경화지수 n값과 연신율 E의 값으로 가공경화는 강판이 변형할 때 생기는 강판 내부의 전위 이동에 대한 저항을 말하며, 이 저항이 강판 전체에 걸쳐 균일한 변형이 이루어져야 균열이 발생하지 않는다. 마지막으로 Bending가공으로 강판의 두께 중심을 기준으로 한 면은 인장력을 받고 다른 한 면은 압축력을 받는 가공을 말하는 것으로, 이러한 형태의 가공은 강판의 항복강도(YP)가 중요한 요소로 작용하게 되는데, 강판의 항복강도가 너무 높은 경우 강판의 형상 변형에 대한 저항인 Spring Back이 발생하여 성형 후 원하는 형태의 제품을 얻을 수 없게 되는데, 여기서는 앞의 4가지 가공유형 중 구조에서 많이 사용하고 있는 Bending가공에 대하여 알아보기로 한다.

(1) Bending가공(굽힘가공)

Bending가공은 Press로 하고, 강재의 품질을 손상하지 않도록 주의하여 냉간(상온)가공을 원칙으로 한다. 열간 Bending가공은 900℃~1,100℃의 범위 내에서 가열하여 실시하고, 200℃~400℃ 가열상태에서는 가공하지 않는다.

1) Bending가공의 종류

① 작업 조건에 따른 종류

㉮ 냉간 Bending

상온에서 외력을 가하여 영구변형시키는 것인데, 강재에 금긋기를 하기 전에 실시하며 상온에서 실시하며, 강판의 변형은 플레이트 스트레이닝 롤(Plate Straining Roll)을 이용하고, 형강의 변형 바로잡기에는 스트레이트닝 머신(Straightening

Machine), 프릭션 프레스(Friction Press), 짐크로우(Jim Craw), 파워프레스(Power Press) 등을 이용하며 경미한 경우에는 해머를 사용하기도 한다. 그 외 Roll Bending, Press Bending, 냉간 Tube Bending 등이 있다.

㉯ 열간 Bending

소재를 고온으로 가열한 후 변형을 시키는 것으로 변형교정방법은 84페이지의 (3) 열간 변형교정을 참고한다.(종류로는 고주파 Bending, 열간 Tube Bending, 수작업 Bending 등의 방식이 있다.)

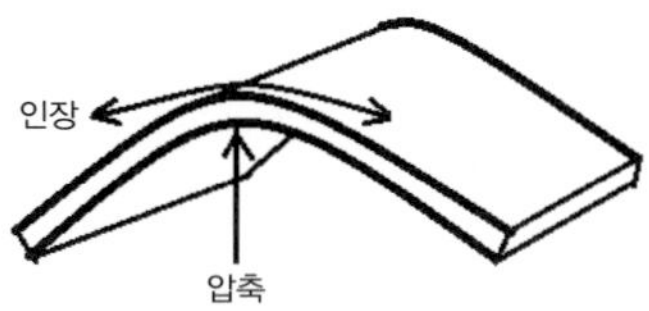

그림 4-7 Bending가공의 예

② 도구에 의한 종류

㉮ 기계적 Bending : 굽힘 전용 기계에 의한 Bending.

㉯ 수작업 Bending : 일반 제관작업 시 수공구를 이용한 Bending.

2) Bending가공시 주의점

① 밴딩의 방향성을 고려할 것

㉮ 가공 후의 형상, 정밀도에 영향을 줄 수 있으므로 사용 재료의 재질, 두께의 균질성, 단면 절단 Hole 등을 고려할 것.

㉯ 압연강재는 압연방향과 직각으로 Bending되어야 하며, 밴딩방향이 두 방향 이상인 경우, 압연방향을 대각선으로 두는 것을 고려할 것.

② 복합공정일 때는 가공순서를 고려할 것

㉮ 타공정(절단 및 드릴작업)과 복합적인 경우나 밴딩 부위에 절단 노치(Notch)가 있는 경우, 밴딩가공을 먼저 한 다음에 절단 및 드릴(Drill)가공을 하는 것이 유리하다.

(2) 역변형(Reverse Deformation)

① 역변형은 용접 후의 예상 변형량과 방향을 예측하고 변형의 반대쪽으로 용접 전 사전에 변형을 준다.

② 역변형이 필요한 경우 냉간 기계가공, 즉 Roller, Press 등으로 강재의 품질이 손상되지 않도록 실시한다.

③ 구조물의 용접 시에 용접방향과 크기를 예측하여 용접 전에 반대방향으로 변형시키는 것을 말한다.

④ 이러한 역변형은 주로 각 변형에 대한 대책으로 활용되며, 역변형을 적절히 주면 용접 후에 변형이 거의 없는 양호한 용접구조를 얻을 수 있다.

(3) 열간 변형교정

SHOP에 투입된 자재의 재질 및 규격의 일치, 손상, 변형, 유무를 확인하고, 손상(Damage) 및 비틀림(Distortion)이 발생한 자재는 대체하거나 감독원의 승인을 득한 후 교정한다. 부재의 교정은 냉간(상온)에서 기계에 의하여 교정하는 것이 원칙이지만 기계교정이 불가한 경우 열간교정법을 채용한다. 열간교정방법으로는 선상가열, 점가열, 타원형가열, 쐐기형 가열이 있고, 가열교정온도는 가열공랭식일 때는 가열 후 공랭할 경우 최고가열온도를 850~900℃로 하고, 가열수랭식일 때는 가열 후 즉시 수랭할 경우에는 최고가열온도를 600~650℃로 하지만 가열 후 1차 공랭하여 2차 수랭할 경우에는 최고 가열온도를 850~900℃로 한다. 보통 수랭개시온도는 650℃ 이하로 하고, SS400, SM490 이외의 강재는 특기시방서에 의한다.

가열교정은 곡직사 자격이 있는 자만이 할 수 있으며 가열교정 방법은 다음과 같다.

①	선상 가열(Line Heating)	
②	점 가열(Point Heating)	
③	타원 가열(Oval Heating)	
④	쐐기형 가열(Wedge Heating)	

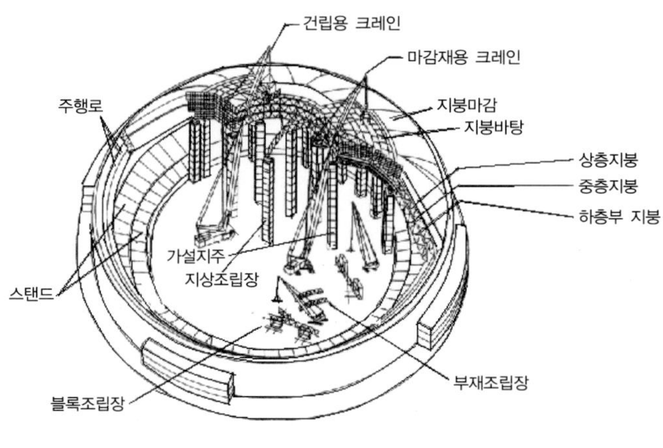

그림 4-8 가열교정이 필요한 작업의 예

2. 철골부재의 리벳(Riveting) 및 볼트접합(Bolting)

2.1 철골의 접합방식

(1) 힘의 전달방식에 의한 분류

① 롤러접합 : 수직방향의 힘만 지지하며, 수평과 회전은 자유로운 교량 등에 사용한다.

② 힌지접합(핀접합) : 수직 · 수평방향의 힘을 지지하며 회전만 자유로, 철골구조에서 큰 보와 작은 보의 접합에 많이 이용하는 방식이다. 전단력에는 저항하고 모멘트에는 저항하지 못해 "전단접합"이라고도 한다.

③ 강접합 : 수직 · 수평방향의 힘을 지지함과 동시에 회전에 저항하는 접합으로 철골구조에서 기둥과 보의 접합에 많이 사용되고 있으며, 전단력과 모멘트에 저항할 수 있어 "모멘트 접합"이라고 한다. 리벳접합, 볼트접합, 용접접합이 여기에 해당된다.

여기서 건축철골구조의 접합방식으로는 강접합방식을 사용하는데, 주로 리벳접합방식, 볼트접합방식, 그리고 용접접합방식이 있다. 이 중에서 리벳(Rivet)접합 방식은 최근에 공장리벳의 일부를 제외하고 거의 사용하지 않고 있는 실정이다. 용접 및 볼트접합이 주로 이용되고 있다.

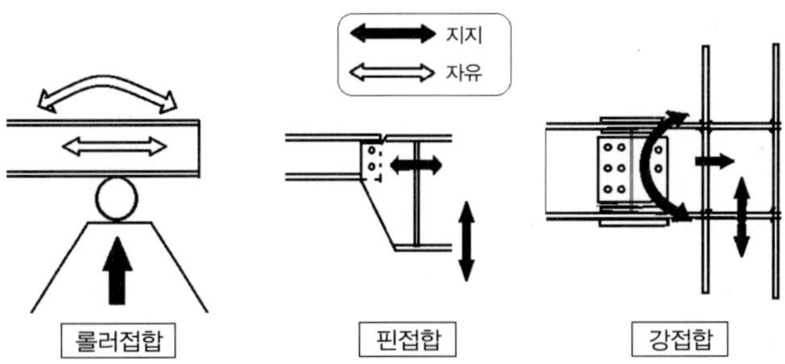

그림 4-9 접합방식의 종류

2.2 리벳(Rivet) 접합방식

가열한 리벳을 양판재의 구멍에 끼우고 압력을 이용하여 열간 타격으로 머리를 형성시켜 접합하는 방식이다. 일반적으로 둥근머리 리벳이 사용되고, 가열온도는 900~1,000℃를 준수하며, 600℃ 이하로 냉각된 것은 사용하지 않는다.

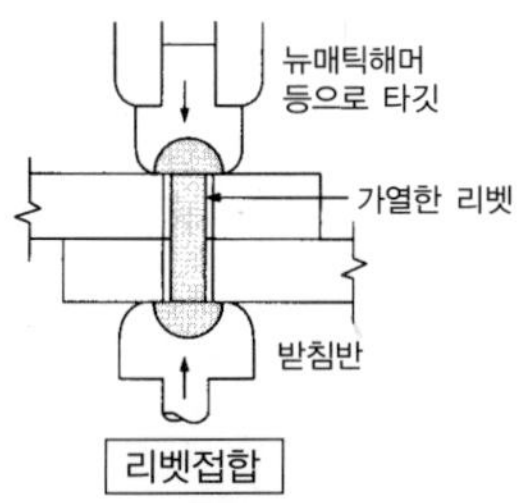

그림 4-10 리벳접합의 개념도

리벳접합원리는 다음 〈그림 4-10〉과 같다. 또 리벳의 종류와 머리모양은 〈그림 4-11〉과 같고, 〈그림 4-12〉에서 리벳의 간격, 용어와 클리어런스에 대해 알 수 있다. 리벳치기

공구, 체결방법, 피치, 연단거리, 간격 등은 다음과 같다.

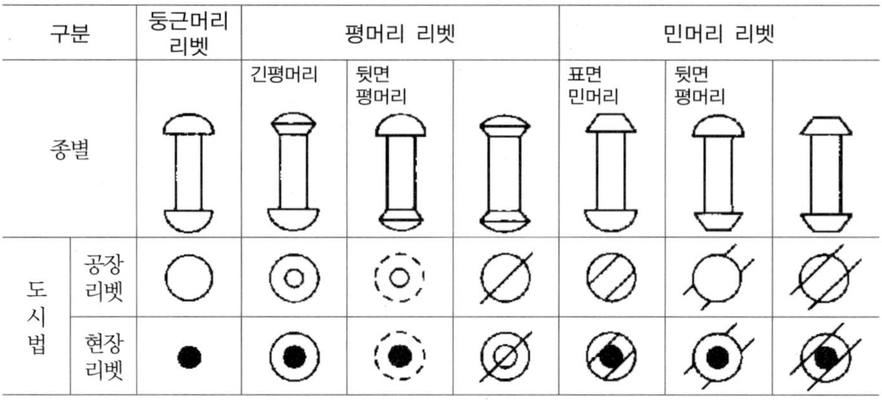

그림 4-11 리벳의 종류와 머리모양

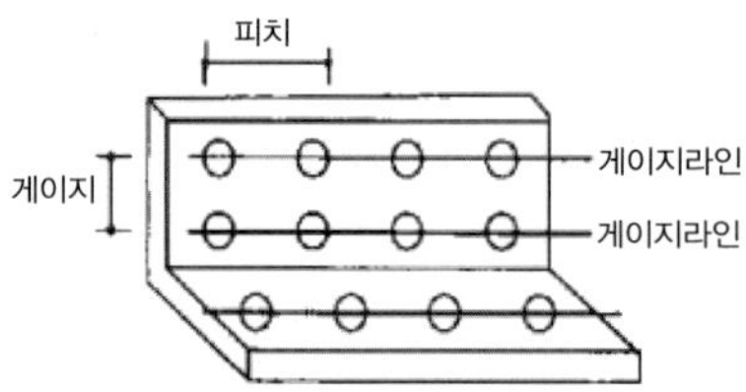

리벳관련 용어

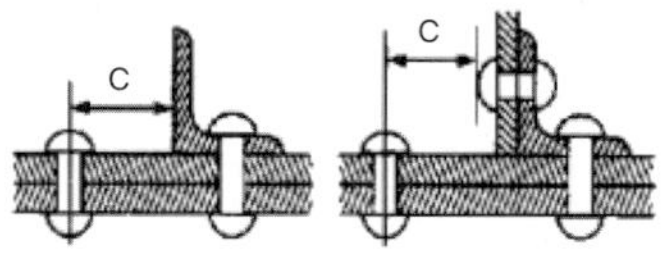

클리어런스(C)

No	지 름		구멍크기
1	리벳	ϕ16 이하	+1.0mm
		ϕ18~20	+1.5mm
		ϕ30 이상	+2.0mm

그림 4-12 리벳의 간격

① 피치, 연단거리, 그립 등의 간격

최소피치	표준피치	최대피치		연단거리		그립(Grip)
		인장재	압축재	최소	최대	
2.5d	4d	Min(12d, or 30t) 이하	Min(8d, or 15t) 이하	2.5d 이상	Min(12t, 15cm) 이하	5d 이하

(단, d는 리벳 지름, t는 얇은 판의 두께)

② 리벳치기 공구

㉮ 조 리벳 ㉯ 뉴매틱 해머 ㉰ 리벳 홀더
㉱ 스냅 툴 ㉲ 드리프트 핀 ㉳ 리머
㉴ 드라이비트

③ 리벳 체결방법

리벳치기법으로는 Joe Riveter(공장 리벳치기 공구)과 Riveter Hammer & Pneumatic Rivetting Hammer(현장치기 공구)가 있고, 쇠메치기와 리벳 Holder, Snap Tool을 이용하여 타결한다.

2.3 볼트(Bolt) 접합방식

일반적으로 볼트는 쓰임 용도에 따라 종류를 구분하고 있는데, 주로 가조임용으로 사용되며 나사부 이외의 부분이 흑피로 되어 있는 것을 흑볼트라 하며, 또 두부의 하부와 중간부를 마무리한 볼트로서 진동이나 충격이 없는 내력부에 사용하는 볼트를 중볼트라 하고, 볼트의 표면을 연마하여 마무리한 볼트로서 핀(Pin)접합용으로 사용되는 볼트를 상볼트라고 한다. 보통의 볼트는 처마높이가 9m 이하, 스팬이 13m 이하의 경미한 건축물에 적용하며, 리벳치기가 곤란하거나 비교적 경미한 구조물에 사용된다. 보통볼트 역시 볼트, 너트, 와셔로 구성된다. 힘의 전달 방법에 따라 마찰접합, 지압접합, 인장접합으로 나눈다.

볼트 조임은 핸드렌치, 임팩트렌치 등으로 조인다. 여기서는 건축구조용으로 사용되고 있는 볼트접합방식의 종류와 접합에 이용되고 있는 고장력 볼트(High Tension Bolt)에 대하여 중점적으로 알아보기로 한다.

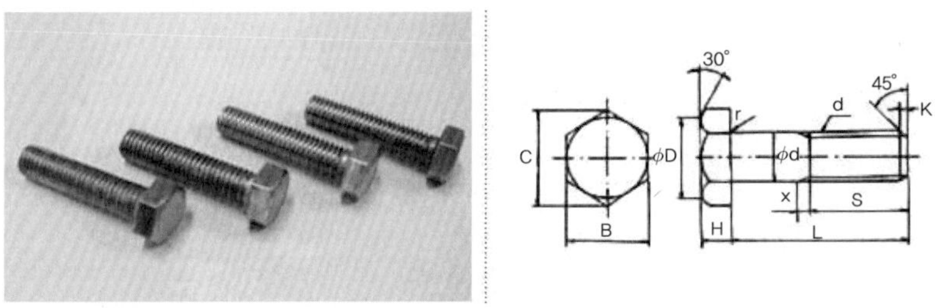

그림 4-13 보통 육각볼트

(1) 볼트접합방식의 종류

1) 마찰접합(Friction Type)

연결부재간의 압축력에 의해 발생된 마찰력으로 연결부의 응력이 전달되게 하는 방식이다.

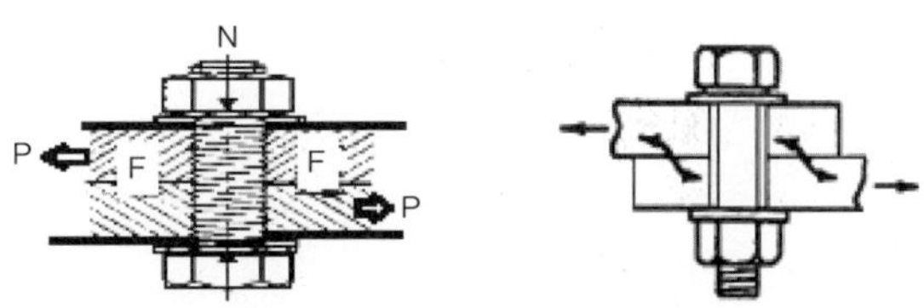

그림 4-14 마찰접합방식 개념도

고장력 볼트로 체결하면 볼트의 강력한 체결력에 의해 접합면은 큰 힘으로 눌리게 된다. 이 큰 힘으로 눌리는 접합면 사이의 마찰계수(마찰저항)로 인해 강한 마찰력이 발생하게 되며, 이러한 마찰력으로 접합된 부분은 볼트 자체의 전단력으로 지지되는 체결방식에 비해 훨씬 큰 힘을 전달할 수 있게 된다.

접합에 이용되는 방식은 육각 High Tension볼트(H/T Bolt))와 Torque Shear 볼트인데, 보통 TS Bolt 또는 TC볼트(Torque Control Bolt)라고도 한다.

볼트 접합에서는 모두 와셔, 너트를 이용하고 있다.

그 이외에 볼트를 이용하여 접합하는 것으로는 Metal Touch접합방식이 이용되며, 마찰력으로 접합된 부분은 볼트 자체의 전단력으로 지지되는 체결방식보다 큰 힘을 전달할 수 있다. 또 면접촉이므로 국부적인 응력이 발생되지 않으며, 진동 등에 대한 내성인 피로한도가 높아진다.

마찰접합시 마찰력의 크기 R은 다음 식으로 구할 수 있다.

$$R = n \cdot \mu \cdot C$$

여기서, R : 마찰력
n : 마찰면의 수
μ : 마찰계수
C : 부재간 마찰력

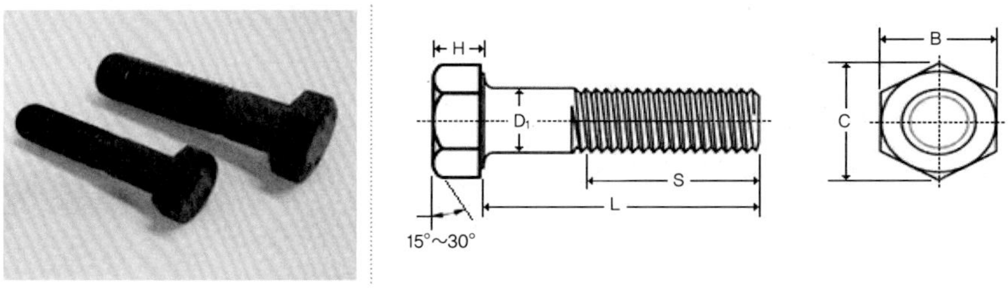

그림 4-15 육각흑볼트

2) 지압접합(Bearing Type)

볼트의 전단저항력과 볼트와 모재간의 지압저항력에 의하여 연결부의 응력이 전달되게 하는 방식이다.

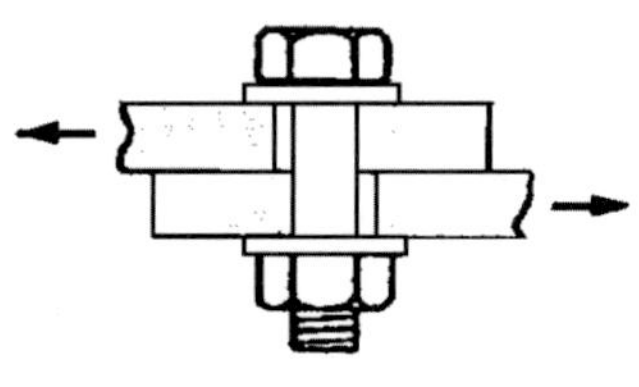

그림 4-16 지압접합방식

3) 인장접합(Tension Type)

볼트의 인장방향으로 하중을 받는 체결구조, 체결된 이음부에 인장외력이 작용할 때 부재간 압축력과 볼트의 축력이 평행상태를 이루는 방식이다.

여기에 부가적 외력이 작용되면 외력만큼 압축력이 작아지고, 볼트에 부가되는 축력은 미미하게 된다. 부가되는 인장외력이 부재간 압축력보다 커지게 되면 볼트가 늘어나고 부재간에 틈새가 발생하게 된다. 따라서 장기하중시 인장방향의 하중을 설계볼트장력의 60%(부재가 서로 분리되는 하중은 설계볼트장력의 90%로 보고, 장기하중시 안전율을 1.5로 설정한 값이다)로 설정하면 된다.

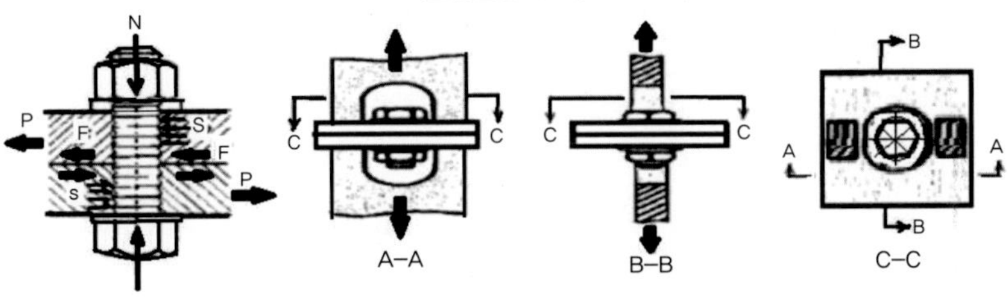

그림 4-17 축방향으로 응력을 전달하는 인장접합

이상과 같이 볼트 접합의 종류가 있으나 어느 것이나 볼트의 길이는 조임 후 너트 밖으로 3개 이상의 나사산이 나오도록 하고, 볼트구멍을 보기 좋게 다듬질할 때는 드리프트 핀(Drift Pin)으로 바로잡고 리머(Reamer)로 구멍가심질(Reaming)을 한다. 이때 구멍간 최대 편심거리는 1.5mm 이하이다. 또 일반볼트에서 체결시 조립판 사이에 0.5mm 이상 구멍의 어긋남은 리머로 수정하지 않고 이음판을 교체한다. 구멍뚫기 공칭지름에 대한 구멍지름은 다음 〈표 4-1〉과 같다.

표 4-1 볼트구멍뚫기 지름

No	종 류	공칭축 직경(d, mm)	구멍지름(D, mm)
1	고장력 볼트	d < 27 d ≥ 27	d+2.0 d+3.0
2	볼트	–	d+0.5
3	앵커볼트	–	d+5.0
4	리벳	d < 20 d ≥ 20	d+1.0 d+1.5
5	핀	d < 130mm d ≥ 130mm	d+0.5 d+1.0

(2) 고장력 볼트(High Tension Bolt)의 접합 : KS B 1010(JIS B 1186)

고탄소강 또는 합금강을 열처리하여 만든 항복강도 700N/mm^2 이상, 인장강도 900N/mm^2 (9tf/cm^2) 이상인 볼트를 임팩트렌치, 토크렌치로 조여 생기는 인장력으로 접합재 상호간에 생기는 마찰력을 통하여 전단력도 생기게 하는 접합방식이다.

마찰접합용 고장력 6각볼트, 6각너트 및 평와셔로 한 세트를 이룬다.

1) 기계적 성질(재질)에 의한 종류

① F8T(육각볼트), S8T(TS볼트), ② F10T, S10T, ③ F11T

(TS볼트는 TC볼트라고 불렸으나 2000년 이후 개발국인 일본이 Structure의 S를 붙여 TS볼트로 부르고 있다.)

2) 볼트의 호칭지름(크기)에 의한 분류

① M16, ② M20, ③ M22, ④ M24 등

3) 고장력 볼트의 세트 종류와 등급은 다음 〈표 4-2〉와 같다.

표 4-2 고장력 볼트 세트 종류와 등급

구 분	세트의 종류		세트구성부품의 기계적 성질 등급		
	종류	토크계수등급	볼트	너트	와셔
육각볼트 (Hex Bolt)	1종	A	F8T	F10(F8)	F35
		B			
	2종	A	F10T	F10	
		B			
	3종	A	(F11T)		
		B			
TS(TC)Bolt (둥근머리로 되어 있음)	1종		S10T	F10(F8)	F35

Note : ① 도표에서 ( )를 붙인 것은 되도록 사용하지 않는다.
② 토크(Torque)계수 A : 너트에 표면처리를 하여 토크 계수치를 낮게 안정시킨 것.
③ 토크(Torque)계수 B : 방청제 처리만 하고 표면 윤활처리를 하지 않은 것.

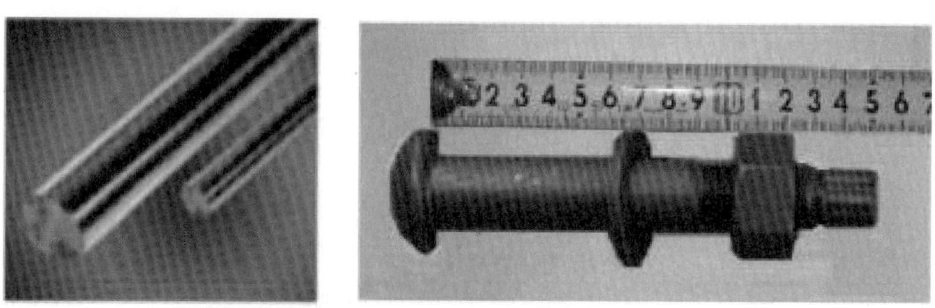

그림 4-18 SM45C 탄소강과 제품으로 만든 TS(TC)볼트

(3) 고장력 볼트의 종류

고장력 볼트의 개념은 철골로 건축구조물을 축조하기 위해서는 보통 공장에서 기둥, 보 등을 가공 · 제작하여 현장에서 조립하게 되는데, 구조용에 사용하는 체결방식이 고장력 볼트접합이다.

이때 사용하는 볼트를 High Tension Bolt라고 한다.

1) 육각 High Tension 볼트 : (육각 Hex Bolt)

볼트의 머리가 육각으로 된 것을 육각볼트(JIS형 볼트라고도 함)라 하며 육각볼트는 조임체결시 적정한 축력을 확보하기 위해 임팩트렌치라고 하는 공구를 사용하는데 컴프레서에 의해 압축공기를 공급하여 타격하므로 소음이 클 뿐만 아니라 타격용 장비인 임팩트렌치도 상당히 무거워 운반에 어려움이 따르는 단점이 있다. 또 체결 후에는 적정 토크치가 되는지를 검사해야 하는 점도 있다. 볼트 규격마다 토크치가 다르며, 측정단위도 공구에 따라 파운드와 킬로그램으로 측정하는 경우가 있어 번거로운 면이 있다.

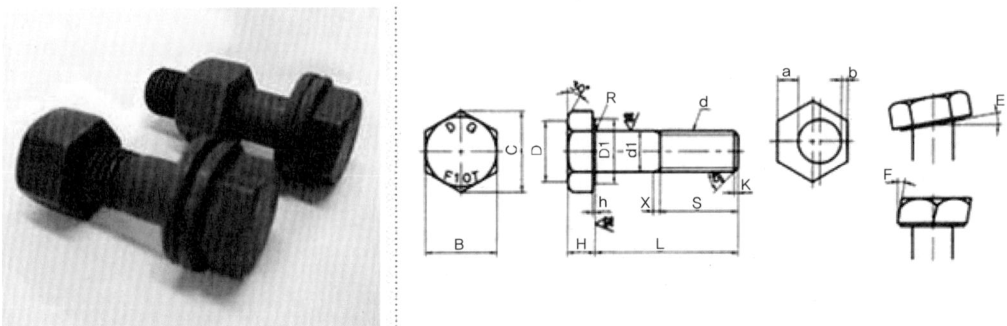

그림 4-19 육각 High Tension Bolt(육각 Hex Bolt)

그림 4-20 임팩트렌치와 토크렌치

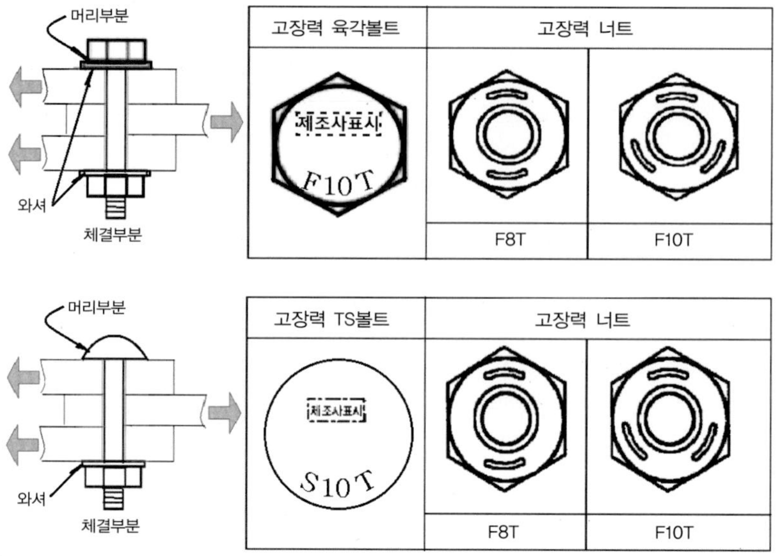

* 고장력 볼트는 머리부분에 F8T, F10T로 등급을 표시하고 있는데, 너트에는 위 그림에서처럼 흠집을 내어 표시하고 있다. 그러나 와셔에는 기계적 성질 등급을 표시하지 않는다.

그림 4-21 육각볼트와 너트의 강도등급 표시

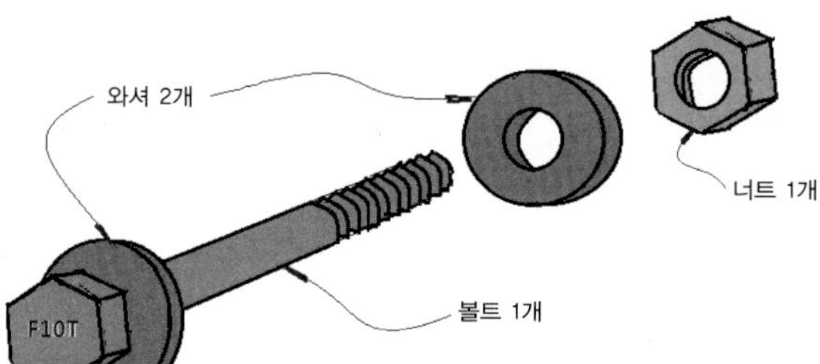

그림 4-22 육각볼트의 구성 세트

2) Torque Shear Bolt(TS볼트) 또는 TC볼트(Torque Control Bolt)

고장력 볼트인 Torque Shear볼트는 Torque Control볼트라고도 하는데 와셔, 너트와 한 세트를 이루어 볼트축 전단형으로 일정한 조임토크치에서 볼트의 축 끝부분의 Pin Tail(꼬리의 절점부분)이 절단되는 방식이다.

일반적으로 TS볼트라고 하며, 재질은 육각볼트와 동일하지만 볼트의 머리모양이 둥근형으로 되어 있고 자리면의 지름이 크므로 머리 아래에 와셔를 사용하지 않는 특징이 있다. 끝단에 토크조임을 위한 핀(pin tail)부위가 있는 것이 육각 고장력 볼트와 다르며 Shear Wrench를 사용함으로써 공기단축, 시공의 확실성 등의 편리성으로 인해 TS볼트를 많이 사용하는 추세에 있다.

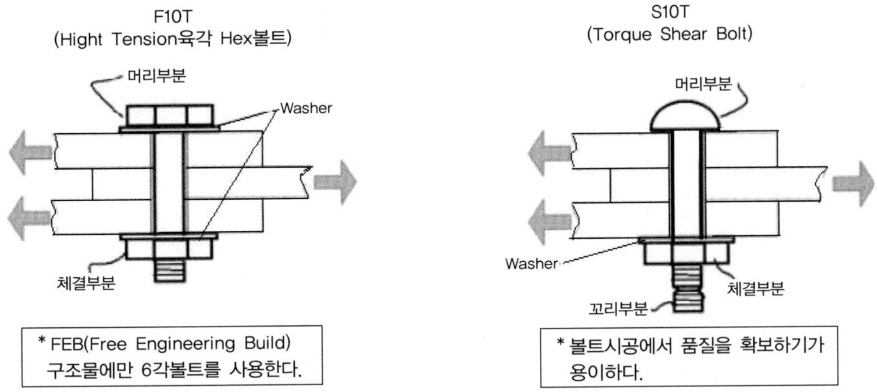

그림 4-23 육각볼트와 TS볼트의 비교

① T/S(Torque Shear) 볼트의 원리

T/S 볼트는 고장력 육각볼트와 같이 마찰접합용으로 사용하기 위해 개발된 제품이다. 육각볼트의 경우 체결을 위한 절차가 복잡하므로 현장에서 보다 편리하고 정확한 시공을 위해 개발된 제품이라 할 수 있다. 볼트의 몸체와 Pin Tail 사이의 파단홈(notch)이 비틀려 파단될 때까지 조이면 소정의 체결 축력을 얻을 수 있게 개발된 제품이다. 따라서 현장에서 체결된 후 파단, 핀이 떨어져 나가 있는 모습을 확인함으로써 정확히 시공된 것을 쉽게 확인할 수 있으므로 편리하다.

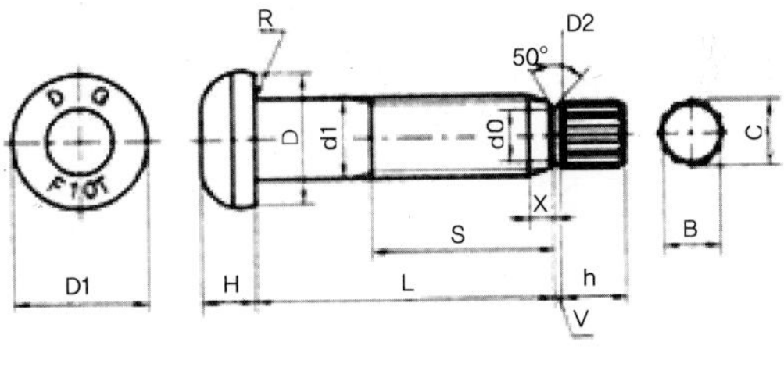

그림 4-24 Torque Shear(T/S)형의 볼트 형상

② TS볼트의 현장치기(조임)

T/S 볼트의 조임으로 인해 적정한 체결력을 얻기 위해서는 적정한 조임을 해야 한다. 볼트는 하나의 스프링과 같다. 따라서 볼트의 조임으로 인해 길이가 길어지면 스프링이 길어지면서 장력이 발생되는 것과 같은 원리로 나사의 체결력이 발생한다. 이렇게 발생되는 체결력의 크기를 정확히 알기는 매우 어려우므로 어느 정도로 조이면 체결력이 발생될 수 있는지, 미리 조사하여 이것을 기준으로 적정한 조임을 하고 있다.

대표적인 조임법으로 토크조임법과 각도조임법이 이용되고 있다.

그러나 현장에서 이러한 조임법에 의한 조임은 세심한 주의와 정확한 시공이 필요하므로 불편하다. T/S 볼트는 이러한 불편을 해소하기 위해 개발된 볼트로서 전용조임기구를 이용하여 소정의 적정한 체결력을 얻을 수 있도록 한 것이다.

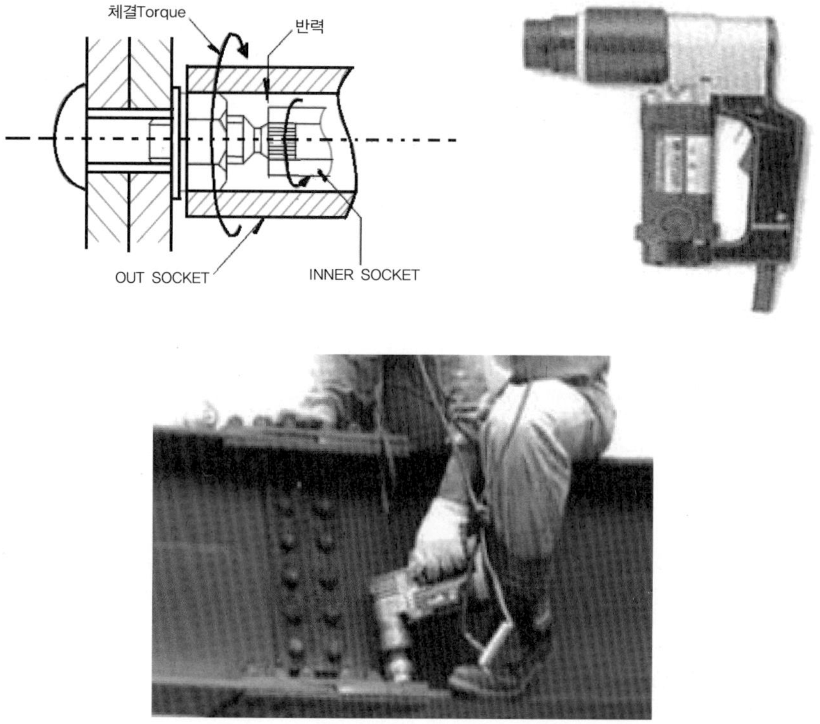

그림 4-25 Torque Shear(T/S)볼트의 조임원리와 조임기구(Shear Wrench)

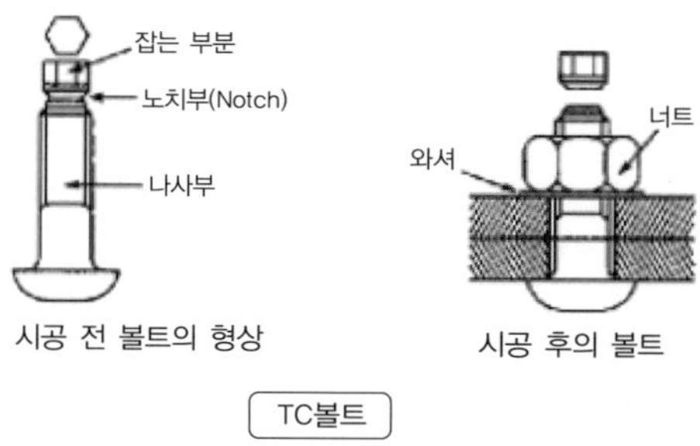

그림 4-26 Torque Shear(TC)볼트의 시공 전과 시공 후

3) 기타 볼트류

① PI너트형 : 두 겹의 특수 너트를 이용한 것으로 일정한 조임 토크치에서 너트가 절단되는 방식이다.

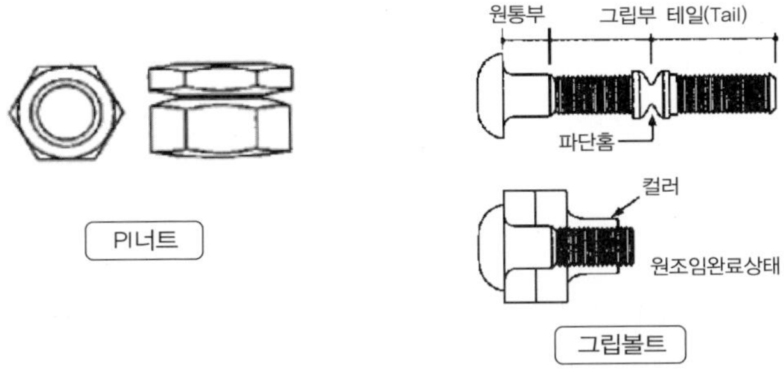

그림 4-27 PI너트와 그립볼트

② 그립 볼트 : 일반 고장력 육각볼트를 개량한 것, 조임 토크치에서 빈테일이 절단되며 조임이 확실하다.

③ 지압형 볼트 : 직경보다 약간 작은 볼트 구멍에 끼워 너트를 강하게 조이는 방식 등이 있다.

4) Metal Touch접합 : 볼트를 이용한 강재 맞댄접합방식이다.

① 용접접합부의 부분용입부(PJP)에서 용접을 하지 않는 Flame의 표면부분을 말하는 것으로 기둥의 축력부분이 크고 인장력이 거의 발생하지 않는 초고층의 하부 기둥 등 상하부재의 접촉면에서 축력을 전달시키는 이음방법이다.

② 메탈 터치 면적이 1/2(50%), 1/3(약 30%) 또는 2/3(약 65%)로 적용되는 경우가 있으며, 당연히 메탈 터치가 요구되는 절단면은 가스절단으로 해서는 안 된다.(허용하지 않음).

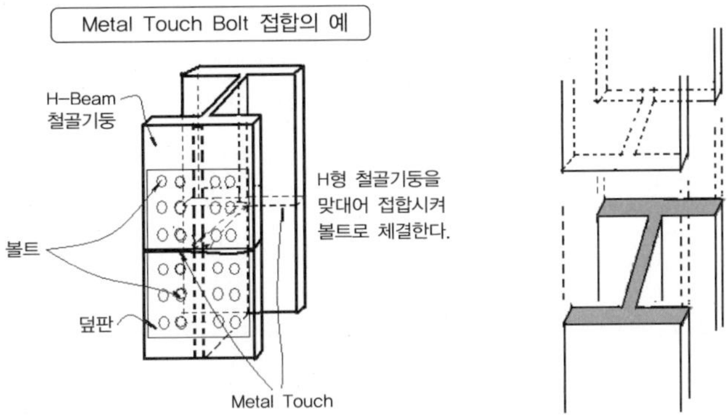

그림 4-28 Metal Touch법에 의한 볼트의 접합

(4) 볼트의 종류별 구조등급 표시

① 육각 High Tension Bolt일 때

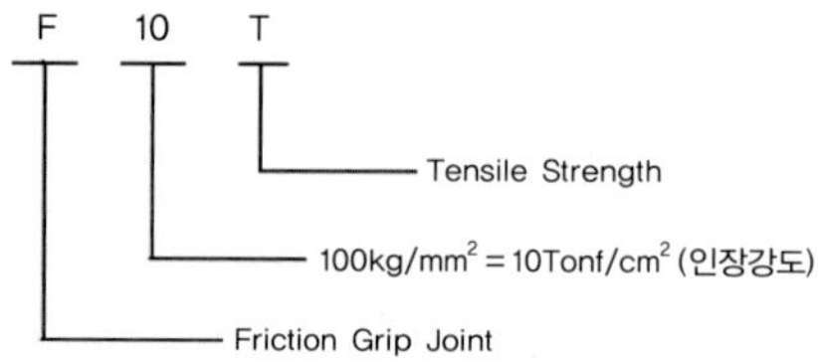

② Torque Shear Bolt일 때

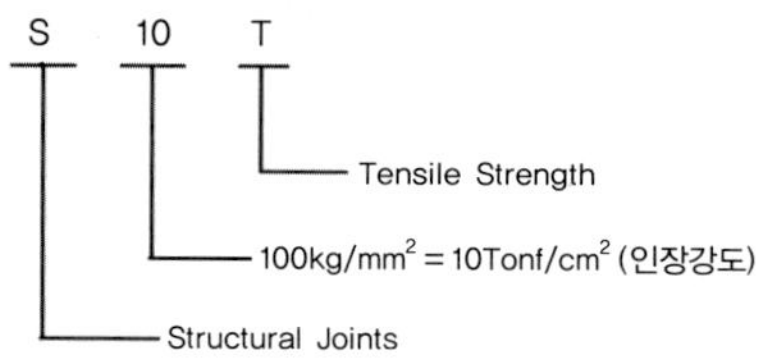

(5) 볼트구멍뚫기(Bolt Drilling)

구멍뚫기에는 펀칭법(Punching법 : 쳐뚫기)과 송곳뚫기법(Drilling : 비벼뚫기)을 이용하고, 구멍가심질을 하는데 구멍뚫기는 리벳치기와 볼트체결을 할 때가 다르다. 구멍뚫기는 각 구멍의 중앙에 부재와 수직되게 Drilling Machine을 사용하여 작업하는데, 이때 9mm 이하의 철판은 Punching Machine으로 구멍뚫기 작업을 하기도 한다. 또 Splice Plate 및 Gusset Plate의 천공작업은 형판에 의해 Center Punching 후 작업하거나 다축 또는 깊은 구멍일 때는 Multi-Drill Machine을 이용하여 천공하고, 이때 발생한 구멍 주변의 가시돋힘(Burr)현상은 그라인딩으로 제거한다.

1) 펀칭법

속도가 빠른 장점은 있으나 구멍 주위에 변형이 생겨(구멍 주위 2.5배까지) 밀착이 곤란하므로 부재 두께 13mm 이하, 리벳 지름 9mm 이하의 두께에서만 사용한다. 따라서 반드시 소요지름보다 1.5mm 적게 뚫어 리머(reamer)로 가심질을 하여 소요지름을 만들어 사용한다.

2) 송곳뚫기

기계장비를 이용한 뚫기로 부재뚫기가 13mm 이상일 때와 13mm 이하라도 다음의 경우에 사용한다.

① 주철재일 때

② 수조(Water Tank), 유조(Oil Tank)일 때

③ 중요부재 등의 세밀가공을 필요로 할 때

3) 구멍가심질

부재 조립시 각 구멍의 지름이 다소 다른 경우가 있다. 구멍의 최대 편심 1.5mm 이하로 하여 구멍을 리머로 수정하는 것을 가심질이라 한다.

표 4-3 볼트 공칭지름에 대한 구멍 규격

볼트 종류	볼트 직경	구멍 직경	건축공사 표준시방서
고장력 볼트 (H.T.B)	M16	17.5ϕ	볼트의 직경 < 27 : +2mm 볼트의 직경 ≥ 27 : +3mm
	M20	21.5ϕ	
	M22	23.5ϕ	
	M24	26.0ϕ	
일반볼트	볼트의 직경 + 1.5mm		일반볼트 : 상기 표준시방서와 동일
앵커볼트	볼트의 직경 + 5mm		앵커볼트 : 볼트의 직경 + 5mm

표 4-4 철근관통 구멍의 구멍지름

원형철근		철근의 직경+10mm							
이형철근	호칭	D10	D13	D16	D19	D22	D25	D29	D32
	구멍지름	21	24	28	31	35	38	43	46

(6) 고장력 볼트 접합부의 마찰면처리

① 고장력 볼트로 접합되는 부재 표면의 마찰면처리는 부재의 마찰응력을 전달하도록 설계된 것이므로 접합면에 Mill Scale이 존재하면 마차력을 확보할 수 없게 된다. 따라서 Mill Scale을 완전히 제거하고 접합면에 붉은 녹상태나 소정의 거칠기를 확보하여 마찰계수가 $\mu=0.45$ 이상이 되도록 한다. 표면처리를 하는 범위는 와셔 직경의 두 배 이상 또는 약 75mm 이상으로 한다.

② 금속표면을 다듬질할 때 표면에 생기는 미세한 요철 정도를 표면거칠기라고 한다. 표면거칠기 확보를 위해 Short Blast를 사용하기도 하는데, Blast상태로 사용할 경우에는 정량적으로 5S 이상 확보되었다면 접합내력이 확보한 것으로 간주한다. 한국산업규격에서는 가장 낮은 곳에서 가장 높은 곳까지의 높이를 취하여 최고값 거칠기라고 하며 R로 표시하는데, 이때 R의 평균값이 6μ 이하 3μ 이상일 때를 6S로 표기하도록 정하고 있다.

알아두면 좋은 지식

볼트, 너트의 재질

구조용 탄소강으로 탄소의 함량이 0.45% 정도이므로 KS규격에서 SM45C라고 한다.(일본공업규격인 JIS에서는 S45C라고 하므로 국내 여러 제품에 45C소재로 불리고 있다). SM45C소재는 탄소공구 중에서도 중탄소강에 해당되는데, 공구강에 요구되는 성질은 상온 및 고온에서 경도가 크고, 가열에 의한 경도의 변화가 적고(경도 201~269, 인장강도 80kg/mm^2 이상), 내마멸성 및 인성이 커서 기계부속품, 볼트, 스프링 등 강도와 마모를 요하는 제품을 생산하는데 사용하고 있다.

성분함량은 C : 0.42~0.48%, Si : 0.15~0.35%, Mn : 0.60~0.90%, P : 0.030% 이하, S : 0.0355 이하, Ni : 0.20% 이하, Cr ; 0.20% 이하, Cu : 0.30% 이하, Ni+Cr : 0.35% 이하로 탄소가 평균 0.45%이므로 열처리에 의하여 경도를 상승시킬 수 있음을 알 수 있다.

최근에는 브론강 51B20을 이용하여 제조하기도 한다. 볼트, 너트의 제조방식은 F8T일 때는 열간가공이 많고, F10T의 경우는 냉간가공으로 제조하는 경향이 많으나 너트의 경우에는 열간가공품은 고가이므로 대부분 S45C를 소재로 한 냉간가공품이 일반적이다. 열처리방법에는 주조나 단조 후의 편석, 잔류응력 등을 제거하여 균질화시키거나 연화를 목적으로 행하는 풀림(annealing), 결정립을 미세화하여 기계적 성질이나 피삭성을 향상시키기 위한 불림(normalizing), 경화를 위하여 행하는 담금질(quenching), 강인화를 위한 뜨임질(tempering) 처리와 표면의 내마모성이 크고, 중심부는 내충격성이 큰 이중조직을 나타내게 하는 표면강화방법 등이 있으나 볼트의 제조에는 불림방식이 사용되는 경향이 높은 편이다. 볼트에 사용되는 강의 재질을 지정한 규정은 정해져 있지 않다.

볼트접합 마찰면의 표면처리

강구조설계규준 및 건축기준법 시행령 제92조의2. 일본 건설성 고시 제1795호에서 접합면의 마찰계수(미끄럼계수)로서 0.45를 기대하고 있다. 일반적으로 마찰면의 상태는 적당한 붉은 녹을 기준으로 하고 있다.

2.4 고장력 볼트 조임과 순서

(1) 고장력 볼트의 조임

볼트체결(조임)에는 너트를 죄는 회전모멘트(Toque)로 추정하는 Torque Wrench와 임팩트렌치(Impact Wrench) 등을 이용한다.

고장력 볼트 접합은 볼트, 너트, 와셔를 이용하는 인장접합과 다르지 않으나 재질간의 접촉면에 마찰력으로 응력을 전달하는 것이 다른 점이다.

KS B 1010(마찰접합용 고장력 6각볼트, 6각너트, 와셔의 세트)에 규정된 고력볼트는 〈그림 4-22〉에서와 같이 볼트 1개, 너트 1개, 와셔 2개로 구성되어 있고, 종류에 따라 등급을 정하고 있다. 접합면의 상태에 따라 강성이 다르기 때문에 주의할 필요가 있다. 사용 종류로는 고장력 볼트, 특수 고장력 볼트, 용융아연도금 고장력 볼트의 3종류가 있다.

(2) 볼트 조임순서

일반적으로 고장력 볼트의 조임순서는 다음과 같다.

① 시공에 적합한 재료인지, 제조사(Maker) 시험성적 등의 재료를 확인한다.

② 체결할 기기를 조정한다.

③ 가볼트를 체결한 후 부재를 밀착시켜 본볼트를 체결한다.

④ 피조임과의 사이를 밀착시키는 것으로 토크렌치로 토크값으로 대략 4~6t의 체결력인 목표 조임의 약 70% 정도로 조이고,(2차 조임에서 목표한 조임이 되도록 한다)

⑤ 볼트의 종류에 관계없이 모든 볼트에 볼트 축에서 너트, 손잡이, 모재에 걸쳐 백색 잉크로 마킹한다.

⑥ 소요 너트회전량 또는 소요장력을 얻을 수 있을 때까지 조인다.
(단, TC볼트일 때는 노치 핀이 절단될 때까지 조인다)

⑦ 너트의 두 모서리까지 시계 방향으로 120° 회전되었는지 확인한다.(동시에 회전되지 않는 곳이 없는지, 공회전하는 곳이 없는지를 확인한다)

⑧ 너트의 회전량을 눈으로 확인하는데, 너무 과도하게 조이거나 회전을 일으킨 볼트는 제거하고 다시 체결하고, 토크값을 검사한다.

이처럼 고장력 볼트를 1차, 2차 체결의 2단계로 실시하는 것은 접합부의 각 볼트에 균등한 볼트 축력을 얻기 위한 조치로 각도 조임법과 다를 바 없다.

같은 취지로 접합부의 조임순서는 접합부의 중심으로부터 바깥쪽으로 순차적으로 체결해 나간다. 순서는 중앙을 먼저 조인 후, 양측 가장자리를 돌아가면서 전체를 원호 돌리듯이 조였으나 2006년 개정 조임기준이 개정됨에 따라 개정된 조임법에 의해 실시하고 있다.

참고로 다음 〈그림 4-29〉는 개정 전 볼트조임순서이다.

(개정 전 방식)

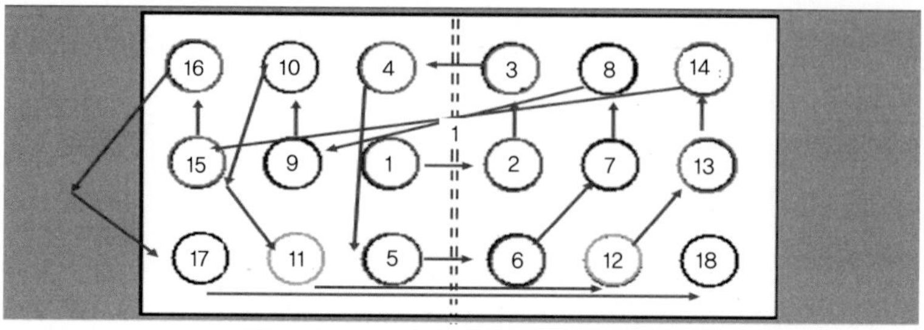

그림 4-29 2006년 개정 전 볼트조임순서

(2006년 개정 조임순서)

㉮ 고장력 볼트의 조임은 1차 조임, 금매김, 본조임의 순으로 한다.

㉯ 조임은 토크관리법과 너트회전법에 의해 실시한다.

㉰ 고장력 볼트의 조임순서는 다음 〈그림 4-30〉과 같이 개정되었다.

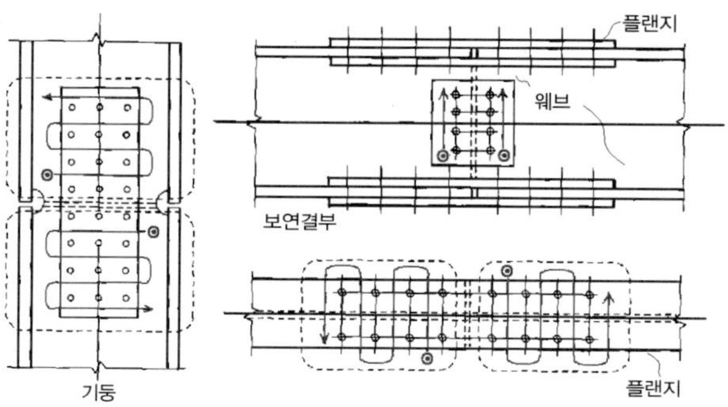

① 점선은 조임시공용 볼트의 군이다.
② 화살표(→)는 조이는 순서이다.
③ 볼트군마다 이음의 중앙부에서 판의 단부쪽으로 조여간다.

그림 4-30 2006년 개정 후 볼트조임순서

(3) 토크 조임법(Torque Control Tightening Method)

토크의 조임이 탄성 범위 내에 있다고 가정하면 이 범위 내에서는 조임력과 볼트의 축력이 비례한다는 원리를 이용한 조임법이다.

1) 1차 조임 토크의 설정

균일한 조임력을 얻기 위해서는 2번에 나누어 조임을 실시한다.

2) 2차 조임 토크의 설정

목표 체결력(축력)을 설정하고, 설정한 축력값을 앞의 조임토크 계산식에 의해 구한다. (단, 정확한 마찰계수를 알 수 없으므로 축력측정기를 이용하여 정확한 토크 값과 축력을 측정하여 마찰계수를 구하는 작업을 하여야 한다.)

토크 조임법의 가장 큰 단점은 접합 부위의 상태에 따라 마찰계수가 다르므로 적정한 체결력을 얻기 위한 적정 토크를 얻기 어렵다는 단점이 있다. 이러한 조임 부위의 편차로 인한 조임력의 불균일을 극복하기 위한 방법으로 각도 조임법을 사용하고 있다.

▶ 토크조임 $T = k \cdot d \cdot N$

여기서, T : 조임토크(kg·cm)
k : 마찰계수(0.11~0.19)
d : 호칭경(cm)
N : 볼트축력(kg)

볼트규격	1차 체결 토크치
M16	약 1,000kg·cm
M20, M22	약 1,500~1,800kg·cm
M24	약 2,000kg·cm
M30	약 3,000~3,500kg·cm

(4) 각도 조임법

1) 육각고력볼트의 현장치기 절차

① 조임 절차

접합부의 모든 볼트를 꽉 끼이는(Snug Tight) 상태로 조인 후 너트나 볼트 머리에 마킹한다. 1차로 조임을 한 후 볼트, 너트, 와셔 모두에 표시되도록 마킹을 한다. 그런 다음에 120°로 회전시켜 2차로 조여 마무리한다.

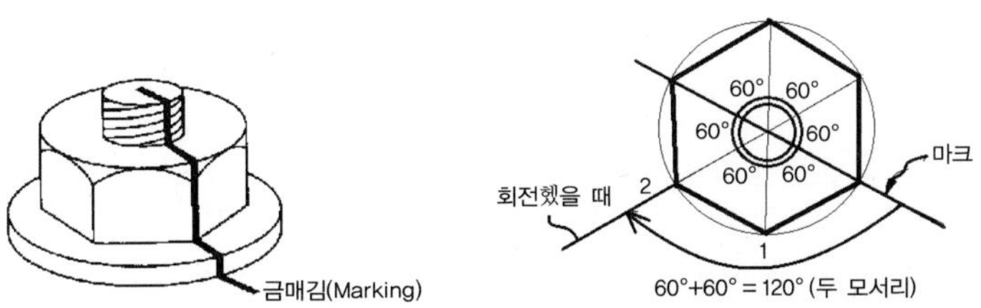

그림 4-31 금매김(marking)

㉮ 1차 조임 : 1차 조임에서 균일한 체결력을 보일 수 있는 최소 조임 토크까지 조임으로써 각 볼트들의 조임력 차이를 극복하기 위해 1차로 조임을 실시한다.

㉯ 마킹(Marking) 실시 : 너트를 회전시켜 조임을 할 경우 볼트가 따라서 돌아가버리면 체결력이 증가되지 않아 적정한 체결력을 얻을 수 없다. 그러나 조임이 일어난 후에 볼트가 너트를 따라 같이 회전되지 않았는지의 여부를 확인하기 위해 마킹을 실시한다. 1차 조임을 한 후 볼트와 너트, 와셔, 부재 모두 페인트로 표시한다. 너트를 회전시켜 조임을 완료한 후 표시한 페인트의 어긋남을 보고 적정 조임 여부를 확인할 수 있기 때문이다. 표시는 너트의 모서리 부위에 할 경우 6각으로 된 한 모서리가 60°이므로 2개 모서리 만큼 회전시키면 120°가 되어 쉽게 확인할 수 있다.

㉰ 너트의 회전 : 마킹을 한 후 너트를 120° 회전시킨다. 회전을 완료한 후 너트의 회전량이 120°±30°의 범위에 있으면 합격이다.

조임시 볼트, 너트, 와셔가 함께 회전하는 공회전이 발생할 경우에는 올바른 체결이 되지 않았으므로 고장력 볼트는 모두 새로운 제품으로 교체해야 한다. 또 새 것으로 교체해야 한다. 한 번 사용한 볼트를 재사용해서는 안 된다. 〈그림 4-32〉에서는 회전상태가 적정한(우측 ○표) 것과 조임이 과대하게 된 경우 (중앙 ×)와 조임이 과소하게 된 경우 (좌측 ×)를 나타내고 있다.

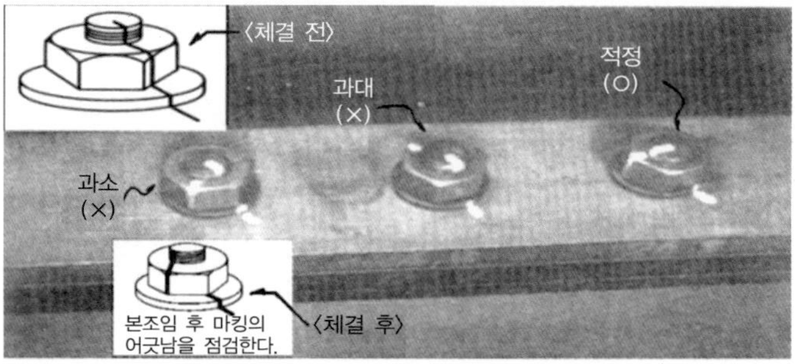

그림 4-32 마킹 체결 전과 조임 체결 후

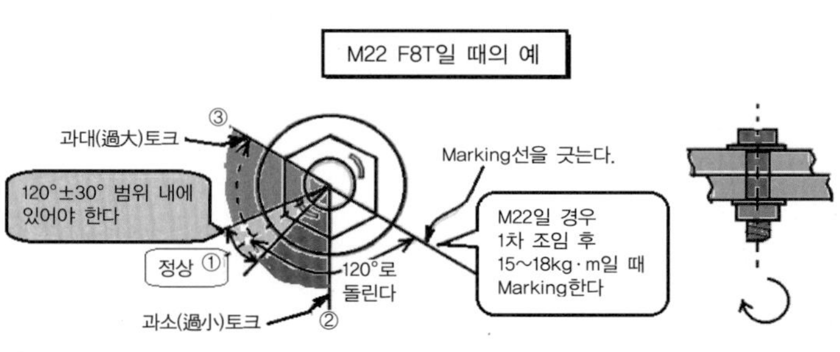

그림 4-33 너트 회전방법

㉠ Torque Test법 값 : 73kg·m,

㉡ NUT회전법 : 120°±30° (표준 토크값의 10% 이내)

고장력 볼트의 체결에는 볼트머리 밑과 너트 밑에 와셔를 1개씩 사용하는 것을 기준으로 접합부의 내력이 설계되어 있으므로 공사현장에서 임의로 와셔를 증감하지 않아야 한다.

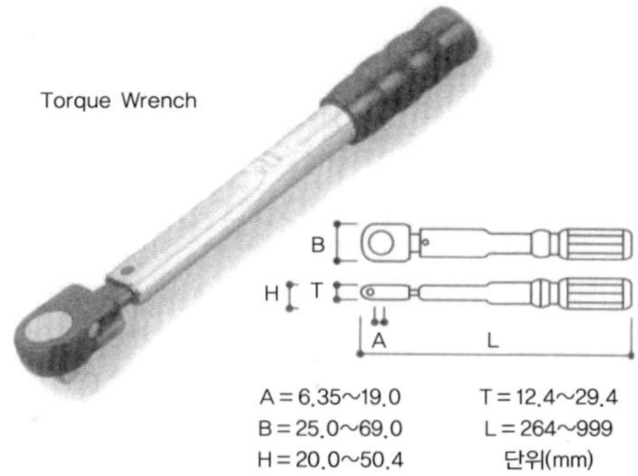

그림 4-34 볼트 각도조임법에 사용되는 토크렌치

(5) 고장력 볼트 체결검사

1) 현장반입시 검사

① 규격 및 재질 검사

일반적으로 사용하는 M22의 축력Test 실시

② 마찰접합

㉮ 표면처리 확보 : 마찰접합을 위한 마찰계수 학보(0.45), 도장금지, Mill Scale제거로 확보한다.

㉯ Splice Plate면은 Mill Scale제거 후 자연녹이 발생토록 처리한다.
(발청유도제를 도포하는 경우도 있다.)

㉰ 볼트 접합 부위의 변형 유무를 확인한다.(직각자 등으로 점검한다.)

㉱ 6각볼트 전용 가볼트를 사용한다.(수직도를 점검한 후 즉시 체결토록 한다.)

㉲ 볼트 체결은 1차 조임 후, 2차 조임을 실시한다. 1차 조임 후 검사용 마킹(marking)을 한다. 보통 M22 사용시 15kg·m~18kg·m (1,500kg·cm~1,800kg·cm)일 때 마킹한다.

㉳ Metal Touch검사

Metal Touch의 Gap기준 : AIC기준 – 1/16″ (약 1.6mm) Gap을 인정.

최대 2mm까지는 가능하며 4.8mm 이하이면 Filler를 넣어 조정하지만, 4.8mm 이상이면 교체 명령을 내려야 한다.

2) 볼트접합면의 표면처리

① 무처리 : 나사 제조 후 특별한 처리를 하지 않고, 단지, 방청유만 도포한 것으로 녹 발생에 대한 대비가 전혀 없는 시방이다.

② 인산염 피막처리 : 일반적으로 많이 쓰이는 검은색 피막으로, 도금 두께에 따라 방청 효과가 달라진다.

③ 아연도금 : 노란색과 흰색의 아연도금이 주로 사용되고, 도금두께에 따라 방청효과가 달라진다. 도금두께가 두꺼워지면 수소 취성이 나타나 부러지기 쉽다. 따라서 반드시 탈수소 공정을 거쳐야 한다. 간혹 업체의 관리소홀로 탈수소가 제대로 되지 않아 문제를 일으킬 수도 있으므로 주의해야 한다.

④ 다크로 : 밝은 회색의 표면처리방식으로 방청효과도 우수하나, 표면박리현상(Peel off Coating)에 의해 악영향을 받을 수 있는 장소에는 사용하지 않는다.

3) 고장력 볼트 체결길이

그림 4-35에서와 같이 고장력 볼트체결 후 너트 위로 나오는 볼트의 길이를 여유길이라 하며, 보통 나사산 3개 정도의 길이로 한다. 육각볼트의 길이는 표 4-5와 같고, TS볼트의 길이 설계는 표 4-6과 같다.

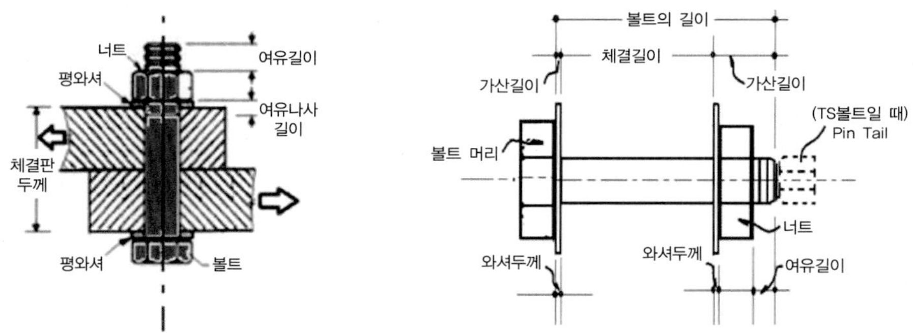

그림 4-35 육각 H/T볼트 체결길이

표 4-5 육각 볼트의 길이(L)=체결물 두께+더하는 길이(추천값). (단위 : mm)

호칭경	와셔의 두께 (T)	너트의 높이 (H)	볼트의 피치 (P)	체결물 두께에 더하는 길이	
				계산값	추천값
M16	4.5	16	2.0	31	30
M20	4.5	20	2.5	36.5	35
M22	6.0	22	2.5	41.5	40
M24	6.0	24	3.0	45	45

(예 : M20일 때 (4.5×2)+(20)+(2.5×3)=36.5mm)

① T/S 볼트의 길이 설계

적정한 볼트 길이의 선정은 매우 중요하다. 따라서 체결부 두께를 고려하여 적정한 길이를 신중히 선정하여야 한다. 시중에서 구할 수 있는 T/S볼트의 길이는 5mm 단위로 공급되고 있으므로 다음의 선정요령에 의해 선정된 길이에 가장 가까운 것을 선택하여 사용하도록 한다.

$$L = G + T + H + (3 \times P)$$

여기서, L : 볼트의 길이

G : 체결물의 두께 T : 와셔의 두께

H : 너트의 두께 P : 볼트의 피치

볼트 체결 후 너트 위로 나오는 볼트의 길이를 여유길이라 하며, 보통 나사산 3개 정도의 길이로 하는데, 위의 식을 간단히 하면,

볼트의 길이(L) = 체결물 두께 + 더하는 길이(추천값)

주의할 점은 위식에 의해 계산된 볼트의 길이보다 길이가 더 긴 볼트를 사용했을 때 여유나사 길이가 너무 짧아 볼트의 몸통에서 나사산이 시작되는 부위에 응력이 집중되어 볼트의 연성이 저하되고, 내피로강도가 급격히 저하되므로 피해야 한다.

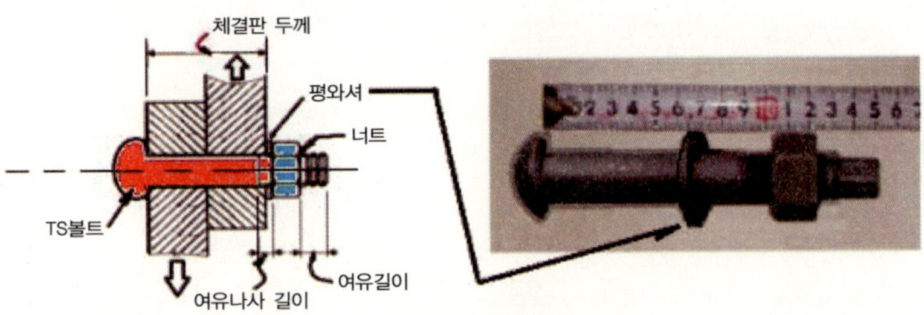

그림 4-36 하이텐션 TS볼트 체결길이

표 4-6 TS 볼트의 길이(L)=체결물 두께+더하는 길이(추천값). (단위 : mm)

호칭경	와셔의 두께 (T)	너트의 높이 (H)	볼트의 피치 (P)	체결물 두께에 더하는 길이	
				계산값	추천값
M16	4.5	16	2.0	26.5	25
M20	4.5	20	2.5	32.0	30
M22	6.0	22	2.5	35.5	35
M24	6.0	24	3.0	39.0	40

(예 : M20일 때 (4.5×1)+(20)+(2.5×3)=32.0mm)

[주] : 1. 토크관리, 육각볼트, TS볼트 현장체결과 너크회전 및 고장력 볼트의 규격, 취급, 길이산정, 구멍의 배치, 마찰면 처리의 규정은 "한국강구조학회" 「고력볼트 시공지침」을 참고할 것.

요점 정리

1. 고장력 볼트의 마찰접합원리.......!

철골부재의 이음접합에는 일반적으로 볼트를 사용하고 있는데, 일반적으로 볼트가 접합판과의 직접 접합에 의한 지압으로 접합되고 있다(아래 좌측 그림 참조). 반면에 고장력 볼트의 마찰접합은 강한 장력에 의해 받침판과 모재를 밀착시켜 그 마찰력에 의해 접합하는 방법(아래 우측 그림 참조)이 있다. 따라서 고장력 볼트의 접합에서는 마찰면의 상태와 볼트의 장력관리가 매우 중요하다는 것을 알 수가 있다.

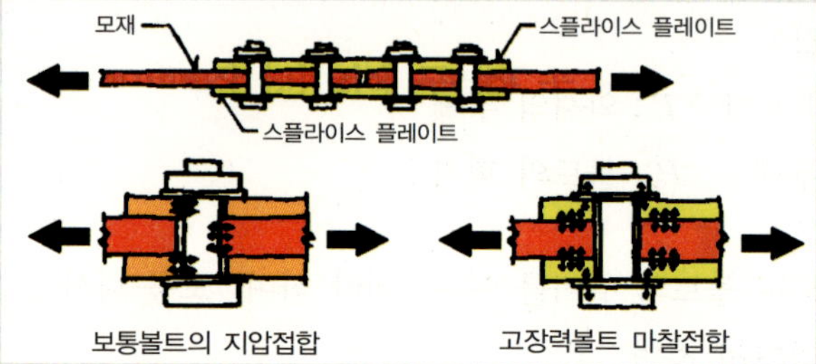

2. 고장력 볼트의 종류

1) 고장력 육각볼트
소정의 체결력을 얻기 위해 토크렌치로 너트를 체결한다. 수동식 또는 전동식 토크렌치를 사용한다.

2) 토크쉐어형 고장력 볼트(TS 혹은 TC볼트)
핀테일이 붙은 것으로 너트체결시 핀테일이 파단되면 소정의 체결력을 갖게 되도록 한 것이다. 건축공사에서 일반적으로 사용되고 있는 고장력 볼트이다.

3) 그립형 고장력 볼트
핀테일이 붙은 깃(Collar)이 축부의 홈에 끼여서 체결되도록 볼트의 축력을 보지(保持)하도록 한 볼트이다.

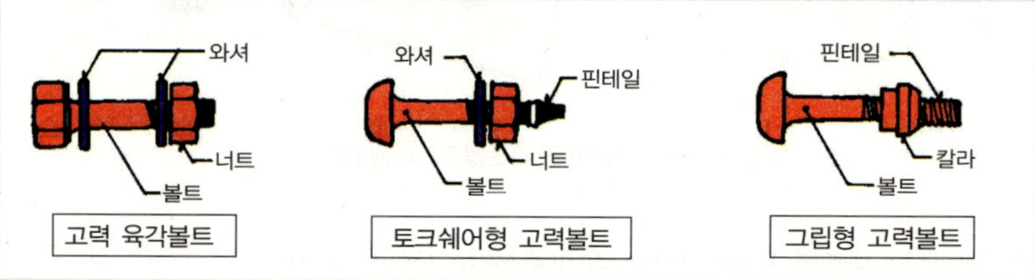

3. 볼트의 장력 확인 검사법

증명서를 구입자에게 제출하고 있으나, KS품질관리인증 공장제품은 일반적으로 반입시 검사증명서를 생략하고 있다. 다만, 세팅시의 토크 계수치는 공장에서 현장에 도착되기까지 시간적인 경과와 기온, 습도 등의 기상조건 변화에 영향을 받을 우려가 있어 검사를 실시하는 것이 원칙이다. 그러나 토크쉐어형은 전동렌치와 축력계를 사용하여 볼트의 장력을 확인 · 검사하는데, 1제조 로트당 5조를 한 세트로 하여 체결축력의 평균치 및 표준편차가 소정의 범위 내에 있는가를 검사하여 확인한다.

3. 철골부재의 용접접합(Welding)

3.1 용접접합방식의 종류

철골용접 접합에는 수동용접, 반자동용접, 자동용접과 같은 3종류가 있으며, 용접 온도는 보통 5,000℃~10,000℃로 용접한다. 플라스마용접은 약 6,000℃에서 이루어진다.

(1) 수동용접 : 피복아크용접(SMAW : Shielded Metal Arc Welding)

피복제(Flux)를 도포한 용접봉과 피용접물 사이에 아크(Arc)를 발생시켜 그 에너지로 용접하는 수동용접방식이다. 용접기 홀더(Hold)에 물린 용접봉과 피용접물(모재) 사이에 교류 혹은 직류의 전원을 가해서 그 사이에 아크를 발생시키면 아크열에 의하여 모재의 일부를 녹이며 용융지를 형성한다. 이때 용접봉도 용해되어 용적(溶滴)의 형태로 아크기둥을 통과하여 용융지로 이행한다. 피복제는 고온에서 분해되어 가스(gas)를 방출하므로 별도의 보호 가스가 필요하지 않다. 또, 피복아크용접은 어떤 자세로도 용접이 가능한 특징이 있다.

다음 〈그림 4-37〉은 공장에서 피복아크용접으로 작업하는 현황 모습과 작업용 보호경의 여러 형태를 나타내고 있다.

그림 4-37 피복아크용 용접 작업모습과 보호경

① 장 · 단점 :

㉮ 장점 : ㉠ 용접장비가 간단하여 이동이 용이하다.
㉡ 전자세 용접이 가능하다.
㉢ 별도의 보호가스를 사용하지 않아 옥외 용접도 가능하다.
㉣ 거의 모든 금속에 적용 가능하므로 가장 광범위하게 사용된다.

㉯ 단점 : ㉠ 기계화가 어렵다.
㉡ 용접봉 교체 등으로 소비시간이 많아 아크율이 낮다.
㉢ 단위시간당 용착량(용착속도)이 낮기 때문에 생산성이 취약한 면이 있다.

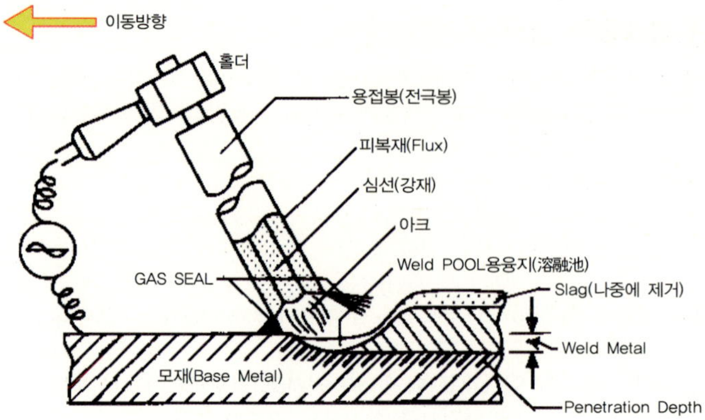

그림 4-38 피복재 Flux 성분과 작용

② 특징 :

㉮ 아크를 안정하게 한다.

㉯ 용융점이 낮아 용적(容滴(Slug) : 녹은 쇳물방울 모양의 용접액)을 미세화한다.(대기 중 산소, 질소의 영향에서 보호아크를 용접부에 집중시킴)

㉰ 탈산 및 정련작용을 한다.

㉱ 중성, 환원성 분위기를 조성하여 대기 중의 산소, 질소 침입을 방지하여 용융금속을 보호한다.(전기절연작용)

㉲ 비중이 작고 유동성이 적당한 스패터(Spatter)를 만들어 용착금속을 충분히 덮어 용착금속의 산화, 질화 작용을 방지한다.

㉳ 용착금속에 합금원소를 첨가한다.(필요 원소를 첨가)

㉴ 유동성을 크게 하여 슬래그를 제거하기 쉽게 하고 깨끗한 용접면을 만든다.

㉵ 용착금속의 냉각률 및 응고 속도를 저하하고(늦추고) 고착성을 증진시킨다.

㉶ 모재 표면의 산화물을 용해 · 제거하고 용접을 완전하게 한다.

(2) 자동용접 : 서브머지드아크용접(SAW : Submerged Arc Welding)

용접 이음의 표면에 입상의 용제를 공급관을 통하여 공급시켜 놓고, 그 속에 연속된 와이어로 된 전기 용접봉을 넣어 용접봉 끝과 모재 사이에 아크를 발생시켜 용접하는 자동 아크용접 방식이다. 아크나 발생 가스가 모두 용제 속에서 생기지만 밖에서는 불꽃이 보이지 않으며, 이 방법은 용제에 의하여 용접부를 완전히 외부 공기층과 차단하고 용융된 용제로 강력한 정련작용을 하도록 하고 슬래그로 용착금속의 표면을 덮어 용접부의 기계적 성질을 좋게 한다. 이러한 작업환경 때문에 로봇(Robot)용접 또는 잠호용접이라고도 한다.

서브머지드(Sub-merged) 아크용접은 품질이 일정하지만 하향용접이며 상향용접은 할 수 없다.

① 장 · 단점 :

㉮ 장점 : ㉠ 용접 중 대기와의 차폐가 확실하여 산화, 질화의 우려가 없다.

㉡ 고전류의 사용이 가능하여 용착속도가 빠르고 용입이 깊어 후판에 적합하고, 피복아크용접(SMAW)에 비해 두께 12mm에서 2~3배, 25mm에서 5~6배, 50mm에서 8~12배의 고능률이다. 일반적으로 수동용접에 비해 10~20배의 작업능률이 높은 편이다.

㉢ 용접사의 기량 차이에 의한 품질저하 격차가 없고 강도가 좋아서 이음의 신뢰도가 높다.

㉣ 용접면이 균일하여 비드 외관이 아름답다

㉤ 열효율이 아크용접 공정 중에서 가장 높다.

㉥ 유해광선이나 흄(Fume : 가열 또는 화학반응에 의해 발생한 고체)이 적게 발생되어 작업환경이 깨끗하다.

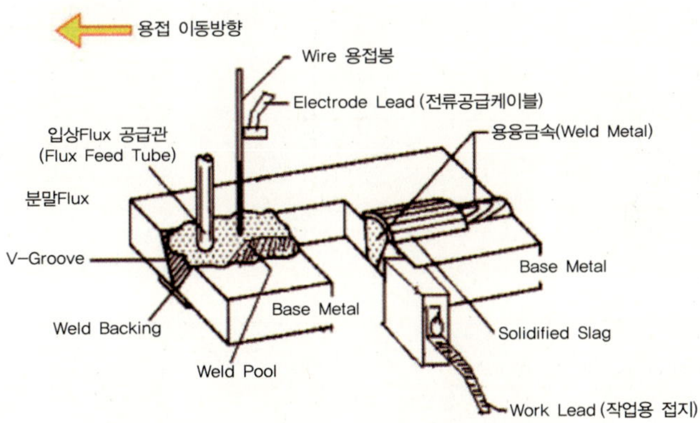

그림 4-39 서브머지드아크용접(SAW)의 원리

㉯ 단점 : ㉠ 장비 가격이 비싸다.

㉡ 대전류용접으로 열영향부의 기계적 성질 열화에 유의해야 한다.

㉢ 용접자세에 제한을 받는다.(하향용접만 가능)

㉣ 용접선이 짧거나 복잡한 경우 수동용접에 비해 비능률적일 수 있다.

㉤ 용접 적부상태를 육안으로 확인할 수 없다.

㉥ 용제는 흡습하기 쉬우므로 150~250℃에서 30분 정도로 건조하고 취급을 잘해야 한다.

마크된 부분의 가스절단

절단면 옆모습

NC가스절단기로 절단

그림 4-40 자동절단기로 절단작업(물을 뿌리면서 절단한다)

그림 4-41 Build up H-빔가공, 제작을 위한 취부작업(가조립)

제작완료된 각종 철골부재(도장전 모습)

그림 4-42 자동용접기로 Build up가공중인 H-빔(위)과 제작이 완료된 빔

(3) 가스실드(Gas Shield)아크용접(GMAW & FCAW) :

(FCAW : Flux Cored Arc Welding)은 반자동용접이라고 하는데, 일명 CO_2용접이라고도 한다. MAG(Metal Active Gas)와 MIG(Metal Inert Gas)아크용접 등이 있다. 원소의 추가 첨가 내지는 방지를 위해 용접시 주변에 반드시 보호막을 쳐야 한다. CO_2가스가 공기

중의 물(H_2O)과 작용하면 이 중의 수소(H)가 철에 침투되어 철의 원소를 변화시키는 요인이 된다.

불활성가스 금속아크용접(GMAW : Gas Metal Arc Welding = CO_2, MIG, MAG) 피복아크용접(SMAW : Sheild Metal Arc Welding)의 특성을 조합시킨 용접법이다.

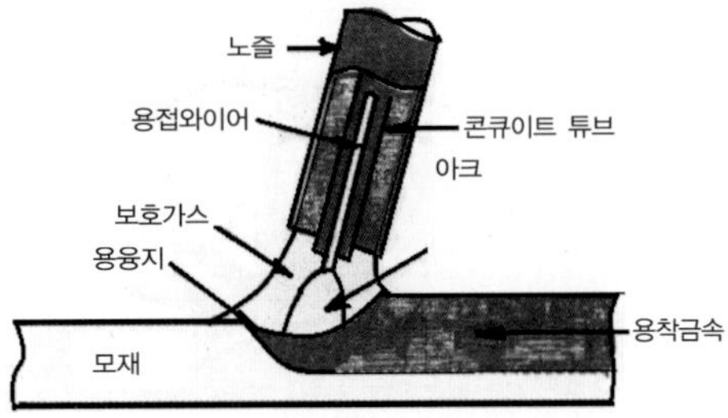

그림 4-43 GMAW(Gas Metal Arc Welding)의 원리도

① MAG(Metal Active Gas) 아크용접

탄산가스 아크용접방법은 아르곤, 헬륨 같은 불활성가스 대신 값싼 탄산가스를 이용한 용접법이다. 탄산가스는 아르곤, 헬륨 등과 같은 불활성가스가 아니므로 고온상태의 아크 중에서는 산화성이 크다. 따라서 보통 피복되지 않은 용접봉을 사용할 경우, 용접부에는 블로우 홀(Blow Hole) 및 그 밖의 결함이 생기기 쉬우므로 이와 같은 결점을 제거하기 위하여 망간, 실리콘 등을 탈산제로 하는 망간-규소계 와이어를 사용하든가 또는 값싼 탄산가스, 산소 등의 혼합가스를 쓰는 탄산가스 산소아크용접법을 사용하고 있다.

② MIG(Metal Inert Gas)아크용접

미그(MIG)용접이라고도 한다. 불활성가스 메탈아크용접법은 용접봉인 전극 와이어를 연속으로 보내어 아크를 발생시키는 방법으로 용극식 아크용접법이다. 또는 소모식 불활성 가스아크용접법이라고도 한다. 불활성가스 메탈아크용접용 전원은 직류식으로 와이어를 정극으로 하는 역극성이 채용된다.

불활성가스 메탈아크용접법은 전원이 정전압 특성의 직류아크용접기로서 가는 와이어를 써서 전류 밀도를 높이고, 와이어 송급은 일정속도 송급방식으로 하는 것이 특징이 있다. 가스 실드(Gas Shield)아크용접은 반자동용접을 표준으로 하며, 바람의 영향을 받기 쉽다. 그림은 GMAW방식(Gas Metal Arc Welding)이다. 또 가스 보호 FCAW Type(Flux Cored Arc Welding)은 다음 〈그림 4-44〉와 같다.

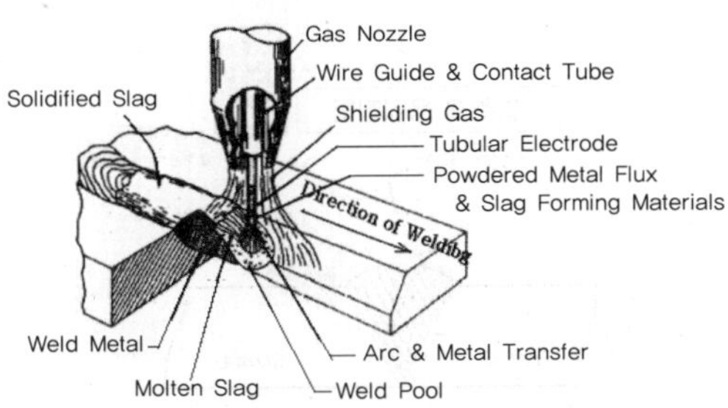

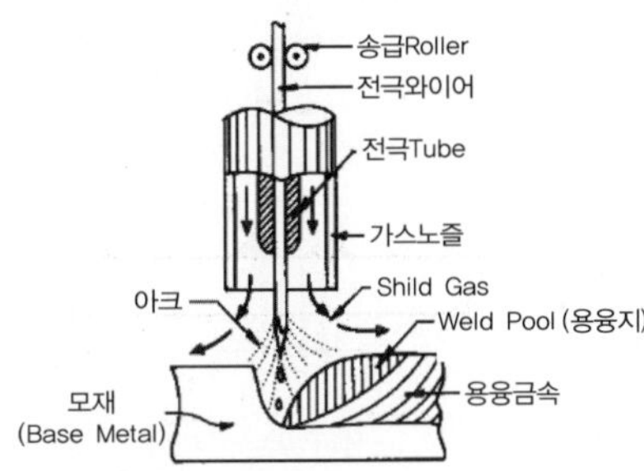

그림 4-44 FCAW(Flux Cored Arc Welding)의 CO_2 용접 원리

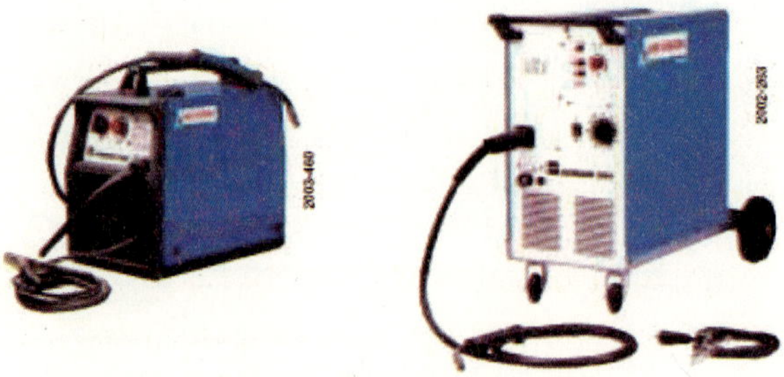

그림 4-45 MIG용접기의 종류

(4) 일렉트로 가스용접(EGW : Electro Gas Welding)

일렉 슬래그용접과 같은 수직자동용접이지만 플럭스를 사용하지 않고 실드가스(주로 탄산가스)를 사용하며, 용접봉과 모재 사이에 발생한 아크열에 의하여 모재를 용융 · 용접하는 방법이며, 사용하는 용접봉은 솔리드 와이어용접봉 또는 플럭스 코드 용접봉을 사용한다.

3.2 압축재와 인장재의 용접접합

공장가공에서 가장 많이 사용되는 용접가공방법이며, 현장에서 사용되는 철골의 접합에서도 용접방식을 일반적으로 사용하게 되는데, 용접은 전류의 아크상태(약 6,000℃의 Plasma)로 철골접합용 용접봉을 용융화하여 접합하는 방식이다

따라서 용접은 플라스마(Plasma) 기체를 수천 도 이상의 고온으로 가열할 때, 그 속의 가스 원자가 원자핵과 전자로 유리되어 음양의 이온상태로 되는 것으로 플라스마를 이용한 가공법이다. 공장용접작업에서 〈그림 4-46〉과 같이 압축재 용접접합과 인장재 용접접합을 할 경우 용접재 사용에 대해서 알아보기로 하자.

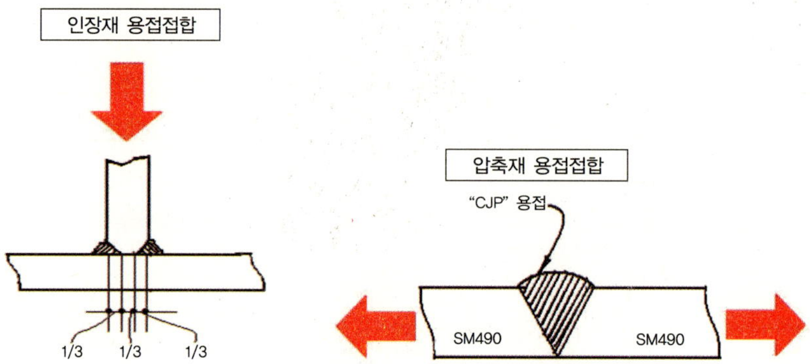

그림 4-46 압축재 및 인장재 용접접합

CJP(F.P)용접에서 접합할 모재가 모두 SM490이면 용접재는 모재부재보다 강성이 높은 용접재인 520을 사용한다. 여기서 CJP란 FP(Full Penetration) 또는 CP라고도 하는데, 이것은 완전용입 용접부를 말하는 것으로 두께만큼 완전 용접할 것을 지시하는 용어로 지시가 있는 경우에만 실시한다. 이 지시가 있을 때는 약 10%는 필히 UT(Ultra Test) 검사를 실시해야 한다. 예를 들면 300개씩 범위(Zone)를 정하여 10%인 30개를 시험하여 불량이 10%가 넘으면 전량 재용접을 실시해야 한다.

다음 〈그림 4-47〉에서와 같이 부재가 다른 경우에는 어떻게 할까? 부재가 다를 때는 강도가 낮은 부재에 용접재를 맞추고, 위에서처럼 그 낮은 부재(SM400)보다 높은 용접재 SM490을 사용하게 되는데, 이러한 관례가 원인이 되어 제작공장에서는 보통 높은 강재에 맞추어 용접재를 사용하고 있다.

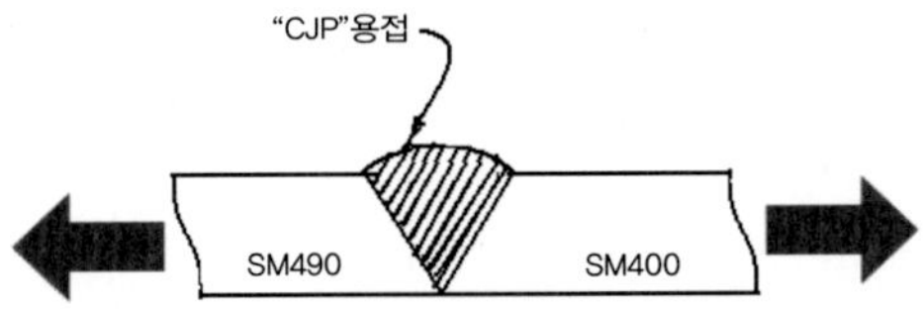

그림 4-47 모재의 부재가 서로 다른 인장재 용접접합

(1) 임의 추출검사방법

① 공장용접인 경우의 임의추출검사 : 공장용접에서는 대부분 육안검사 및 초음파검사이기 때문에 초음파검사 규정에 따라 추출한다.

② 현장용접인 경우의 임의추출검사 : 현장용접은 대부분 CJP용접이다. 따라서 CJP검사 규정에 따라 시행하는 것이 일반적이다.

3.3 용접이음의 종류 및 특성

(1) 맞댐 이음(Butt Welding)

맞댄 용접은 모재를 서로 맞대어 용접하는 방식으로 맞대기 이음의 종류로는 I형, K형, V형, U형, J형, X형, H형, 양면J형, 베벨(ν)형 등이 있으며, 맞댄이음 개선부의 명칭은 〈그림 4-48〉과 같다.

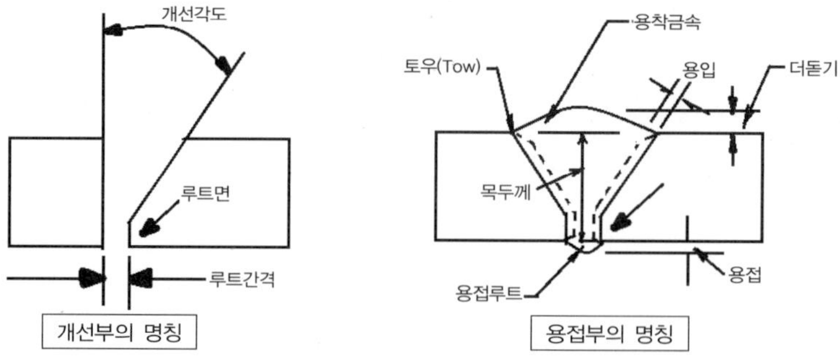

그림 4-48 맞댄이음 개선부의 명칭

① 맞대기 용접은 특별한 지시가 없는 한 최소의 더돋기로 한다.

② 보강 더돋기 높이는 다음 〈표 4-7〉과 같이 하고, 양면용접일 때는 밑면떼내기를 한 후 밑면용접을 하지만 자동용접으로 완전용입할 경우에는 밑면떼내기를 하지 않는다.

③ 구조용 용접이음에서의 연성강도는 모재의 강도와 동등하거나 그 이상이며 이음의 효율은 100%로 간주한다.

표 4-7 개선용접의 더돋기(mm)

비드 폭(B)	더돋기 높이(h)
B<15	h≤3
15≤B≤25	h≤4
B≥25	h≤4B/25

(2) 모살용접(Fillet Welding)

모살용접은 목두께 방향이 두께의 어떠한 모재 표면에 대해서도 직각이 아닌 어떤 각도를 가지는 용접이다.

따라서 용접 부위가 불룩한 블록형(Convex type), 평형형(Flat type), 오목형(Concave type)이 있는데 목두께, 다리길이로 모살의 크기로 한다.

T형 용접이라고도 하는 경우가 있다.

① 전단응력을 전달하기 위한 것으로 모살이음의 강도는 통산 목단면 당 파괴 하중으로 표현하고, 용착금속 또는 용접금속의 강도를 기준으로 하는데 용접시 부재를 가급적 밀착시켜 시공한다.

② 모살용접은 한 용접선의 양단 각 50mm 이외의 부분에서 용접 길이의 10%까지는 밀착도 오차 1mm를 허용하지만 비드형상이 불량한 경우에는 결함보수 기준에 따라 보수하고 보강 더돋기의 높이는 〈표 4-7〉 더돋기에 따라 실시한다.

③ 완전용입 용접부일 때는 시단과 종단부에 결함이 생기기 쉬우므로 충분한 주의를 요한다.

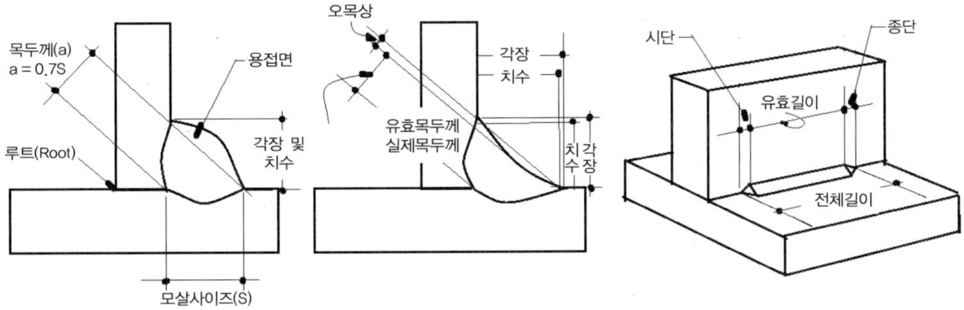

그림 4-49 모살용접과 명칭

(3) 겹침이음

접합할 부재를 겹친 후 끝부분을 모살용접하는 방식이다.

(4) 모서리이음

상자형(Box) 단면의 모서리부분을 용접하는데 사용하는 방식이다.

(5) 끝동이음

구조용으로 사용하는 경우는 거의 없고 가용접에 사용한다.

3.4 용접의 품질

용접된 이음부의 단면은 용가재(Filler Metal)가 용융된 용접 금속부(Bead)와 모재(Base Metal)의 용융된 부분이 합쳐진 용접금속부, 모재의 열영향부와 열영향을 받는 모재부로 나타낸다. 용접 금속부와 열영향부의 경계를 용접 Bond라고 하는데, 이 부분은 급열, 급랭되기 때문에 경화될 때 변화가 심하여 균열발생의 원인이지만 이음부 파괴의 원인이 되기 쉽다. 따라서 용접의 품질 확보를 위해 −5℃ 이하에서 용접해서는 안 된다. 다만, −5℃~+5℃인 경우에는 접합부로부터 100mm 범위의 모재 부분을 가열한 후 용접하여야 한다.

품질 확보를 위해 용접 기준도는 일반적으로 부위마다, 판두께마다 용접방법을 나타내지만 일반적으로 1 또는 2 중에서 어느 쪽인지를 다음과 같이 나타낸다.

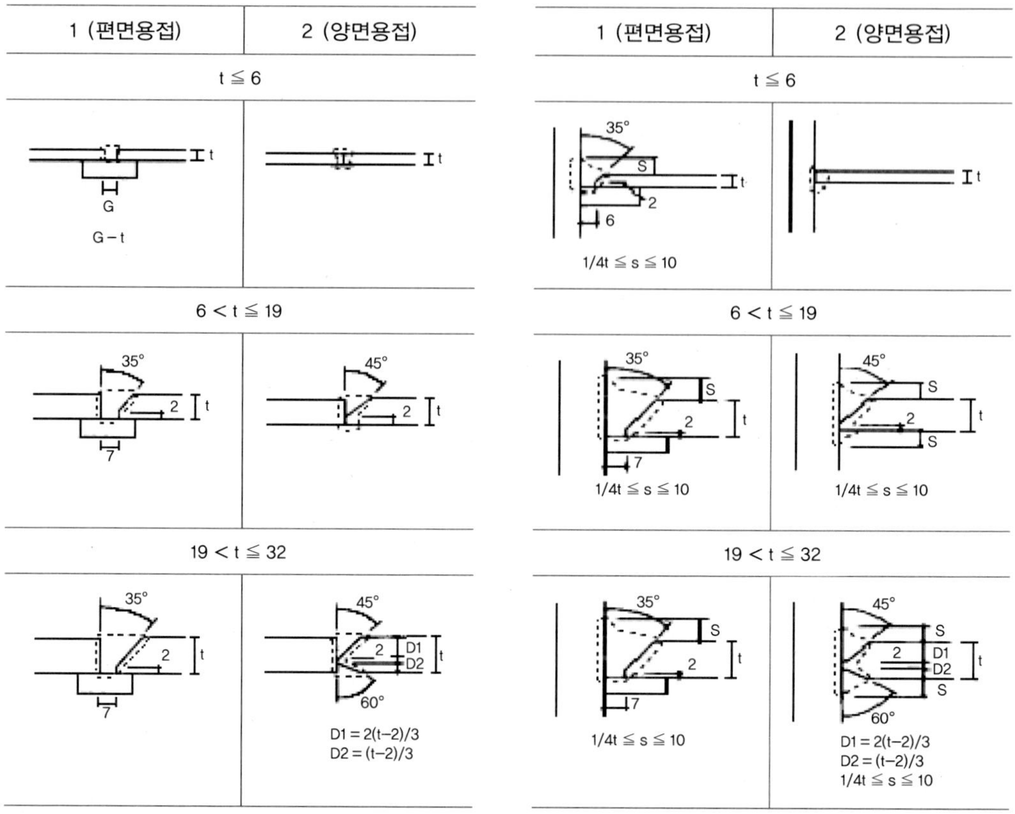

그림 4-50 완전용입용접일 때 용접의 기준도의 예

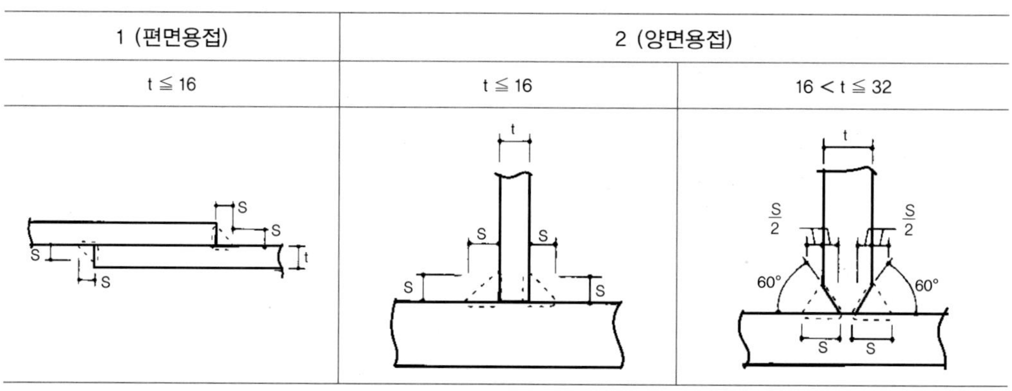

그림 4-51 모살용접일 때 용접의 기준도의 예

(1) 용접품질의 확보

용접품질관리는 용접관리기술자의 관리하에 실시하고, 용접전압, 아크전압, 용접속도, 가스유량, PASS간 온도, 입열량 등 적절한 조건을 선정하여 실시해야 한다. 개선용접은 기본적으로 다층으로 적층되므로 모재에서도 두꺼운 층을 형성한다. 모살용접은 보통 1~5층까지 적층이 진행되므로 접합모재의 두께는 19~25mm 내에서 실시한다. 용접 품질 확보를 위해서는 뒷댐재(Back Bar), 앤드탭(End Tab), 스캘럽 등을 사용하기도 한다.

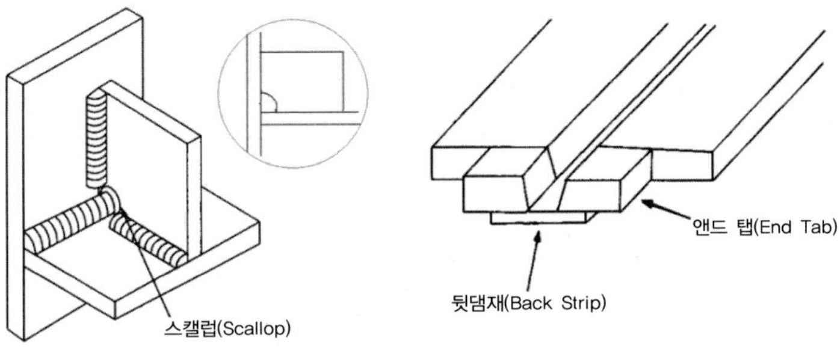

그림 4-52 스캘럽, 뒷댐재, 앤드 탭

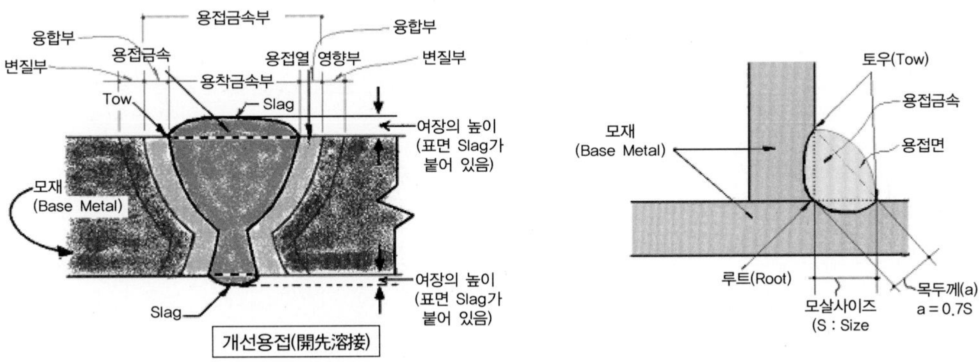

그림 4-53 맞댄용접과 모살용접부의 단부

용접접합의 품질 확보를 위해서는 용접 전, 용접중, 용접 후로 나누어 다음과 같이 주요 포인트에 대해 검사한다.

1) 용접 전

① 용접설비, 용접봉, 모재

② 용접공의 기량시험

③ 용접할 장소의 기온과 환경(기후와 기온)

④ 개선상태, 치수, 뒷댐재와 End Tab

⑤ 예열

2) 용접중

① 용접방법과 순서

② 용접봉의 보관

③ 용접할 용접기에 맞는 전류, 전압, 비드의 형상, 용접자세 등

3) 용접 후

① 1차 검사 : 눈으로 확인 가능한 균열 여부, 제품의 형상, 치수검사, 언더컷, 오버랩, 뒤틀림 등의 외관검사를 실시한다.

② 2차 검사 : 비파괴검사로 내부균열, 용착금속과 모재의 융합 불량, 블로홀, 크레이트 등의 내부검사를 실시한다.

기둥 · 보 사이를 잇는 부분의 스캘럽 형상에 대한 주의점

철골에서 기둥과 보의 이음접합부분(보와 스티프너)에는 보의 단부에서 용접선이 상호교차하는 부분이 있는데, 이때 용접선의 상호교차를 방지하기 위해 이곳에 반원형의 절취부분을 만드는데 이것을 스캘럽(SCALLOP)이라고 한다.

설계 · 시공에서 통상적으로 실시하고 있는데, 1995년 일본에서 지진발생시 철골건물에서 발생된 피해를 조사하던 중 피해로 인한 특징 중 하나가 스캘럽의 원인이 되어 보와 웨브가 교차되는 부분의 플랜지가 파단된 것을 알게 되어 실험한 결과 스캘럽의 밑부분에 국부적인 응력집중이 발생하여 플랜지 파단의 원인이 된다는 것을 알게 되었다.

1996년 2월에 일본에서는 종래방식을 폐기하고 이 부분을 개정하여 개량형 스캘럽과 논스캘럽으로 용접하는 방식을 채택하고 있다.

개량 스캘럽은 스캘럽의 접지단부를 10mm 정도의 타원형으로 가공하여 사용하며, 논스캘럽 공법은 변형에 대한 능력이 우수하지만 절삭가공이 매우 복잡하다.(아래 그림 참조)

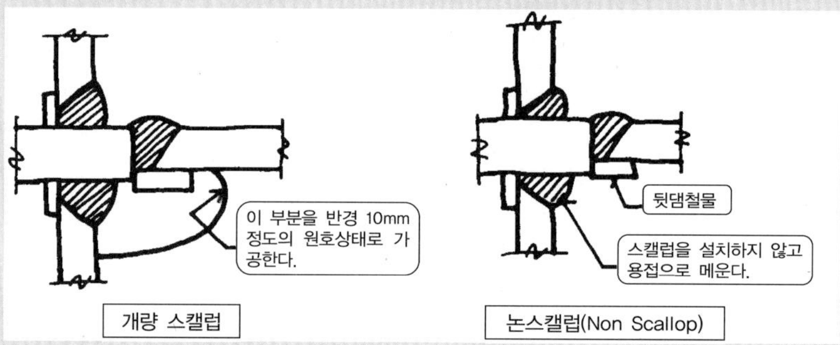

철골용접 기초지식 정리

1. 완전용입용접과 모살용접(Fillet Weld)은 어떻게 다른 것인가?

완전용입용접은 맞댄용접부분을 개선가공하여(경사지게 절취) 개선부분을 용접하는 것이다. (그림 ①)
반면, 모살용접(Fillet Weld)은 접합하려는 판과 직각으로 판의 모서리를 용접하게 된다. (그림 ②)

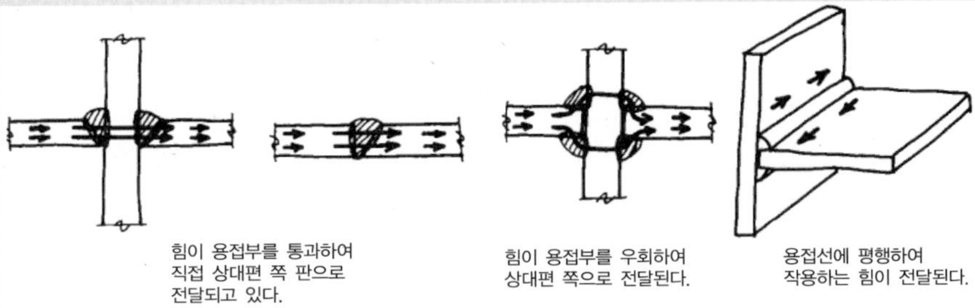

① 완전용입용접과 힘의 전달 흐름 ② 모살용접과 힘의 전달 흐름도

그림에서와 같이 완전용입용량은 힘의 전달이 부드럽게 큰 힘을 상대쪽 판으로 효율적으로 전달하지만 가공이 번거롭고 손질이 많다. 그러나 모살용접의 경우는 손질이 간편하고 하중이 용접선에 평행하게 작용하는 힘의 전달에 적합한 용접방법이다.
또 보의 단부 플랜지처럼 단면에 전강도의 전달이 필요한 부위에 모살용접을 할 경우 전강도 전달이 잘 되지 않아 내력이 부족하게 되면 용접부가 파단되어 내력을 잃게 되므로 인장력이 적게 작용하는 부위에 사용하는 것이 바람직하다.

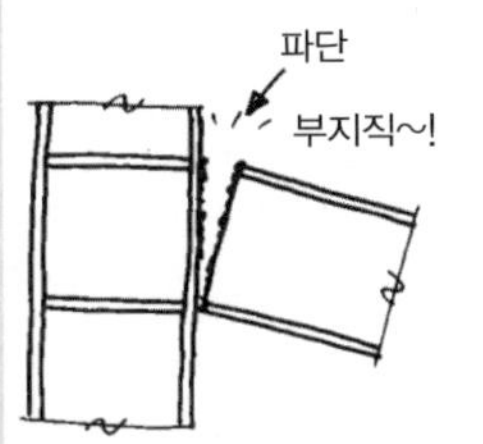

양단부면이 모살용접 되어 있어...

2. 뒷댐철물(Back Strip)은 왜 필요한가?

뒷댐철물은 용접 중 금속용액이 흐르는 것을 방지하고 용입 부족으로 인한 결함이 발생하지 않도록 하기 위해 설치한다. 따라서 뒷댐재는 모재와 동일한 재질을 사용해야 한다. 뒷댐재는 모살용접(Fillet Weld)일 때 용접부재의 플랜지 외측에는 접합부 최대응력을 받게 되어 파단의 원인이 되므로 용접시 주의해야 한다.

3. 앤드탭(End Tab)은 왜 필요한가?

용접시 시작되는 단부는 아크용접이 불안정하기 때문에 용입불량, 블로홀(공기유입), 용접이 끝나는 부분의 단부에서는 크레이터상의 함몰현상이 남게 되어 균열을 일으키는 결함이 발생된다.
따라서 모재와 동일한 강편을 용접선의 연장선상의 양단부에 붙여 모재의 용접이 시작되는 부위와 끝나는 부위에 설치하여 용접결함을 없애기 위해 설치한다. 최근에는 앤드탭 사용 후 절단시 노치, 비드 등의 문제를 해결하기 위해 새로운 형태의 앤드탭이 보급되고 있다. 따라서 새로운 형태에 따라 종전의 용접방식과는 다른 문제가 있을 수 있기 때문에 반드시 사전에 용접공의 기량을 포함한 검토가 필요하다.

(2) 용접재료

1) 용접재료의 분류와 특징

① 용접재료의 기본 분류는 다음과 같다.

㉮ 피복 용접봉 ㉯ 피복이 없는 와이어 또는 로드

㉰ 제조된 와이어(FCAW) ㉱ 용접용 플럭스

② 모재의 형상과 성질에 대한 특징(KS D 7004)

㉮ 박판 및 다듬질 용접에는 외관이 미려한 표면 마감시 사용하는 고산화 티타늄계(E4313), 라임티타니아계(E4312)가 있고, 일반 및 다듬질 용접으로 사용하는 고셀룰로오스계(E4311), 일미나이트계(E4301)가 있다.

㉯ 후판 및 주요 개소의 내균열성이 요구되는 부분 및 고탄소강용접에는 저수소계(E4316)와 철분저수소계(E4326)를 사용한다.

㉰ 아래 보기 용접이나 수평 전용 고능률을 요하는 용접에는 철분저수소계(E4326) 또는 고산화철계(E4327)를 사용하고 있다.

③ 저수소계 용접봉(E4316)과 일미나이트 용접봉(E4301)의 비교

㉮ 저수소계 용접봉 :

㉠ 용착금속의 수소량이 다른 용접봉에 비하여 약 1/10 정도로 매우 작다.

㉡ 강력한 탈산제로 인하여 산소량이 적어 용착금속의 인성 및 기계적 성질이 양호하다.

㉢ 균열에 대한 감수성이 상당히 좋아 응력이 집중되기 쉬운 주강도 부재의 초층용접 또는 구속도가 큰 구조물의 용접이나 고장력강 혹은 고탄소강의 용접에 적합하다.

㉣ 아크가 불안하고 용접 시작부에 기공이 발생하기 쉽고, 슬래그 유동성의 문제로 작업성이 좋지 않아 아크를 짧게 유지하고 운봉에 주의할 필요가 있다.

㉤ 피복재는 흡습성이 높으므로 사용 전 300~350℃ 온도에서 약 2시간 정도 건조해야 한다.

㉯ 일미나이트 용접봉 :

㉠ 피복재 중에 국내 최대 생산품으로 가장 널리 보급된 용접봉이다.

㉡ 아크는 약간 강하지만 작업성이나 용접성이 우수하고, 가격이 저렴하여 조선, 철도차량, 일반 구조물 및 각종 압력용기의 제작에 사용되고 있다.

㉢ 용접작업의 전자세에서 용접이 가능하며, 특히 위보기 용접자세에서 작업성이 매우 양호하다.

㉣ 내균열성, 내기공성, 내피트성 및 기계적 성질이 양호하여 중요한 구조물 부

재의 용접에 많이 사용되고 있다.

2) AWS 규정(미국 용접학회에 의한 용접자재 분류)

① 피복아크용접(AWS A5.1)

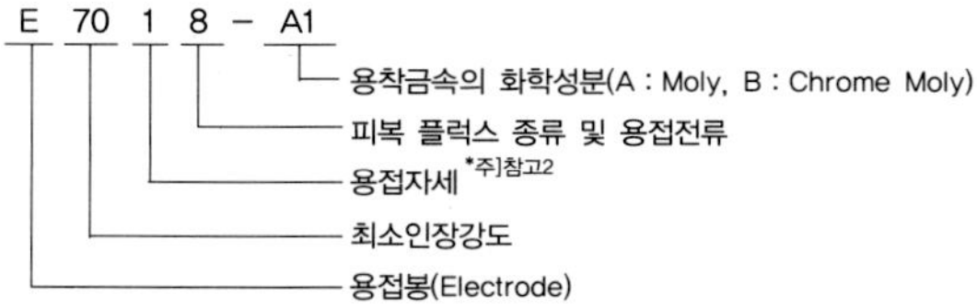

(참고 1) 한국 : E, 일본 : D, 미국 : E

(참고 2) 1–전자세(F, H, V, OH), 2–아래보기, 수평필릿(F, H)
3–아래보기, 4–특정자세

② 서브머지드아크용접(AWS A5.17)

③ 플럭스 코드 아크용접(AWS A5.20)

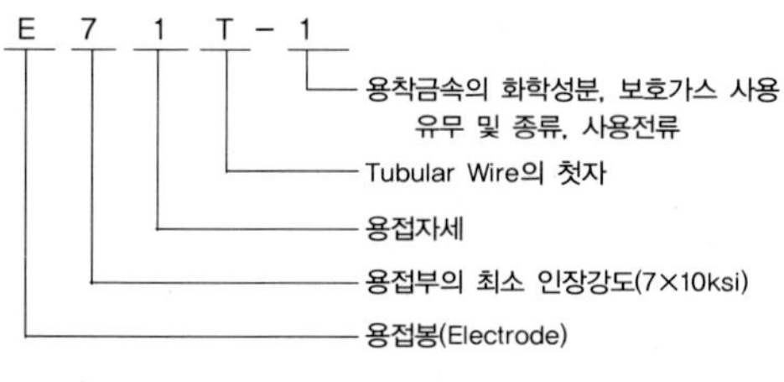

3) 용접재료의 현장품질관리

① 용접봉(Welding Electric Rod) : 피복아크용접봉 관리를 위한 건조는 다음과 같다.

피복아크 용접봉 종류	적용 강재의 종류와 두께(mm)	건조 온도	건조 시간	비 고
연강용 피복 아크용접봉	개봉시 건조 후 12시간 이상 경과할 때 또는 용접봉이 흡수할 우려가 있을 때	100~150℃	1시간 이상	
저수소계 피복 아크용접봉	개봉시 건조 후 4시간 이상 경과할 때 또는 용접봉이 흡습할 우려가 있을 때	300~400℃	1시간 이상	흡습성이 강한 결함이 있고, 용접균열의 원인이 습도에 있으므로 우천시 작업은 하지 않는다.

또, 용접봉을 보관하는 박스가 손상되었거나 밀봉포장지를 개봉한 직후 혹은 용접봉을 건조로에서 반출한 직후에는 용접봉을 최소한 120℃가 유지될 수 있는 휴대용 저장로에 보관하여 사용해야 한다. 건조로나 휴대용 저장로에서 꺼내어 대기 중에 사용할 때 대기에 노출된 용접봉은 다음 〈표 4-8〉의 노출허용 한도를 넘지 않도록 준수하면서 사용해야 한다. 한 번 이상 재건조하지 않으며, 젖은 용접봉을 사용해서는 안 된다.

표 4-8 용접봉의 대기 중 노출허용한도

용 접 봉		시간
저수소계 피복류로 50kg/mm^{2}급 이하의 강재용	D50XX6, D53XX6	최대 4시간
저수소계 피복류로 50kg/mm^{2}급 이상의 강재용 또는 저수소계 피복류로 저합금강으로 분류된 용접봉	D(A)50XX6, D(A)53XX6	최대 4시간
	D(A)58XX6	최대 2시간
	D62XX	최대 1시간

② 플럭스(Flux) : 서브머지드용접(SAW) 혹은 일렉트로슬래그용접(ESW : Electro Slag Welding)시는 손상된 포장상태의 플럭스는 폐기시키거나 사용 전 최소온도 260℃에서 1시간 동안 건조시켜야 한다. 플럭스는 항상 습기 및 오염물질로부터 보호되어야 하며 습기에 젖은 플럭스는 사용해서는 안 된다. 따라서 용접장비나 호퍼, 탱크 등의 모든 플럭스는 용접작업이 48시간 이상 중단될 때는 새로운 플럭스로 대체시켜야 하고, 사용시 한 번 용융된 플럭스는 재사용하지 않는다.

4) 용접재 사용시 주의할 사항

① 용접재(피복아크용접봉, 플럭스)는 사용 전 건조로에서 충분히 건조한 상태에서 사용해야 한다.

② 피복아크용접봉은 피복재가 벗겨지면 아크쏠림현상이 발생하므로 취급에 주의해야 한다.

③ 적열(赤熱)현상이 발생하지 않도록 주의해야 한다.

④ 강도가 같은 강재의 용접에서는 모재와 같거나 높은 기계적 성질을 갖는 용접재를 사용해야 한다.

⑤ 강도가 서로 다른 강재의 용접에는 높은 강재를 기준으로 그 이상의 기계적 성질을 갖는 용접재를 사용해야 한다.

⑥ 내후성강의 용접에서는 내후성강용 용접재를 사용해야 한다.

⑦ 피복아크용접의 주요 용접부 시공에서는 원칙적으로 저수소계 용접봉만을 사용한다.

⑧ 차폐가스나 차폐혼합가스는 품질보증서를 검토하고, 이슬점이 −40℃ 이하인 용접 등급을 가져야 하며, 가스의 순도(CO_2 : 탄산가스의 경우 순도 99.9% 이상)를 확인하여 수분이나 이물질로 인한 저온균열을 방지해야 한다.

(3) 용접기술자

1) 용접기술자의 자격

용접품질의 확보는 용접기술자의 확보에 있다. 용접기능자의 기량은 용접방법, 판두께, 용접자세(하향, 상향, 횡방향)작업 내용에 따라 작업이 정해져 있고, 철골 용접 자격을 인정받은 자격자에 한해서 작업할 수 있다. 피복아크용접은 어떤 자세(용접방향)에서도 용접이 가능하다. 기본적으로 하향용접에 합격한 다음, 상급자격인 전문자격(입향 V, 횡향 H, 상향 O, 고정관 P 등)을 취득하도록 시스템이 되어 있다.

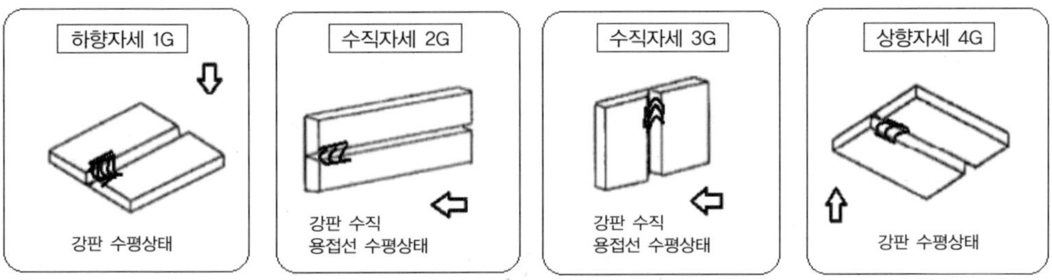

[주] : 하향 : F, 상향 : O, 수평 : H, 수직 : V로 표시한다.(* 1G~4G : Grade를 표시)

그림 4-54 개선(Groove)부분 용접시험 자세별 Test Coupon 위치

2) 용접시험시공

① 용접시험 실시범위 : 다음과 같은 강재는 용접시공 전 시험시공을 하고 승인을 받아야 한다.

㉮ 강판의 두께가 38mm를 초과하는 용접구조용 압연강재(KS D 3515)나 강판 두께가 25mm를 초과하는 내후성 열간압연강재(KS D 3259)일 때

㉯ SM570, SMA580에서 한 패스(Pass : 용접의 진행방향을 따라서 하는 1회의 용접 조작)의 입열량이 70,000joule/cm을 초과할 때(joule : 일 · 에너지의 단위, 1뉴턴의 힘을 가하여 물체를 1m 움직일 때의 일의 양)

㉰ 수동용접의 경우 피복아크용접, 가스메탈아크용접, 서브머지드용접 이외의 용접을 할 때

㉱ 과거 사용해 본 실적이 없는 곳에서 재료를 공급받았을 때

② 시험 시공시 시험용강판 및 용접 조건

㉮ 취급하는 강판 중에서 동일한 용접조건에 조건이 가장 나쁜 강판을 사용하는 것을 원칙으로 한다.

㉯ 용접 시험시공은 실제 시공에 사용되는 용접조건이며, 용접자세는 실제 행하는 자세 중에서 가장 불리한 자세로 하는 것을 원칙으로 한다.

㉰ 이종 강재의 홈 용접시험은 강도가 큰 쪽의 강재로 시험하고, 동일한 강재 중에서 판두께가 다른 경우에는 얇은 판두께의 강재로 시험해도 무방하다.

㉱ 재시험을 할 때는 처음 시험개수의 2배수로 한다.

표 4-9 용접방식과 강판구조에 따른 용접자세

용접방법	피복아크용접	가스실드용접	서브머지드 아크용접	Electro Slug 용접
중판구조 4.5~25mm	A-2F (하향) A-2H (횡향) A-2V (Fit up) A-2O (상향)	S-2F (하향) S-2 H (횡향) S-2V (Fit up) S-2O (상향)	A-2F 또는 SA-2F 이상	A-2F 또는 SA-2F 이상
후판구조 6.0~50mm	A-3F (하향) A-3H (횡향) A-3V (Fit up) A-3O (상향)	S-3F (하향) S-3H (횡향) S-3V (Fit up) S-3O (상향)		
강관(중간 두께) 4.5~9mm	A-2P (전주 : 全周)	SA-2P (전주 : 全周)		
강관(두꺼운 두께) 6.0~62mm	A32P (전주 : 全周)	SA-3P (전주 : 全周)		

(4) 용접품질의 결함

품질 확보는 철골의 조립, 설치 기준[부록 1]을 참고하고, 위와 같은 용접의 결함들은 용접조건에 따라 달라지는데, 보편적으로 다음과 같은 이유로 발생한다.

① 아크길이가 너무 길든지 짧은 경우에 발생된다.

② 용접시의 전압은 용접자세, 용접봉의 종류, 모재의 재질, 형상 등에 따라 다르지만 일반적으로 전류가 너무 강하면 언더 컷, 용접비드의 표면이 거칠어지고, 크레이터에 결함이 생기기 쉽지만, 너무 약해도 용입불량, 슬래그 잠입, 오버랩 등의 결함이 발생한다.

③ 마지막으로 용접의 속도가 너무 빠르면 비드의 폭이 좁아지고, 용입이 얕아 슬래그 잠입 및 기포가 발생하며, 용접속도가 너무 느리면 비드의 폭이 넓고, 용입이 깊어져 표면이 거칠고, 콜드랩(Cold Lap)현상이 생기게 된다.

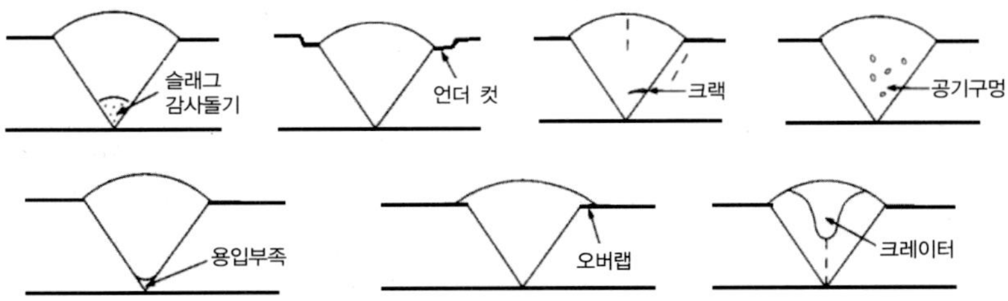

그림 4-55 용접결함의 종류(1)

① 표면결함의 종류

(a) 맞댄용접일 때

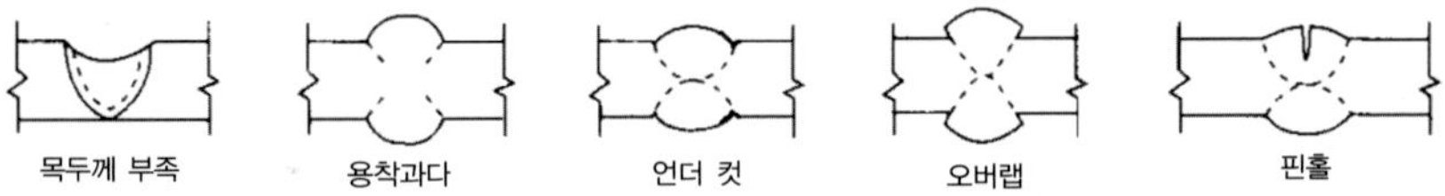

(b) 모살용접일 때

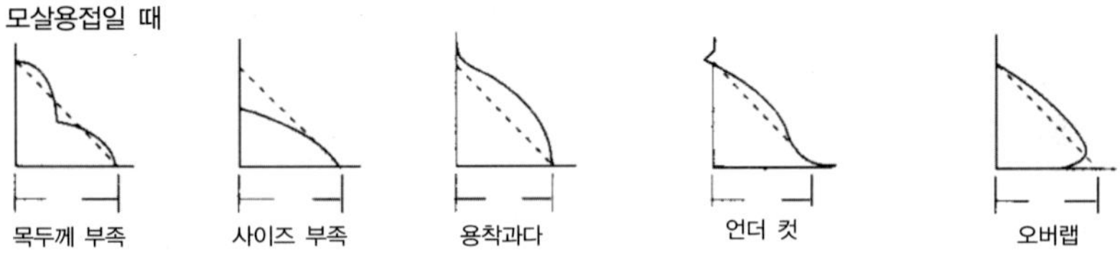

② 내부결함의 종류

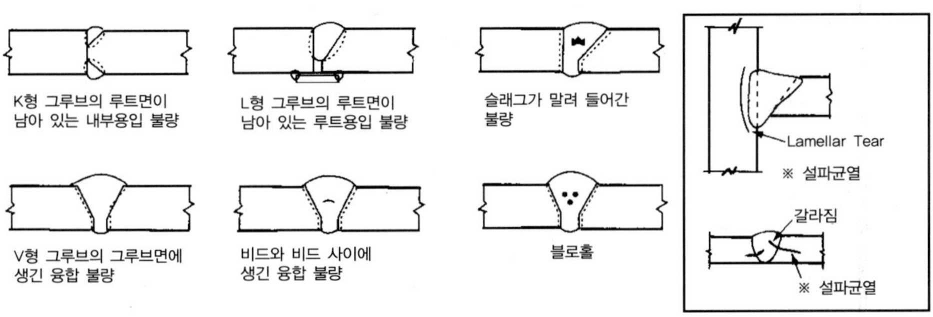

그림 4-56 용접결함의 종류(2)

(5) 예열(Pre-Heating)의 목적과 범위

1) 예열(Pre-Heating)의 목적

예열이 왜 필요한가?를 이해하면 예열의 목적을 알 수 있을 것이다. 본용접 전에 기온이 낮은 경우 혹은 용접할 모재의 두께가 두꺼운 경우의 용접시, 용접부의 냉각속도는 매우 빠르다. 이는 용접부에 담금질(Quenching) 효과를 유발시켜 기계적 성질을 변화시키는 결과를 초래하게 된다.

특히, 초층(Root Pass)용접부에서 수축, 균열이 생길 수 있으며, 용접금속을 불균일하게 하여 연성을 저하시키며, 용접부의 확산성 수소 방출을 지연시켜 냉간 균열을 발생 시킬 수 있다.

용접전 예열은 냉각속도를 줄여 이와 같은 문제를 방지하는데 목적이 있다.

아울러 용접부에는 특히 Fillet 용접부에 수분, 기름, 녹, 도료 등이 Gap 사이에 존재할 수 있으므로 재질과 두께에 관계없이 가볍게 예열하는 것도 중요하다.

2) 예열(Pre-Heating)의 범위

① 용접부 근방만을 가열하는 것은 좋지 않다. 용접부 양끝에서 50~100mm 또는 판두께의 3배 거리의 지점이 소정의 온도에 도달하도록 가열한다.

② 적당한 예열온도는 모재의 화학조성(탄소당량), 두께, 구속 정도, 사용 용접봉의 종류, 용접 입열량 등에 따라 변화한다.

③ 예열하는 방법은 가스토치가열법, 전기저항가열법, 로(爐)가열법, 적외선가열법 등이 있다.

④ 용접 대상물이 작은 경우에는 전기로, 가스로를 이용하기도 한다.

3) 탄소당량과 예열의 관계

탄소당량(炭素當量)이란 강재의 단단함과 용접성을 나타내는 지표의 일종이다.

강재의 용접성은 주로 강재의 화학성분에 의해 크게 변하는데, 특히 C(탄소)의 영향이 크지만, Si(실리콘, 규소), Mn(망간) 등의 다른 원소와의 관계에도 영향을 미치며, 그 정도를 탄소의 양에 따라 경화상태의 해당량을 환산하는데, 다음 식에서 누계값을 탄소당량(Ceq)이라 하고, 강재의 용접성에 대한 표준으로 삼는다.

[탄소당량 구하는 법]

$$Ceq = C + \frac{1}{6} \cdot Mn + \frac{1}{24} \cdot Si + \frac{1}{40} \cdot Ni + \frac{1}{5} \cdot Cr + \frac{1}{4} \cdot Mo + \frac{1}{14} \cdot V\ (\%)$$

◆ 예열권장 온도 : (Recommend for Pre-Heating Temperature)

· 탄소량 < 0.40 ——— Not Necessary

· 탄소당량 = 0.4~0.6 ——— 100℃~250℃

· 탄소당량 > 0.6 ——— 250℃~350℃

표 4-10 최소예열온도

STEEL	WELDING PROCESS	두께(D)	최소예열온도
KS-SS400, SS490, …	저수소계 용접봉의 피복아크 용접(SMAW)	D ≤ 19mm	None
KS-SM400, SM490, SM520, … 일 때	자동용접(SAW)	19 ≤ D ≤ 38mm	10℃
	피복아크용접(SMAW)	38 ≤ D ≤ 64mm	66℃
	반자동용접(FCAW)	64mm < D	107℃
	비저수소계용접봉(SMAW)	D < 19mm	None
		19mm < D ≤ 38mm	66℃
		38 ≤ D ≤ 64mm	107℃
		64mm < D	150℃

4) 예열과 주의사항

① 예열(Preheating) 및 층간온도(Interpass Temperature)는 AWS D 1.1, SEC 3.5의 규정에 의한다.

② 예열은 용접 전, 용접중에 실시하며 일정온도 이상이 유지되어야 한다(표 4-10 참조).

③ 예열 및 층간온도는 온도쵸크(Temperature Stick) 혹은 표면온도계(Digital Gauge)로 점검하고 용접선에서 75mm 떨어진 위치에서 예열 직후 계측한다.

④ 모재의 온도가 0℃ 이하인 경우에는 21℃ 이상으로 예열하여야 한다. 일반적으로 판두께 25mm 이상일 때 예열온도는 50℃, 저수소계 피복아크 80~100℃이다.

⑤ 현장용접의 경우나 동절기 용접시에는 공장내 용접과 달리 바람의 영향으로 냉각속도가 빠르므로 공장용접에서 보다 10~20℃ 정도 높이는 것이 좋다.

⑥ 가용접의 경우에는 용접길이가 짧아 냉각속도가 빠르기 때문에 본용접시 예열 규정보다 약 30~40℃ 높은 온도로 하는 배려가 필요하다.

그림 4-57 예열온도 측정계

(6) 가우징(Gouging)

가우징은 탄소전극봉으로 모재나 용접물에 아크를 발생시키고 이때 고압의 공기를 불어 주면 공기 중에 산소가 녹은 쇳물을 산화시키면서 용접이 잘못된 부분을 수정하거나 제거하기 위해 불어내는 방법이다. Air Arc Gouging은 탄소와 흑연으로 된 Carbon Gouging Rod를 전극으로 사용하며 이 전극과 모재 사이에 발생하는 아크의 고온열로 모재를 순간적으로 녹이고 동시에 압축공기로 용해된 금속을 불어내는 금속의 절단, 홈파기 등에 널리 이용되고 있다. 가우징의 종류는 산소 가우징, 메탈 아크 가우징, 에어 카본아크 가우징, 플라스마 아크가우징 등이 있다.

① 작업 준비

콘크리트 등 견고한 바닥에 습기나 먼지 등이 적은 장소를 선택하여 벽이나 용접기로부터 30cm 이상 이격한 다음 직사광선이나 비, 바람 등을 피하도록 한다. 또 좁고 밀폐된 공간에서 용접할 경우에는 산소 부족 등 발열에 의한 장애가 일어나지 않도록 환기시설을 하며, 용접기의 일차측에는 반드시 과부하 차단기 또는 퓨즈부 개폐기를 설치한다.

② 사용전류는 150~1,400A를 사용하며, 가우징 봉은 직경 4~19mm, 길이 305~510mm를 사용한다.

③ 가우징 후의 처리는 글라인더, 와이어 포일 등으로 전극카본이나 가우징 찌꺼기를 제거해야 한다.

그림 4-58 가우징 용접기의 예

Tip

용어 설명		
1	스캘럽 (Scallop)	① 용접시 이음 및 접합부의 용접선이 교차되어 재용접된 부위가 열영향을 받아 취약해지기 때문에 모재에 부채꼴 모양의 모따기를 한 것 ② 용접의 응력을 일부 해소하기 위해 뒷댐재를 사용하여 실시하는데, 단부에서는 용접 끝단부의 돌림용접을 원활하게 하기 위해 사용하기도 한다.
2	앤드 탭 (End Tab)	① 개선이 있는 용접의 양끝 전단면의 완전한 용접을 하기 위해 설치하는 것으로 용입불량, 공기구멍, 크레이터 등의 용접 결함이 생기기 쉬운 용접비드의 시작과 끝 지점에 용접을 하기 위해 용접하는 모재의 양단에 부착하는 보조강판이다. 여기서, 비드란 용접에서 용접봉이 1회 통과할 때 용재 표면에 용착된 금속층을 말한다. ② 용접의 시단 및 종단부의 처리는 앤드탭 위에서 50mm 이상으로 하여 크레이트가 본체에 들어가지 않는 범위로 해야 한다. ③ 앤드탭의 크기는 도면에서 요구하는 용접치수를 충분히 얻을 수 있는 이음형상의 크기와 용접선 방향으로 용접방법에 따라 다음과 같이 최소한의 길이를 확보해야 한다. ㉠ 피복아크용접 및 반자동용접 : 30mm 이상 ㉡ 자동용접 : 80mm 이상
3	뒷댐재 (Back Strip)	① 용접을 용이하게 하고 앤드탭의 위치를 확보하기 위해 사용하는 받침쇠로 Root 부위 건전한 용입이 될 수 있도록 충분한 간격을 유지해야 한다. ② 뒷댐재는 2mm 이내로 밀착시켜야 하고, 판두께는 9mm 이상으로 한다. 용접과 시험은 뒷댐재 사용 전에 실시해야 한다. ③ 뒷댐재 설치를 위한 모살용접의 1패스(Pass)에서 크기는 4~6mm로 하고, 길이는 40~60mm로 한다. 여기서 패스는 용접봉이 진행방향으로 1회 통과하는 용접조작을 말한다. ④ 사용 재질은 모재와 동등한 것을 사용하든가 SS400재를 사용하고, 제거시에는 모재부 균열이 잔존할 수 있으므로 MT 등의 방법으로 확인 후에 제거한다. ⑤ 현장에서 사용할 경우에는 하향 또는 수평자세로 하는 것이 바람직하다.
4	용접절차시방서 : (WPS) Welding Procedure Specification	① Shear 또는 Moment Connection 및 Frame구조물의 용접에 대한 용접 절차시방서이다. 강구조물 전문용접공장에서 반드시 보유해야 하는 용접작업에 대한 노하우이다 ② 용접방법, 용접의 종류, 이음형태, Backing의 유무, 재질, 모재두께, 플럭스와 와이어의 사양, 개선형태, 용접자세 등이 고려된 WPS 시방을 작성해야 한다. ③ 용접사는 모든 용접 부위를 이 WPS에 의거 · 용접해야 하며, Shop DWG상에도 WPS No를 기록하여 검토, 관리해야 한다.
5	품질결과보고서 : (PQR) Procedure Qualification Record	① 용접절차서(WPS)에 따라 용접된 부위의 시험 시편에 대한 파괴 및 비파괴시험을 실시한 결과를 기록한 것, 인증시험에 사용된 용접개선에 대한 세부적인 형상 및 용접 필수변수의 값을 기록하는 것. ② WPS의 근거 자료이므로 공장 또는 현장에서는 용접인증 기록 결과를 보유해야 한다. ③ 용접절차서 및 용접사양 인증기록(PQR)은 공장 및 현장의 용접품질 책임자가 최종 검토 후 승인한다.
6	슬러그 (Slug)	① 용접시 열의 발생에 의해 용접봉의 선단에 형성되는 물방울 모양의 용접액, 용적(容滴)이라고도 한다. ② 철을 제강할 때 생기는 비금속성 찌꺼기인 Slag와는 다르다.
7	스패터 (Spatter)	① 용접시 비산하는 Slag와 금속입자가 경화된 것을 말하며 와이어 브러시로 끌어서 제거한다.

(6) STUD용접

1) STUD BOLT

스터드 볼트는 철골부재와 콘크리트와의 양자 사이에 전단력을 전달하기 위해 철골부재에 스터드 볼트(Stud Bolt)로 용접하여 연결재로 이용하고 있는 용접방식이다.

스터드용접은 아크스터드용접의 직접용접으로 하향자세 용접인데, 스터드용접 기능사의 자격을 가진 기능자가 용접작업을 할 수 있다. T형 보와 같은 성능을 가지는 앵커볼트로서 스터드건으로 철골기둥이나 보에 융착시킨다.

Deck Plate 바닥을 관통하여 용접하는 경우에는 직경 $\phi16$ 이상의 스터드를 사용하여 보에 밀착시킨다.

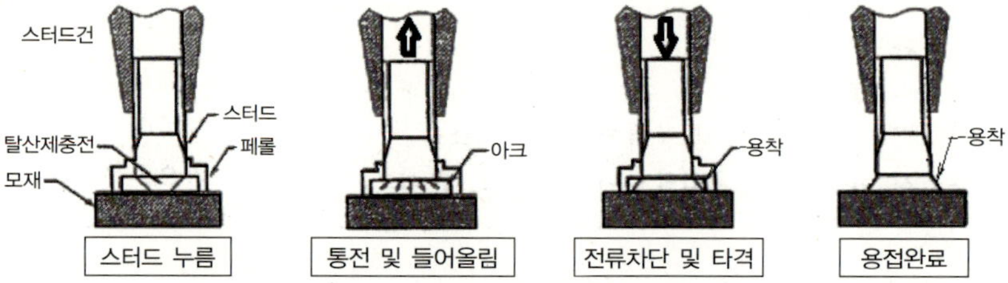

그림 4-59 스터드 용접의 과정

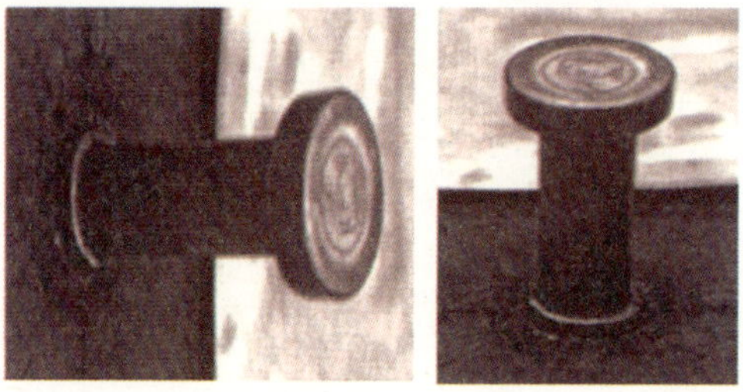

스터드의 용접은 장비와 방식에 따라 약간씩 다름을 다음 그림에서 알 수 있다.

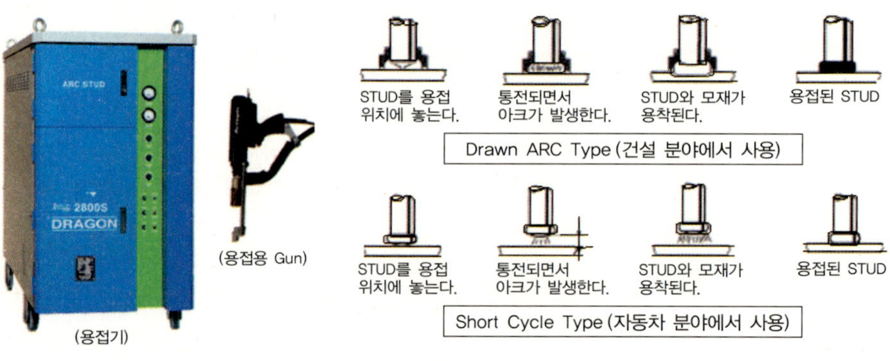

그림 4-60 STUD용접기와 용접방식의 종류

① 스터드용접은 금속으로 된 스터드와 모재를 결합시킨 것으로 여러 가지 용접원리 중에서 획기적인 기술과 설비를 이용한 아크용접이다.

② 스터드와 모재 사이에 아크가 발생하면서 그 표면에 적당한 열이 발생하여 Welding Gun의 스프링 압력에 의해 스터드의 끝부분(Base)과 모재가 융착된다.

③ Welding Gun은 용접 중에 적당한 조건에서 스터드를 당기고 움직이는 데 사용되며, 스터드(Stud)에 아크를 발생시키는 데는 Power Source가 사용된다.

④ Power Source는 두 가지로 일반적으로 Arc Stud Welding과 Capacitor Discharge Stud Welding이 있다.

⑤ Stud 설치 간격은 스터드 지름의 7.5배 이상, 60cm 이하로 한다.

⑥ 부착검사는 육안검사와 시공시 수직에서 15~20°를 휘어 보아서 그 양부를 확인하며, 불합격품이 있으면 50~100mm 인접부에 재설치한다.

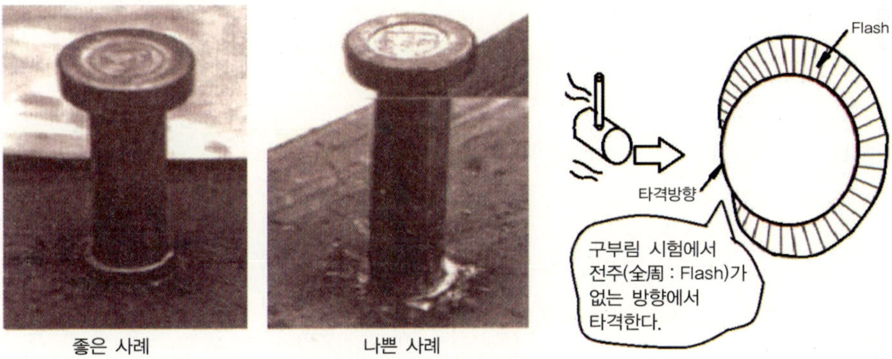

그림 4-61 STUD Bolt용접의 사례

스터드시공 · 검사는 어떻게 하는가?

1. 스터드의 시공

철골기둥과 콘크리트, 슬래브와 철골보를 긴결하기 위해 설치하는 것을 스터드라고 하는 시어커넥터(Shear Connect)를 공장 또는 현장에서 용접하는데, 스터드용접은 반드시 기능 자격을 보유한 기능공으로 실시한다.

- ► 2급 : 하향용접자세
- ► 1급 : 모든 용접자세(단, ϕ19, ϕ22는 하향자세)

피치는 스터드축경(지름)의 7.5배 이상, 게이지 간격은 스터드 축경의 5배 이상, 길이는 4cm 이상으로 하고 설계도에 정한 간격으로 용접한다.
Deck Plate 위에 직접 타격할 경우는 Deck Plate 판두께는 1.6mm 이하이어야 하며, 만약 초과할 경우에는 시험시공을 하고 검사 · 확인한 후에 용접한다.

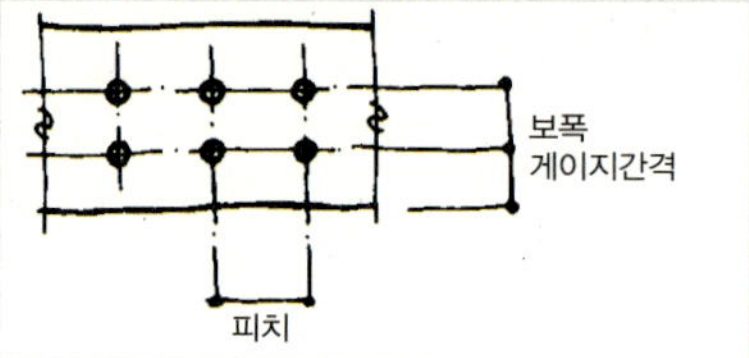

2. 스터드의 검사

1) 외관검사 : 설치높이, 용접부 여성 검사, 언더컷 등
2) 타격검사 : 100본 또는 주요부재의 한 곳에 용접된 것 중 임의로 1로트로 하여 1본을 시험체로 한다. 해머로 15°로 기울어지도록 타격했을 때, 용접부의 파단, 균열, 기타 결함이 일어나지 않아야 합격이다.

불합격의 경우 동일 로트에서 추가 2본을 검사하여 모두 합격하면 전체를 합격으로 간주하고, 2본 중 1본 이상이 불합격인 경우에는 로트 전체 수량에 대해 재검사를 실시한다.
휨시험에서 이상이 없으면 바로 사용하며, 불량인 경우에는 인접부에 증가 타격한다.

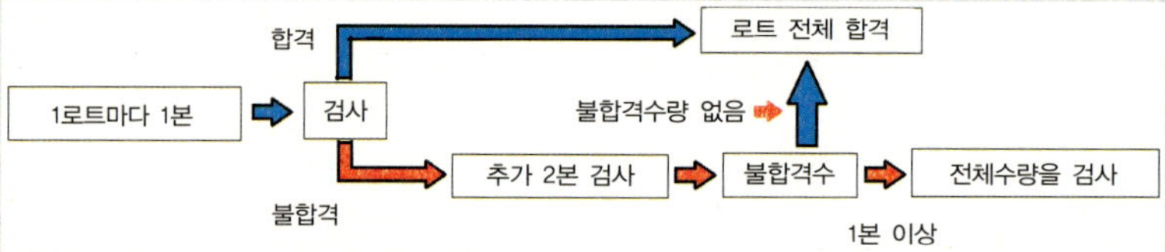

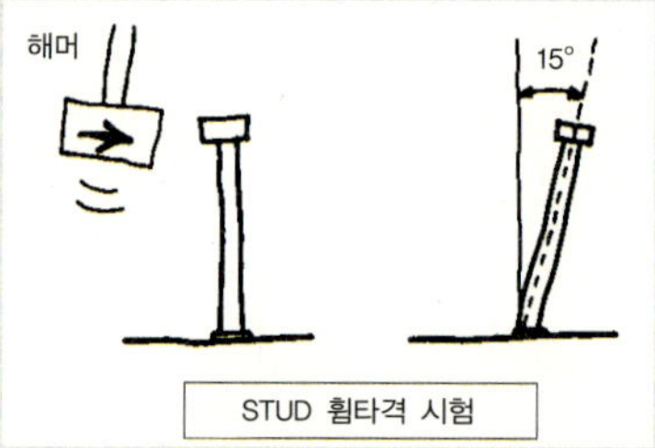

3.5 용접재료의 관리

모든 용접재료는 저장소내 집중관리실에서 관리, 통제한다.

① 청결하고 건조한 곳에 저장해야 하고, 그리스, 오일, 먼지, 녹 등의 이물질(異物質)이 없어야 한다.

② AWS 규정 및 Maker 요구사항에 맞는 온도로 건조되어야 한다.

③ 모든 저수소계 피복아크용접봉은 제조회사가 규정한 온도에서 1시간 이상 건조시켜야 한다.

④ 드라이오븐(DRY OVEN)으로부터 꺼낸 즉시 70℃ 이상으로 유지할 수 있는 휴대용 장비에 넣어야 한다.

⑤ 자동용접에 사용할 플럭스(Flux)는 제조회사에서 규정한 온도에서 4시간 동안 건조해야 한다.

⑥ 플럭스(Flux)를 재사용할 때는 슬러그(Slug) 및 불순물을 제거하고 새로운 플럭스와 혼합해서 사용한다.

표 4-11 용접재료의 건조온도 관리 포인트

용접 재료	Backing Oven 온도 및 시간	Holding Oven 온도
비저수소계 용접봉	Min : 150℃, 1시간 이상	개인용 보온통 온도 70℃~120℃
저수소계 용접봉	150℃~300℃, 1시간 이상	개인용 보온통 온도 70℃~120℃
자동용접 플럭스	Min : 250℃, 1시간 이상	–

용접봉 및 플럭스 건조기

휴대용 용접봉 건조기

3.6 용접접합 표시법

강재의 용접접합의 표기방법은 다음 〈그림 4-62, 63〉에서와 같이 기호 또는 부호로 표시하며 접합할 부위의 일반적인 명칭은 〈그림 4-64〉와 같고, 모살용접 및 완전용입용접을 표시하는 기호와 실제 형상은 〈그림 4-65, 4-66〉과 같다.

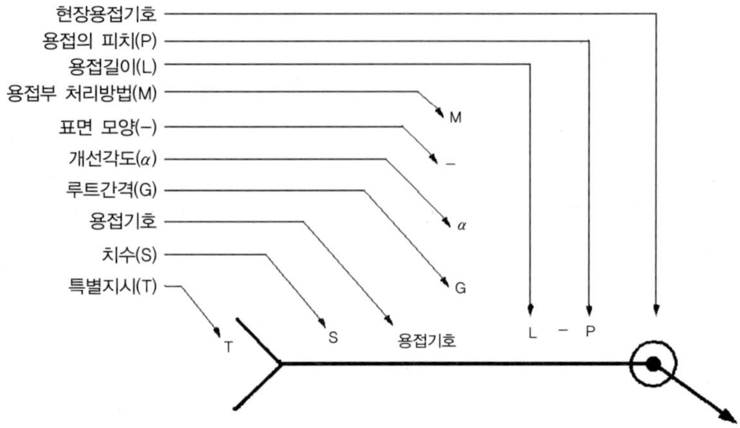

그림 4-62 용접기호와 표시방법

(보조기호)

구 분		기 호	내 용
표면모양	평탄	—	—
	볼록	⌒	기선의 바깥쪽을 향하여 볼록하다
	오목	⌣	기선의 바깥쪽을 향하여 오목하다
용접부 처리방법	치핑	C	—
	연삭	G	그라인더 다듬질일 때
	절삭	M	기계 다듬질일 때
	지정하지 않음	F	다듬질 방법을 지정하지 않을 때
현장용접		●(⚑)	—
온둘레용접		○	
온둘레 현장용접		◉(⚑)	

[표기] ○는 전용접(全周), ○에 검정기 표시는 현장용접, —< 는 돌출용접, —▷은 모살용접, ◎는 현장 전용접 또 표시된 마크 뒷면에 가우징 또는 뒷댄 철물 등의 지시사항이 있다.

* 강구조학회 발간, 코리안 빌딩 Code (KBC 2009년판 참조)

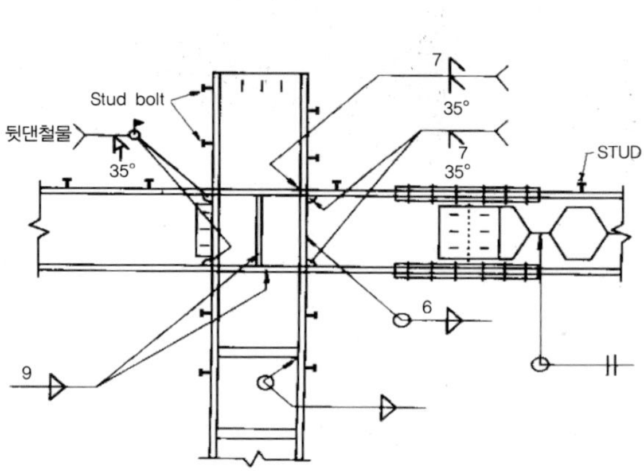

그림 4-63 용접기호와 표시방법 사례

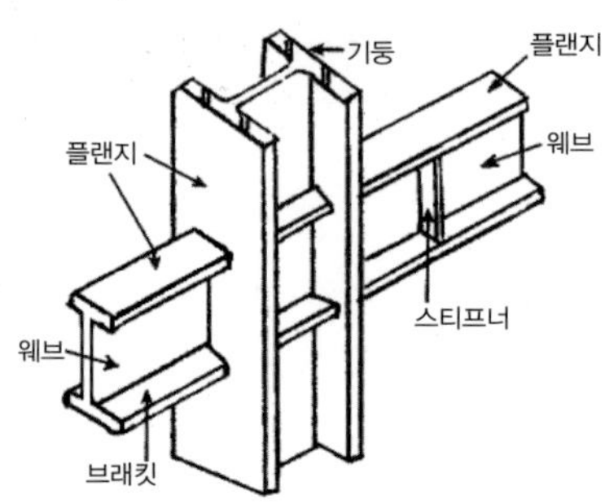

그림 4-64 기둥, 보 접합재의 명칭

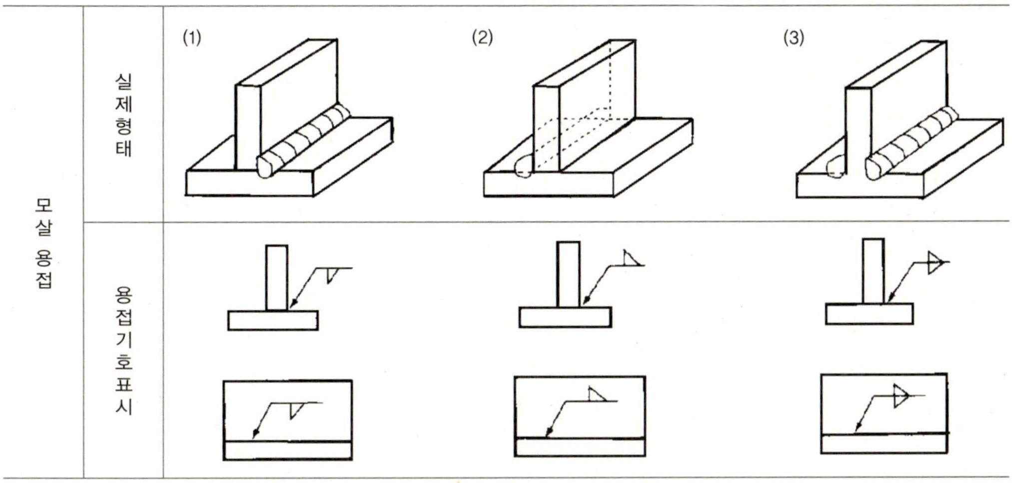

그림 4-65 모살용접기호와 실제 형태

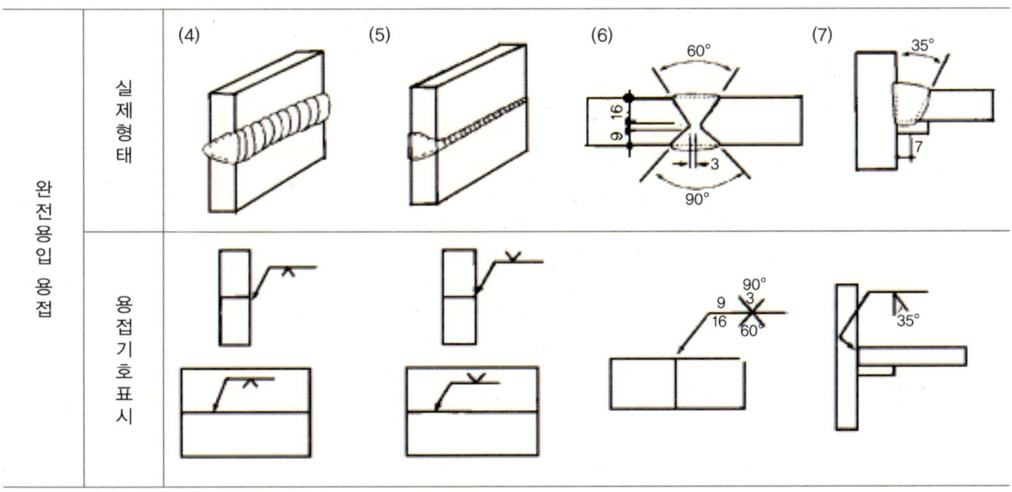

그림 4-66 완전용입용접기호와 실제 형태

용접기준도는 어떤 것들이 있는지 알아보자

기둥과 보의 접합일 때 용접과 볼트로 접합한다면 공작도에서의 용접기준도는 설계도를 기본으로 가공공장에서 용접작업을 실시할 때 기준이 되는 것은 맞댄용접, 모살용접, 뒷댐재, 앤드탭 등의 형상과 제작요령서, 용접공작에 대한 것들이 다음 그림과 같이 기술되어 있다.

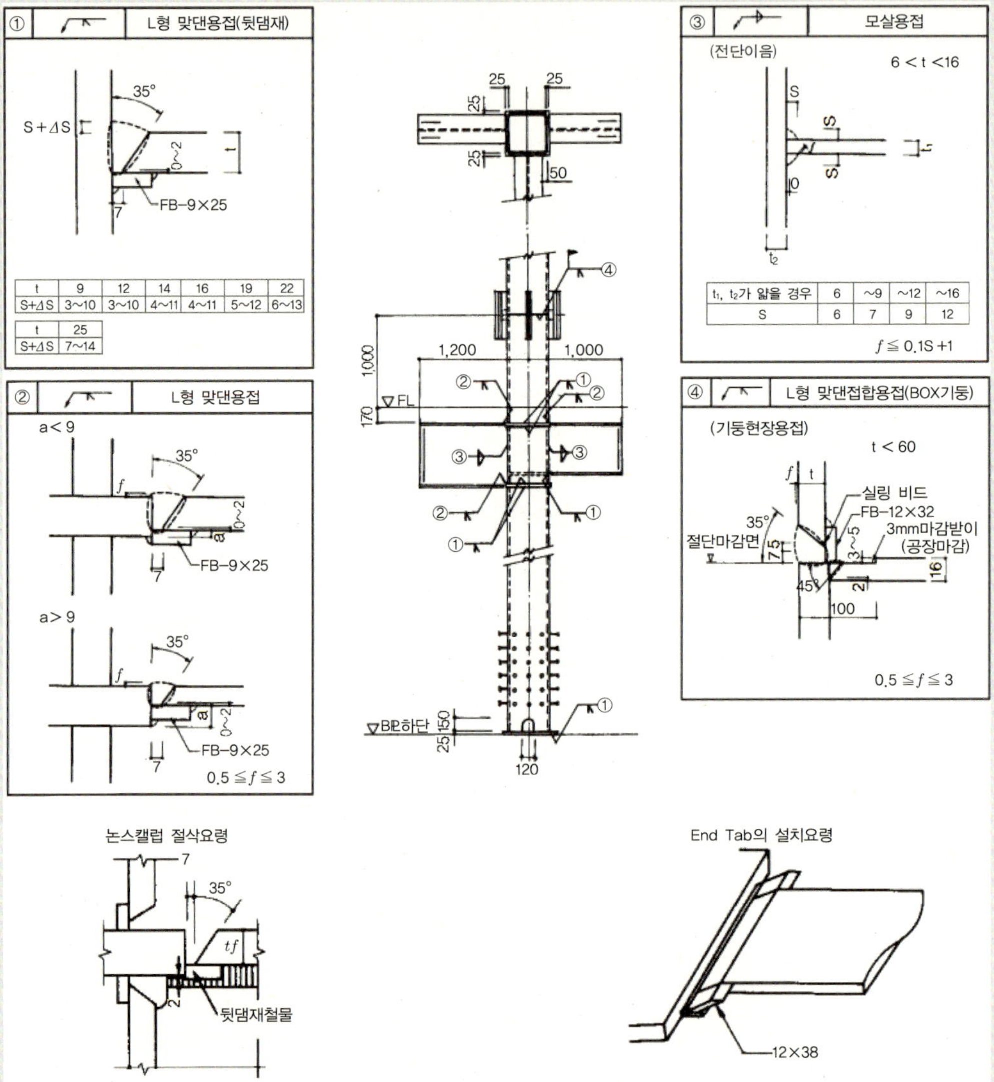

t	9	12	14	16	19	22
S+ΔS	3~10	3~10	4~11	4~11	5~12	6~13

t	25
S+ΔS	7~14

t_1, t_2가 얇을 경우	6	~9	~12	~16
S	6	7	9	12

출하 전 완성제품의 검사

출하 전 완성제품의 검사는 공장에서 자체적으로 실시한 검사기록(치수검사, 외관검사 및 제3자 UT, RT 검사)보고서를 확인한 후 검사결과에 따라 세우기 순서와 제품반입시기를 확인한다.

1. 완성제품을 검사하는 목적은 무엇인가?

완성제품의 품질검사는 공장에서 가공조립작업한 제품을 최종적으로 확인하고 철골이 설계도서에 지정된 요구품질이 확보되었는지를 판정하기 위한 것이다. 따라서 다음과 같이 구분하여 검사한다.

① 자체검사 :
철골가공업체가 스스로 검사하여 요구품질을 보증하기 위해 실시하는 검사이다.

② 승인검사 :
설계의 요구품질이 만족되어 있는지를 확인하는 검사로 발주자측이 실시하는 검사이다. 전체검사와 발췌검사가 있으나 일반적으로 발체검사를 실시하는 경우가 많다.

2. 검사항목에는 어떤 것이 있나요?

① 치수검사 : 기둥일 때는 전체길이, 층높이, 이음길이, 이음부분 정밀도, 기둥부재의 정밀도, 휨, 뒤틀림 등을 측정한다.

② 외관검사 : 용접부에 대한 표면형상 및 치수(각장 부족 등), 부재 표면에 나타난 용접흠집(언더컷 등), 맞댄이음 부분의 어긋남, 고장력 볼트 마찰면 처리상태 등에 대한 검사.

③ 완전용입용접부에 대한 내부결함 비파괴검사 : (보통UT, RT검사 : 본문 참조)

길이	H
층고	h
기둥길이 형상	H
접합부재 길이	L
접합부재 길이	D

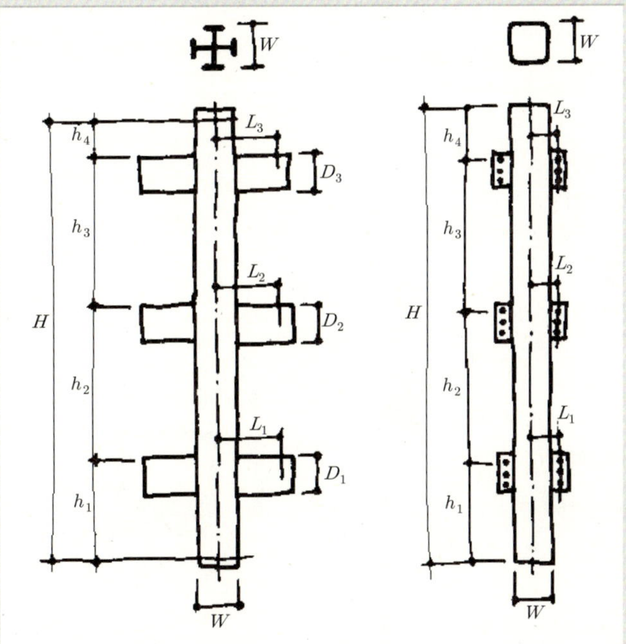

Tip

땜납(Soldering)의 종류

개요	납땜이라고 하는 접합은 약 5000년 전부터 메소포타미아에서 사용된 기록을 가지고 있는 오래된 접합기술로 녹는 점을 지닌 보충물을 사용하여 끊어진 두 금속을 결합하는 과정으로 납땜은 용접과 달리 결합 중에 기본금속이 녹지 않는다. 결합할 부위를 가열하면 땜납이 녹아 모세관작용에 의해 결합 부위에 흡수, 습윤작용으로 결합된다. 납과 합금화되는 부분을 제외하고 모재의 금속은 녹지 않는다. 구리가 주성분인 동납, 알루미늄이 주성분인 알루미늄납, 니켈이 주성분인 내열성 납, 은과 구리의 합금인 은납 등이 있다. 납접은 접합부 강도가 용접, 압접보다 약하여 작업이 쉬우므로 엷은 금속판을 접합하는 데 사용된다.(구조재 접합으로는 사용하지 않는다) 전기제품, 전자제품 등의 접합에 사용한다.
종류 및 가열 방법	① 납의 녹는점이 450℃보다 고온에서 녹는 것을 경납땜이라 하며 황동납, 은납, 양은납, 망간납, 금납이 있고, 450℃보다 낮은 납을 사용하는 것을 연납땜이라 한다.
	② 가열방법 : 가스불꽃, 가스로, 전열로가 있고, 이들을 가스납땜, 노내(爐內)납땜, 전기납땜이라 한다.

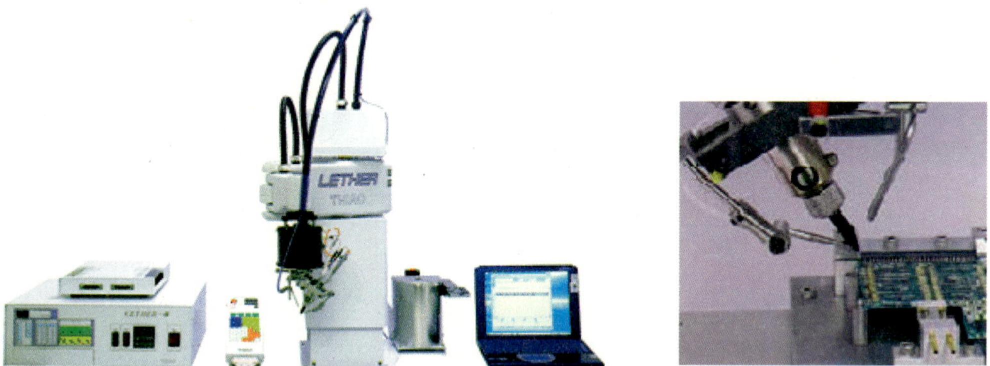

그림 4-67 납땜 전용 장비와 납땜 장면

4. 철골용접부 검사

강재의 용접검사란 용접부분의 용접금속과 모재의 용접 부위를 즉시 시험편을 절취하여 용접이음의 취약부분이 없는지에 대해 조사하는 검사이다. 다층용접으로 인한 후속 패스(Pass)의 열사이클 영향 등을 조사하는 것을 말한다.

4.1 용접 후의 검사

일반적인 시방사항은 의무이지만 건축공사 표준시방서에서의 검사에 관한 요구조건과 규정은 모두 법령이다. 특기시방서에서 별도로 검사횟수 등을 기술한다. 즉 발주자가 제시하는 조건, 일반적으로 표준시방서보다 높은 수준의 요구조건이므로 발주자에게는 공사비가 지불되는 부분이다. 비파괴 대상 용접부는 육안검사에 합격한 후 시행하는데, 육안검사는 용접완료 후 대기온도로 냉각된 후에 실시한다. 다만, 조질고장력강에 대해서는 지연성 균열 등의 문제로 용접 후 48시간이 경과된 후에 실시하는 것이 바람직하다. 다만, SM490/SM520은 24시간 이후, SM570은 48시간 이후에 실시한다.

4.2 용접검사방법

(1) 외부검사(외관검사)

외부검사 방법으로는 다음의 MT, PT, VT 3가지 검사법이 주로 이용되고 있다.

① 자기탐상검사법 : 磁氣探傷檢査法(MT검사 : Magnetic Particle Test)-KS D 0213
검사체에 자속을 흐르게 하여 자분을 시험체에 살포했을 때, 결함부에 형성된 자분 모양을 발견하여 결함을 검출한다. 검출대상은 강자성체 재료의 용접부나 주강재품 등의 내부결함에 이용된다. 특징으로는 강자성체에만 가능하며, 장치 및 방법이 단순하여 신속하고 저렴하며 육안식별이 가능하지만 내부결함만이 가능한 단점을 가지고 있다. 〈그림 4-68a, 4-68b〉는 자기탐상검사법의 원리와 검사시 살포하는 자분 탐사 재료이다.

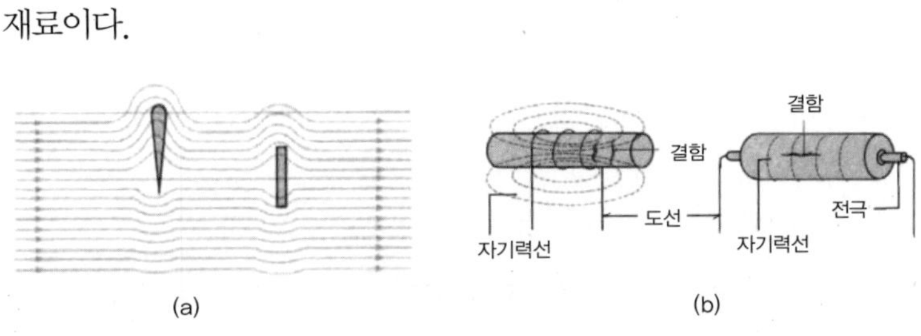

그림 4-68a 자기탐상법 : 磁氣探傷法(MT : Magnetic Particle Test)의 원리

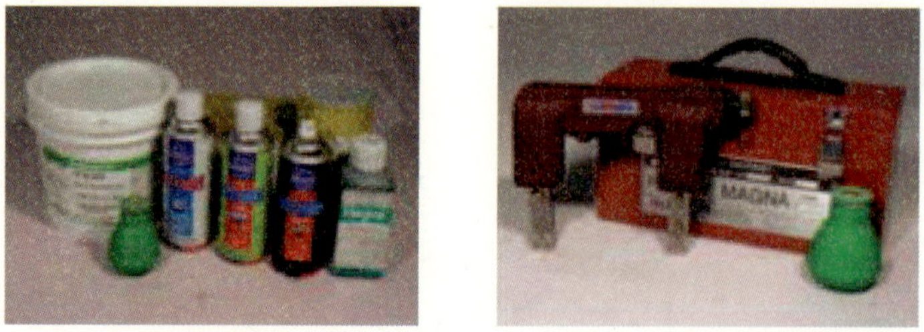

그림 4-68b 자분탐사(Magnetic Particle Test)에 이용되는 재료 및 기구

② 침투탐상검사법 : 浸透探傷檢査(PT검사 : Penetrating inspection Test)-KS B 0816
검사체 표면에 있는 폭이 좁고 작은 결함들을 침투액을 침투시킨 후 현상처리에 의해 피막표면으로 빨려나오는 것을 보고 결함을 검출한다.
검출대상으로는 용접부, 단조품 등의 비기공성 재료의 표면 개구결함을 검출하는데 이용된다. 특징으로는 금속 및 비금속에 적용이 용이하며, 제품의 크기나 형상에 무관하지만 열린 곳(개구)에만 가능한 단점을 가지고 있다.

그림 4-69 침투탐상검사(Penetrating inspection Test)에 사용되는 장비

③ VT : Visual Test(육안검사법 : 肉眼檢査法)
사람의 육안에 의해 대상체의 결함 여부를 식별하는 방식으로, 검사의 신뢰성 확보가 어려운 단점이 있다.

1) 외관검사로 가능한 기타 결함

다음 〈그림 4-70〉에서와 같이 용접 부위에 대해 육안으로 할 수 있는 여러 결함은 다음과 같다.

① Over Lap결함 : 여성(余盛) 부위의 높이는 3.2mm 이하로 균일하게 되어야 한다.
② Under Cut : 응력집중 부위의 Notch 발생이 없어야 한다.
③ Under Fill : 용접량 부족으로 발생한다.
④ Bead폭 : 비드폭의 관리는 25~30mm 이내로 하고, FCAW(반자동)에서 CO_2를 이용하여 수직용접을 하지 말아야 한다.

용접금속과 모재가 융합되지 않고 겹쳐지는 현상(Over Lap)이 생기지 않도록 한다.

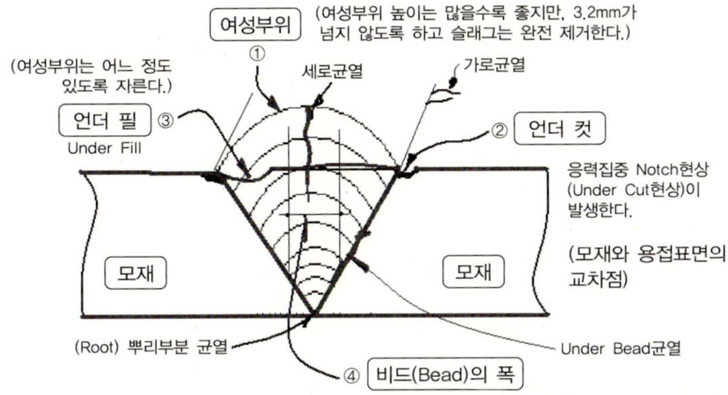

그림 4-70 용접부의 육안검사로 알 수 있는 결함

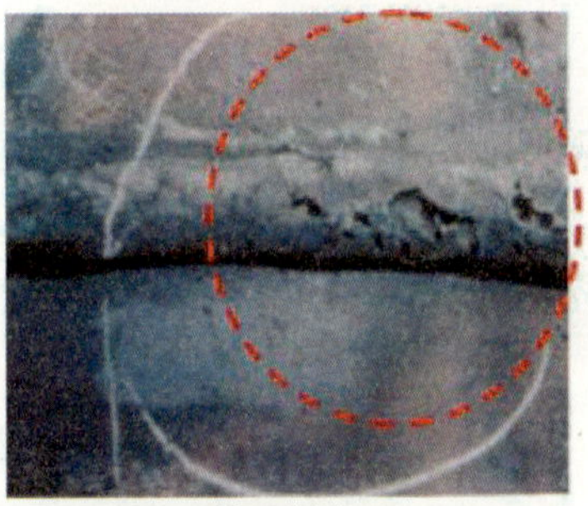

Blow Hole

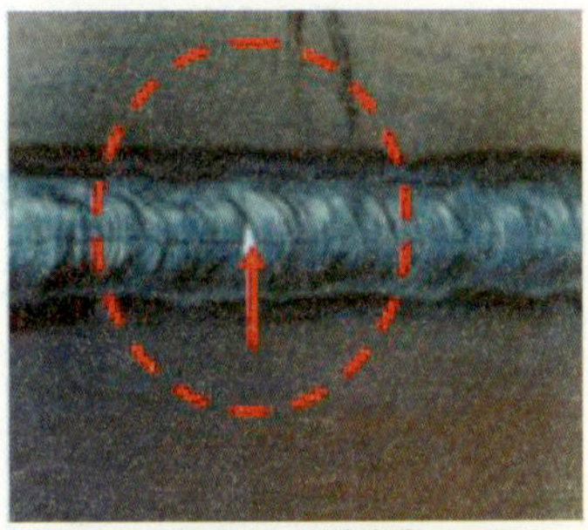

Bead의 균열발생

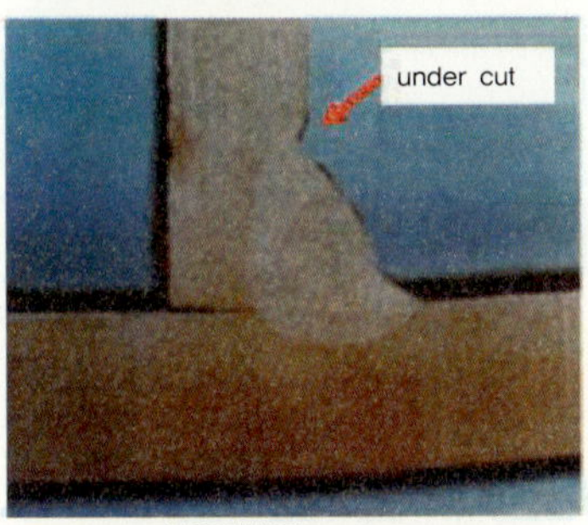

모살용접부의 under cut

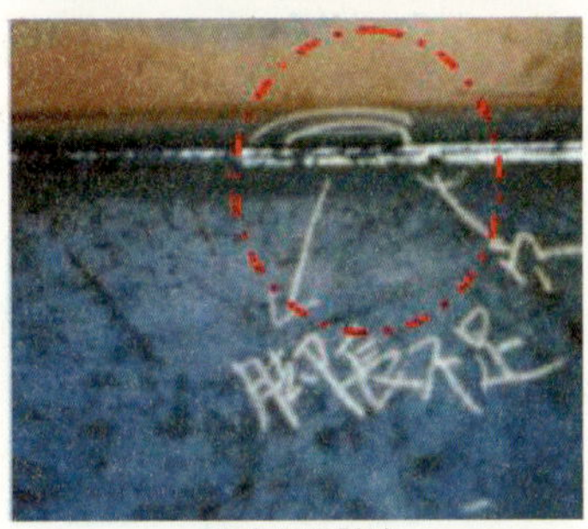

각장 부족현상

그림 4-71 용접결함의 여러 가지 사례

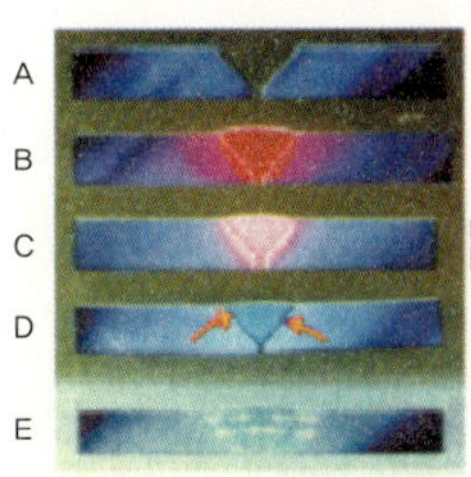

〈맞댄용접부 변형원리〉

A(용접전) ➡

➡ B(용접중) ➡

➡ C(냉각중) ➡

➡ D(양단 자유) 반대쪽이 상부로 휘게 된다.

➡ E(양단고정) 내부에 인장응력이 잔유한다.

〈열변형 원리〉

우측 그림에서 용접변형은 수축하기도 하고(그림 좌측 위), 뒤틀리기도 한다.(그림 좌측 중간 및 하단), 평면일 때는 용접하지 않은 쪽이 개선간격이 좁아진다.(그림 우측)

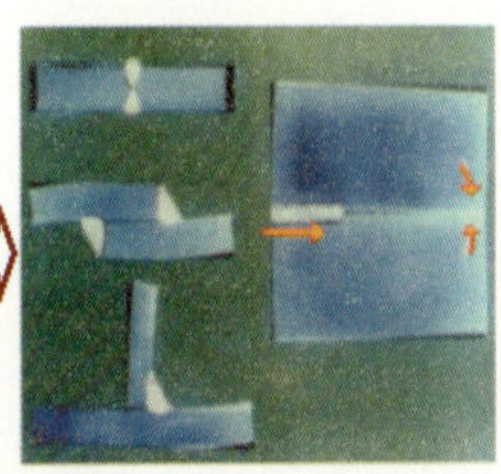

그림 4-72 외관검사에서 볼 수 있는 맞댄용접부의 변형원리와 열변형원리 사례

(2) 내부검사 :

대표적인 내부검사법으로는 방사선탐상법(RT : Radiation inspection Test), 초음파탐상법(UT : Ultrasonic inspection Test)이 있다.

1) 방사선탐상법(RT : Radiation inspection Test)-KS B 0845

피시험체에서 X-선 또는 감마선 등의 방사선을 검사체에 투과시켜 필름상에 재생하여 결함 유무를 판단하는 방식이다. 검출대상은 용접부, 주조품 등의 내외부결함을 발견하는 모든 재료에 적용하며, 필름형태로 되어 있어 반영구적으로 기록을 보존할 수 있으며, 표면과 내부결함 모두 검출 가능하지만 단점으로는 방사선의 영향이 우려되는 점이다.

그림 4-73 방사선탐사 장비 및 투과방법

2) 초음파탐상법(UT : Ultrasonic inspection Test)-KS B 0896

1MHz~25MHz의 높은 주파수의 초음파를 피시험체에 발생시켜 균열, 기공, 게재물 혼입 등의 결함부분에서 반사되는 신호를 판독하여 재료 내부의 불량부분의 초음파빔으로써 결함의 크기 및 위치를 탐지하여 결함을 검출하는 방식이다.

적용 검출대상으로는 용접주조, 압연, 단조품 등의 내부 결함뿐만 아니라 내부 두께 측정에도 이용되고 있는 비파괴 검사법으로 모든 금속 및 비철금속에서 사용이 가능하다.

검사의 특징은 내부결함의 실상을 그대로 한눈에 볼 수 있다. 방사선에 대한 보호장치가 필요하고 훈련된 전문요원만이 취급 가능하다. 균열에 높은 감도를 나타내며, 내부결함에 대한 표면감지가 양호하며 저렴한 가격으로 높은 투과력과 자동화가 가능하지만 입자가 조대(粗大)한 것이 곤란한 단점이 있다.

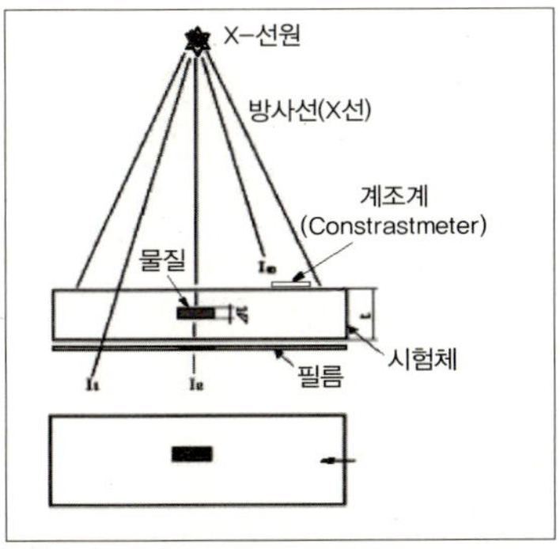

(투과도계, 계조계, 시험유효범위, 식별기호 등을 배치한다)

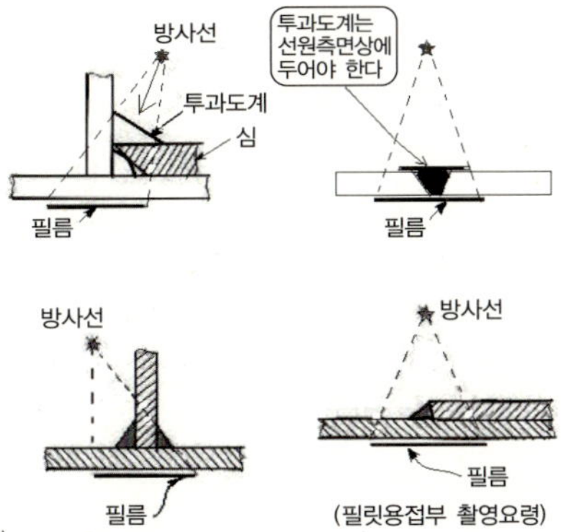

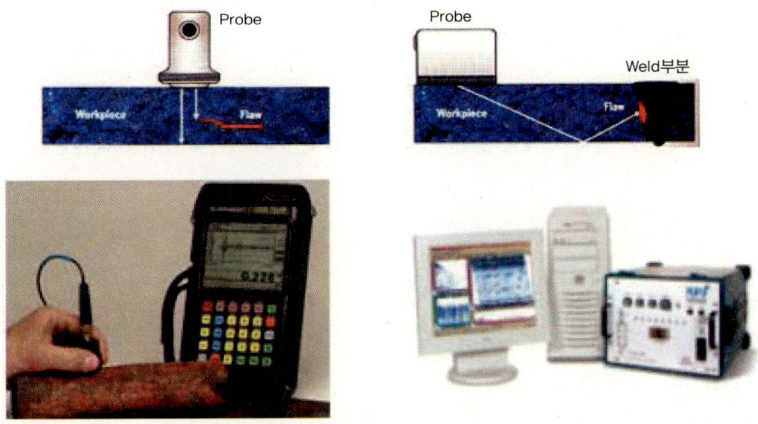

그림 4-74 초음파탐상검사의 원리와 장비

5. 강재의 표면처리

5.1 전처리

(1) 바탕처리 규정

① 제작 전에 가능한 모든 자재는 자동전처리 공장에서 Shot Blast한다.

② 전처리 표면처리를 위한 연마재는 Shot Ball 또는 Grit를 사용한다.

(2) 도장자재와 도장방법

① 도장재료 :

방청용 KS M 5311-1종, 2종, 3종으로 1회에 30μ 또는 계약조건에 따라 도장한다.

㉠ -5℃ 이하에서는 모든 작업을 금지한다.(석면포로 덮어 보양하고 급랭을 방지

한다.)

㉡ 표면온도가 이슬점보다 낮은 3℃ 이하일 때는 도장을 금지한다.

㉢ Blasting 표면처리나 Power Tool Cleaning된 표면은 표면처리 후 녹이 재발청하기 전에 도장해야 한다.

㉣ 스프레이 도장을 할 때는 50% 이상을 전회의 도장과 겹치도록 한다.

㉤ 도장표면은 균일하게 도장되어야 하며, 흐름현상이 일어났을 때는 즉시 붓으로 평평하게 밀어주거나 페인트를 제거한 후 재도장한다.

㉥ 스프레이 도장하기 전에 구석진 곳, 가장자리, 조그마한 브래킷 및 기타 틈바구니 부위는 먼저 붓으로 도장한 다음에 뿜칠시공을 한다.

5.2 철의 바탕처리

(1) 녹(Rust)은 어떤 것인가?

① 일반적으로 강재 표면에 생성된 산화물이나 수산화물을 녹이라 한다.

② 녹은 흑청과 적청이 있으며, 흑청은 철강의 압연이나 열가공시 발생된 두꺼운 산화물층으로 흑피 또는 밀스케일(mill scale)이라고 한다.

③ 철면에 접촉층은 산화철(FeO), 다음의 중간층은 삼산화철(Fe_3O_4), 외부층은 이삼산화철(Fe_2O_3)의 얇은 피막으로 되어 있어 외부로부터의 많은 산소와 결합하여 안정하게 내측의 철을 보호한다.

④ 적청은 철의 표면에 물이 결합하여 생긴 물질이며, 주성분은 수산화제2철($Fe(OH)_3$)로서 그 내용으로는 $2Fe(OH)_3 = Fe_2O_3 + 3H_2O$로서 산화제2철에 물분자가 결합된 것이다.

⑤ 적청은 철의 표면에 부착되어 있지 않고, 가끔 떨어져 나가게 되는데 물과 결합한 수산화철은 물에 녹아 부유하는데, 이것을 녹물이라고 한다.

(2) 표면처리의 중요성

① 도장의 방청효과는 도막이 강재면에 밀착되어야만 성능을 발휘하게 된다.

② 도장면과 도막 사이에 녹, 흑피, 기타 이물질이 있을 경우에는 충분한 방청효과를 기대할 수 없어 발청이 촉진된다.

③ 강재가 녹으로 전환되면 체적이 증가하여 도막이 떨어지고 그 사이로 물과 공기가 스며들어 녹으로 확산된다.

④ 또, 도장은 평활한 표면보다 적당한 조도를 형성하고 있을 때, 접촉면적이 커지므로

부착 효과가 커지고 강재면에 잘 밀착된다.

⑤ 도료를 도장하기 전에 강재표면을 깨끗하게 하고, 적절한 조도(Roughness)를 형성시키는 것이 필수적이다.

⑥ 도막 수명에 영향을 주는 인자는 도료의 선택, 도막두께, 표면처리의 정밀도, 도장환경 등으로 그 영향을 미치는 것이 50%에 이른다는 것을 명심해야 한다.

(3) 강재표면처리의 목적

① 소지면을 안정화하여 내식성을 향상시킨다.

② 소지면에 부착, 생성된 이물질을 완전히 제거하기 위해서이다.

③ 소지면의 표면 조도를 형성시켜 도료의 부착성을 높인다.

④ 소지면과 도료의 친화력(Affinity)을 준다.

⑤ 소지면의 돌출부를 제거하여 소지면을 평탄하게 하기 위함이다.

(4) 강재의 기계적 표면처리에 의한 탈청방법

강재의 기계적 탈청방법은 크게 다음 3가지 방법을 이용하는데, 각 국가별 규격기준에 따라 다르게 표시하고 있으며, 예를 들면 용제세척방법(SSPC-SP1), 수공구세척방법(SSPC-SP2), 동력공구세척방법(SSPC-SP3) 외에 불꽃세척(SSPC-SP4), 완전나금속브라스트(SSPC-SP5), 준나금속브라스트, 반브라스트(SSPC-SP6), 브러시브라스트(SSPC-SP7), 산세척(SSPC-SP8), 자연방치 후 브라스트세척(SSPC-SP9), 준나금속 브라스트(SSPC-SP10)로 분류하고 있는데, 이들 중에서 다음 3가지 방법에 대해서 각 나라마다 세부규정을 정하여 사용하고 있다.

① 수공구법(手工具法 : Hand Tool Cleaning)

② 동력공구법(動力工具法 : Power Tool Cleaning)

③ 브라스트 클리닝법(Blast Cleaning)

표 4-12 철의 표면처리(국가 기관별 규정)

No	규 격		국가
1	SSPC-(SP1)	Steel Structures Painting Council.vis 1	U.S.A
2	SIS	Swedish Standard SIS 05-5900-1967	SWEDEN
3	BS	British Standard Institution 4232	ENGLAND
4	NACE	National Association of Corrosion Engineers	U.S.A
5	KSPC	Korea Standard Painting Council	KOREA

(5) 철골표면 도장을 해서는 안 되는 부위

① 콘크리트에 매설되는 부위

② 고장력 볼트의 마찰접합면

③ 조립상 표면접합이 되는 부위

④ 현장에서 깎기 마감이 필요한 부분

⑤ 현장용접을 해야 하는 부위는 도장하지 않는다.(한국의 경우 모재의 양측에 각각 100mm~200mm 범위로 정하고 있다)

(6) 철골표면 도장이 가능한 부위

① Pin, 롤러 등이 밀착되는 부위

② 회전, 조립에 의해 접합되는 부위

③ 밀폐된 폐쇄형 단면의 내면 부위

④ Deck Plate 등을 관통하여 Stud Bolt를 용접하는 경우 Flange의 윗면 부위는 도장을 해도 무방하다.

가조립 검사에서 어떤 점에 주의해야 할까요?

먼저, 용접기준도, 스케일, 내부게이지, 한계게이지 등을 준비하고 접합부의 각 부위에 대한 주요 검사 지침은 다음과 같다.

▸ **공통사항**

① 맞댄부위에 대한 개선각도, 개선면의 거칠기, 노치(Notch) 깊이, 루트갭(Root Gap), 루트면, 개선부의 청소와 모재 전반의 아크 스트라이크.

▸ **코어 브래킷 조립시 검사**

② 코어부분의 완전용입용접부 외관검사(결함 : 불규칙한 비드, 여성, 언더컷, 크레이터, 목두께 부족).
③ 플랜지와 다이어프램의 오류 유무
④ 뒷댐재 철물의 취부(결함 : 모양, 언더컷, 숏비드)
⑤ 앤탭(End Tab)의 설치(결함 : 숏비드, 언더컷)
⑥ 용접상태(비드의 길이가 짧지 않는가?...)

▸ **기둥 샤프트를 조립 후**

⑦ 용접상태(결함 : 용접의 위치, 비드의 길이)
⑧ 플랜지와 다이어프램의 오류 유무에 대한 외관검사
⑨ 앤탭(End Tab)의 처리
⑩ 모살용접(Fillet Weld)의 각장

(이상의 내용 ①~⑩은 아래 그림에서 나타내고 있다)

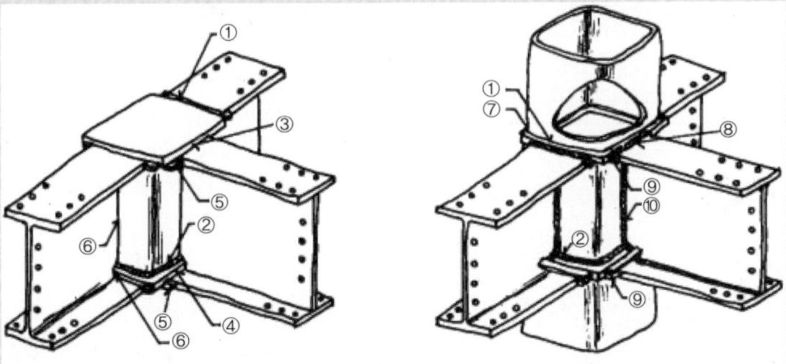

코어 · 브래킷 조립일 때   기둥 샤프트조립 후

외관검사 용구사용법

Leg Gauge(각도 및 치수측정용 계기)사용 설명은 다음 그림과 같다.

(1) 용접 비드의 측정

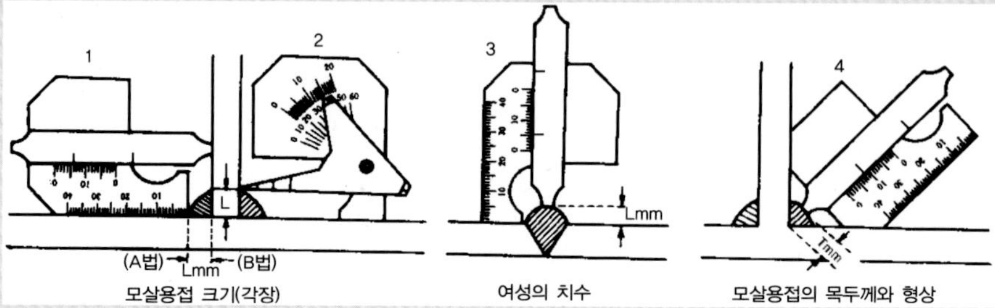

(2) 용접전 가공측정

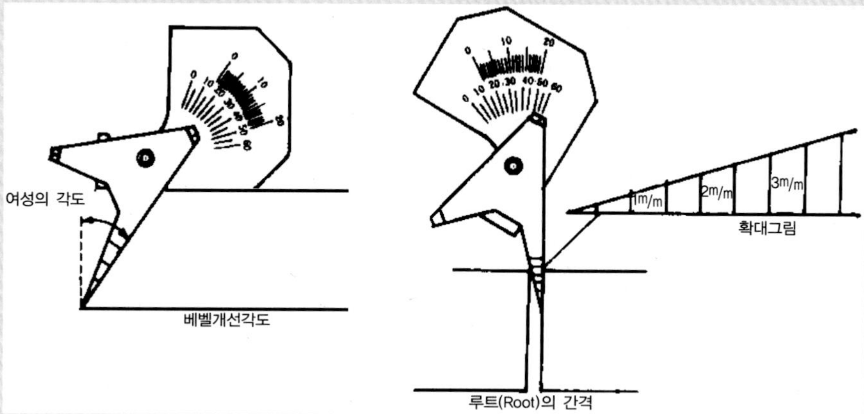

5

철골현장건립(Erection)

1. 철골세우기
2. 운반 및 적치방법
3. 철골건립시 바로잡기
4. 철골건립시 고려해야 할 사항

제5장 철골현장건립(Erection)

철골세우기에 들어가기 전에...

철골세우기(건립)는 가공공장, 수송, 중기, 비계공이 상호 연대하는 작업이다. 계획대로 건립하기 위해서는 사전에 면밀한 계획과 협의가 필요하다. 그렇다면 어떤 점을 건립시 주의해야 하는가?

1. 구조체가 자립기능을 발휘할 수 있는가?

건축철골구조는 건립한 후 독자적으로 안정된 구조로 만들기 위한 작업이지만 건립 당시에는 구조체가 가장 불안정한 상태로 작업하는 위험한 공정이다.

기둥 부재에 여러 형태의 작은 부재로 구성되는 가구식 구조인 철골철근콘크리트구조인 철골에서는 각별한 주의가 필요하다. 작업중 바람, 지진 등으로 도괴할 가능성은 없는지 사전에 검토할 필요가 있다.

2. 건립순서를 계획할 때는 어떤 점을 고려해야 하는가?

철골건립에서는 건물과 부지의 형상 및 설치할 도로와 부지와의 관계 외에도 장애물 등을 고려하여 계획해야 한다. 설치작업은 계획에 따라 순차적으로 실시하게 되는데 부지가 협소하여 임시 적치할 장소(Stock Yard)가 없어 곤란한 경우가 있거나 현장도착시 하역이 곤란한 경우 공정에 막대한 지장을 미칠 수 있다. 따라서 제품의 분류와 반입은 가공공장과 밀접한 연락으로 건립순서를 정하는 것이 중요하다. 부지의 협소로 순서가 뒤바뀌면 보관할 장소가 없어 반입제품을 처리하지 못하는 어려움에 처할 수 있게 된다는 것을 명심해야 한다.

3. 현장 반입시 제품 검사에 대해서는 어떻게 해야 하는가?

철골의 운반수송, 반입시 발생하기 쉬운 제품의 휨, 변형, 오염문제 등이 발생되지 않았는지 점검한다. 만약 제품 반입검사시 문제가 있다면 즉시 공장으로 반송하는 조치를 취해야 한다. 특히, 고장력 볼트 접합부 마찰면의 상태가 적절한가를 확인해야 한다.

4. 가볼트의 수량은 얼마나 필요할까?

고장력 볼트 접합에서 사용할 가볼트는 본체결에서 사용할 동일한 직경의 볼트를 사용하고, 사용할 본수는 체결볼트 본수의 1/3 이상 또는 2본 이상을 사용해야 한다.

본체결용 고력볼트를 가볼트용으로 대신 사용해서는 안 된다.

5. 세우기시에 조정과 체결은 어떻게 해야 하는가?

가볼트 체결 후 스팬, 층높이, 뒤틀림 바로잡기, 기둥의 기울기 등을 세우기할 정위치에 있는지를 확인하기 위해 세우기용 수직기와 턴버클이 부착된 와이어로프를 걸어 조정한다. 세우기 검사 확인 후 즉시 고력볼트를 체결하여 문제가 발생하지 않도록 해야 한다.

1. 철골세우기(Erection)

1.1 현장 설치계획

철골을 세우기 전에 세우기할 현장의 경계선, 도로상황, 공공시설물 등의 부지조건과 공해방지대책, 전파장애 등의 근린조건 이외에도 환경보전법 · 철도법 등에 대한 규제 및 기타 조건 등을 조사한 후, 조사된 근거자료를 토대로 설계 및 시방서 내용과 공정을 고려하여 세우기 시공계획을 수립한다.

철골구조는 창고건물과 같은 경미한 종전의 건축물에서 대형화 건축물로 철근 콘크리트 구조와 함께 현대 건축에서 대표적인 구조로 발전하여 자리를 잡고 있다.

철골은 공장제작에 의한 현장의 단순시공이 가능하다는 이점뿐만 아니라 현장에서 Block화 또는 Unit화 조립이 가능함으로써 양중횟수가 경감되어 시공기간이 단축되고, 동시에 고속작업의 최소화와 안전시공 등의 효과를 얻을 수 있다.

따라서 급발전하고 있는 건축시공기술에 대응할 수 있도록 건립에 대한 지식을 축적해야 한다. 건립 설치에는 설계자의 구조적 디자인에 따라 시공현장에서 공기절감방안의 목적으로 어떤 방식을 채택할 것인가, 또는 어떻게 하면 좀더 경제적이면서 안전하게 건립할 수 있는가를 고려하여 결정하게 된다. 따라서 앞으로도 많은 철골건립기술이 개발될 것으로 생각된다.

여기서는 철골세우기 시공계획에 대한 기본사항과 현재 적용되고 있는 대표적인 설치공법들에 대해서 알아보기로 한다.

(1) 철골공사 세우기 공정 흐름도

1) 현장 양중공정 기준(Erection Flow)

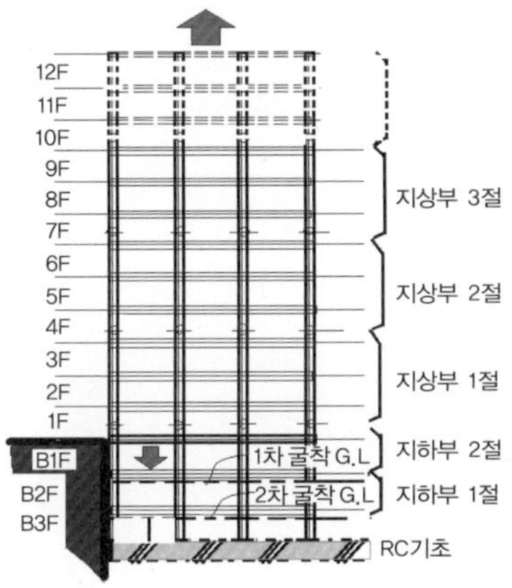

① 지상부분은 타워크레인으로 1절부터 점진적으로 상층부로 조립한다.
② 역타공법일 때 지하부분은 지상에서 구축한 기초 및 기둥에 1층 바닥의 보와 슬래브를 완료한 후 지하1차 굴착을 완료하고 지하1층 보, 바닥공사를 한다.
2차 굴착한 후 지하2층 보, 바닥공사를 아래로 순차적으로 실시한다.

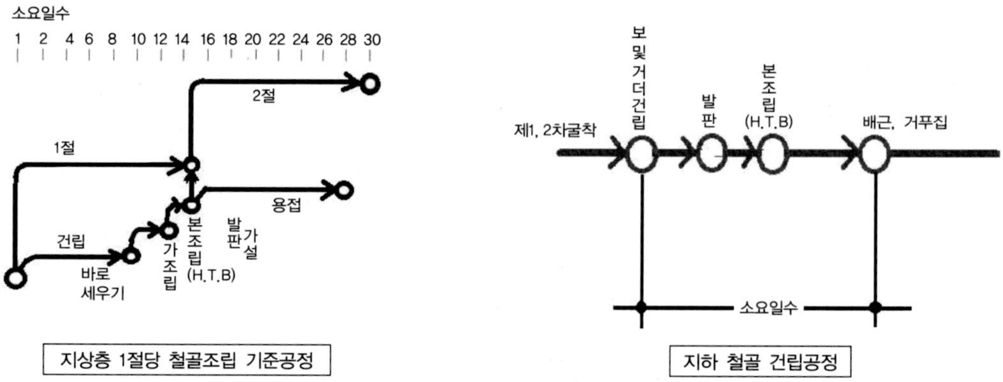

그림 5-1 철골양중 Flow의 기본 일정 개념도

구분	관리Point	시점
	설계도서접수	◎
	SHOP DWG분리발주	◎ +1w
	현설용 S-DWG접수	◎ +4w
	SHOP DWG 1차승인	◎ +8w
	SHOP DWG 최종승인	◎ +16w
	철골공장제작현설, 발주	◎ +5w
	Kick of Meeting	◆ +4w
	비파괴검사 분리발주	◈ −2w
	공장품질보증시험	◈ −1w
	철골공작제작 착수	◆ +12w
	공장품질 및 제작관리	◈ +2w
	철골부재 발송	◈ +3w
	비파괴검사 분리발주	■ −3w
	현장품질보증 시험	■ −2w
	철골현장 건립	◈ +4w
	현장품질관리	■ +2w
	공장/현장 품질보고서	★ +4w

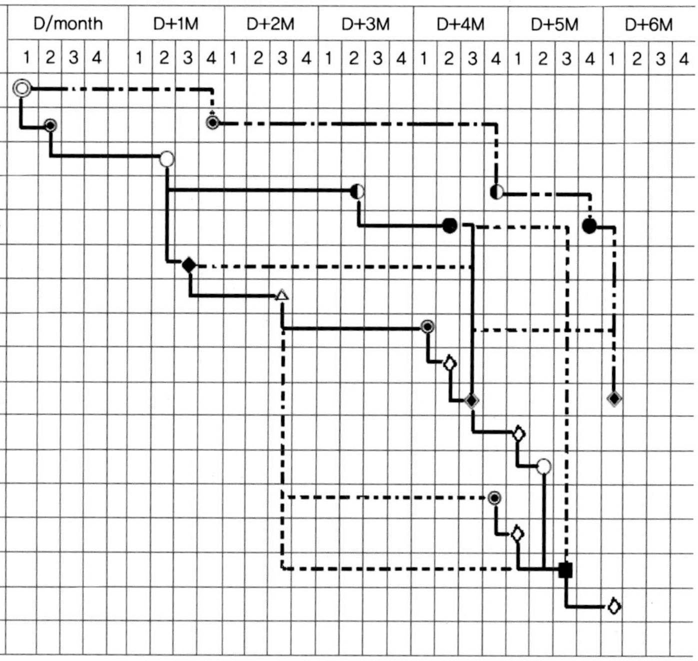

그림 5-2 일정표(Milestone Schedule)의 사례

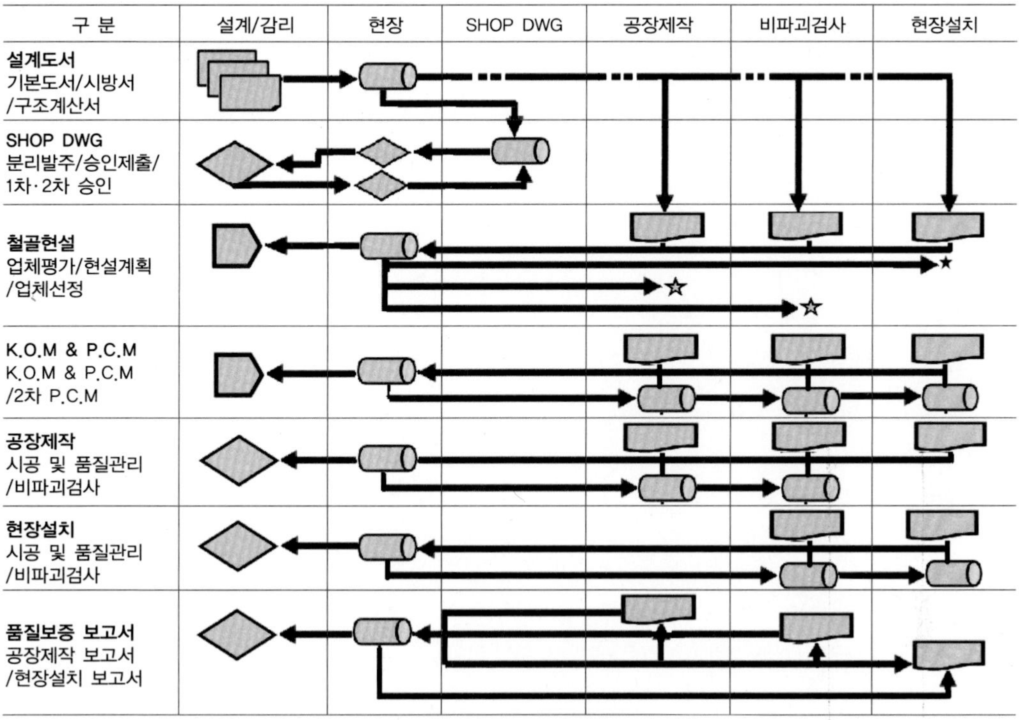

[주] : K.O.M = Kick of Meeting (프로젝트의 개요와 진행방법을 협의하는 회의로 일반적으로 본회의 전에 진행절차를 협의하는 모임)
P.C.M = Pre-Construction Meeting(AGENDA FOR PRE-CONSTRUCTION MEETING)

그림 5-3 철골 분야별 가공제작 시공순서

2) 현장설치단계에서 시공관리

항 목	검토할 내용	비고
품질시험	1) 용접절차 및 기량시험 ① 용접사 기량시험 ② 용접절차서 작성, 시험	
현장설치 착수	1) 현장 설치 시공계획 ① 공정계획 ② 부재 반입 및 설치계획 ③ 설치도면 및 승인현황 ④ 비파괴검사 준비현황 ⑤ 종합 가설계획	
현장설치 품질	1) 현장설치 품질관리 ① 검사 및 시험계획 ② 검사 및 시험 기준서 ③ 시공순서 및 요령서	
품질시험 및 검사보고서	1) 공장 품질관리 시험 및 검사보고서 ① Mill Sheet 확인 ② 치수검사, 비파괴검사, 도장검사 보고서 2) 현장 품질관리시험 및 검사보고서 ① 볼트 축력시험 보고서 ② 치수검사, 비파괴검사 보고서 3) 공장 및 현장 준공도면	

(2) 시공계획시 사전검토할 내용

철골공사의 현장설치계획은 공장에서 가공제작된 부재를 설치 일정에 맞춰 현장에 반입(JIT : Just in Time Delivery)시키고, 반입된 부재를 설치도면(Erection DWG)에 따라 조립, 설치하는 과정으로 현장설치 전 모든 사항을 검토하여 계획서를 작성하게 되는데, 다음과 같은 내용을 포함한다.

1) 철골설치공사를 위한 조직

5장 1.5.의 (2) 미국식 설치공사 ⑤의 공정별 작업인원 구성을 참조하여 현장의 규모에 알맞게 구성한다.(169페이지를 참조)

2) 철골공사의 일정

메인 철골공정과 예상되는 철골 공사의 일정 등을 고려하여 철골시공계획시 검토해야할 항목은 다음과 같다.

① 작업표준 사이클(Cycle)

㉮ 연중 작업가능 일수는 영하의 날씨, 우천, 바람, 휴일 등을 고려하여 건축공사에서 실가동률은 약 75~80%로 계상하므로 철골공사에서는 이보다 상향조건에서 작업이 가능할 수 있다.

㉯ 일일 작업가능 시간은 조회, 오전작업, 중식, 이동, 휴식, 정리정돈을 고려하여 총 7~7.5시간 범위로 한다.

㉰ 양중사이클 산정으로는 대부분 기둥일 때는 25분 정도 소요로 하며, 큰 보의 경우에는 피스(piece)당 약 10분(대부분 회당 2pcs를 양중하므로 20분 정도로 계산함), 작은보의 경우에는 피스당 약 8분(회당 3pcs를 건립하여 약 23분으로 계산함), 또 브레이싱(Bracing) 및 계단은 대개 각각 20분, 25분 정도로 산정하고 있다.

㉱ 기타 작업과 관련한 양중 내용은 다음 〈표 5-1〉과 같다.

㉲ 기타 사전에 작업공정상 주공정과 병열공정을 분류하여 효율을 높이도록 한다.

표 5-1 양중에 참고할 사항

구 분	내 용	소요기간
철골공사와 관련작업	컨테이너, 용접기, 볼트 인양 등	1일/절
타공종 작업 관련	기계, 전기, 설비와 Deck Plate공사 등	1.5일/절
타워크레인 인양	보강 및 고정(Setting)	2.0일/절
철골조정 및 요소작업	수직, 수평조정(Plumbing), 볼트조임, 용접작업 등	2.0일/절

3) 철골부재의 산출

철골수량과 중량을 다음과 같은 일정한 서식에 의해 산출한다.

표 5-2 수량산출조서(예)

절	기둥 (Column)		거더 (Girder)		보 (Beam)		보조재 (Brace)		계단 (Stair)		합계		비고 (단위중량)
	수량	중량	수량	중량	수량	중량	수량	중량	수량	중량	수량	중량	
1절													
n절													
n+1절													

4) 적용할 공법의 검토

적용할 공법은 앞에서와 같이 구조설계 디자인에 의해 경제성, 공기단축, 작업환경을 고려하여 설정하는데 일반적으로 이용되고 있는 공법으로는 다음과 같다.

① 브래킷(Bracket) 또는 거싯(Gusset)공법

② 미국식 설치공법

③ 유닛 플로어(Unit Floor)공법

④ L/C 프레임(Frame)공법

⑤ 하이빔(High Beam)공법

⑤ N공법 등이 주로 이용되고 있다.

5) 양중장비의 선정과 운용계획

양중장비의 선정은 공구분할 여부와 부재의 중량 및 치수, 타공종의 부재중량 등 양중대상을 고려하여 정하고, 또 중요한 것은 형태(면적, 높이), 입지조건(부지형상과 고저차 주변 건물현황), 기초 및 가설용 구대의 강성 등을 고려해야 하며, 작업반경, 권상하중, 속도, 높이 등의 작업성능 및 조립, 해체, 인양 등의 기동성능을 고려하여 사용할 기간 등의 경제성을 고려하여 선정한다.

6) 가설 및 이동동선의 고려

작업할 장소가 도심지 등의 복잡한 곳인지 등의 주변 여건을 고려하고, 현장야적 장소의 크기, 현장조립 장소 여부, 장비설치 장소와 가설동력(용접) 문제 및 야적장으로부터 철골부재를 소운반할 동선 등을 고려하여야 한다.

7) 설치에 따른 안전관리계획

운반, 설치, 측량 및 계측, 용접 또는 볼트의 시공 등을 계획한다.

(3) 철골 건립순서

① 먹줄놓기

측량기구(트랜싯 등)를 이용하여 기초, 기둥 주각의 정확한 위치에 중심 먹매김을 표시한다.(철골 먹매김에 이용하는 계측용 줄자 등은 오차를 줄이기 위해 동일 메이커에서 같은 날짜에 생산한 제품을 주문하여 가공, 제작, 조립설치시 사용하는 것이 좋다.)

② 가시설물 설치

③ 앵커볼트 매입 설치

기초 거푸집 위에 프레임을 설치하고 앵커볼트를 고정한다.

④ 앵커볼트 체결

콘크리트를 타설하고 양생한 후 베이스 플레이트를 설치한 다음 앵커볼트를 체결하고 조인다.

⑤ 기둥 교정 및 검사

기둥 주각(1절)을 세우고 임시볼트로 조이고 세우기 교정 및 검사를 실시한다.

⑥ 본조임

본조임을 하고 베이스 플레이트 바탕을 전면 그라우팅으로 마무리한다.

⑦ 기둥, 보의 접합

기둥, 보를 접합하고 세우기 검사를 한다.

⑧ 바닥판 깔기를 한다.

⑨ 콘크리트를 타설한다.

⑩ 내화피복

노출철골에 대한 내화피복을 하고, 필요한 부분에 도장을 한다.

(4) 철골세우기 작업의 흐름

철골세우기의 전체적인 흐름을 그림으로 도시하면 다음과 같다.

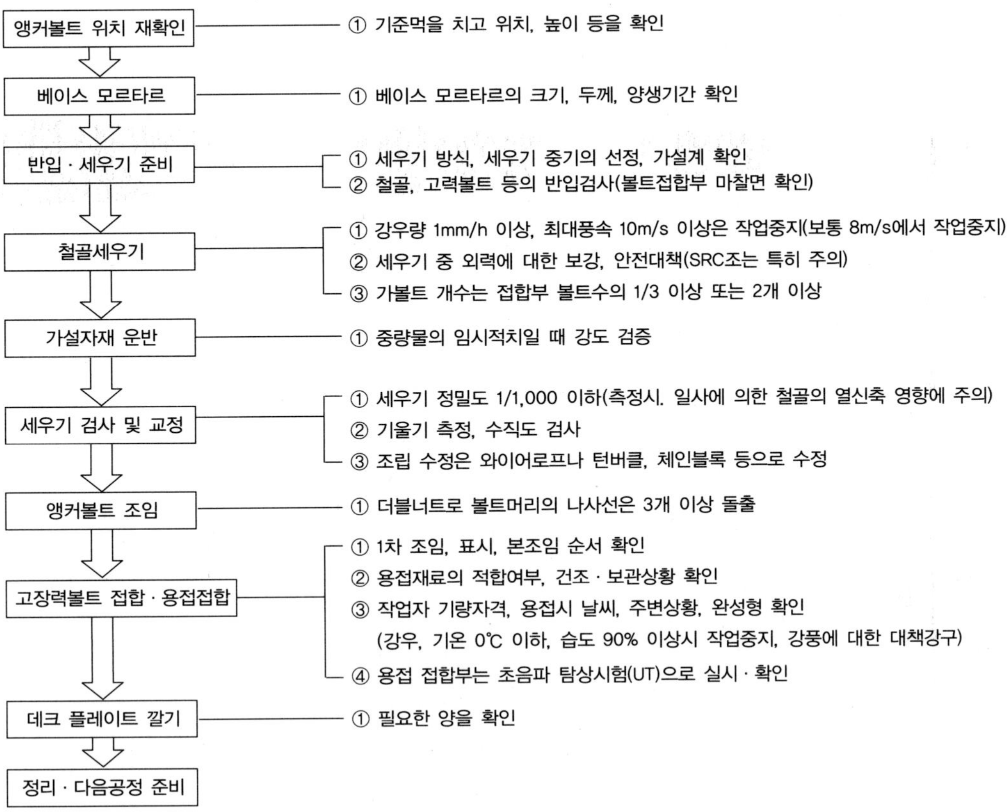

그림 5-4 철골세우기 작업의 흐름

1.2 앵커볼트(Anchor Bolt)의 매입설치

(1) 앵커볼트 설치순서와 방법

① 앵커볼트 고정용 앵커 프레임(Flame) 철근을 묻고(4− ϕ13, 길이=400mm 이상), 내압판 콘크리트를 타설한다.

② 먹매김을 한다.

③ 먹매김한 위치에 따라 앵커볼트를 용접으로 고정시키고 매입 앵커볼트를 임시로 설치한다.

④ 철골주각을 앵커볼트에 조립시 지장이 없도록 약 30° 이내로 비스듬히 벌리고 기둥 및 보철근을 설치한다.

⑤ 기초보와 거푸집을 조립한다.

⑥ 앵커볼트 상부의 각 중심 설정에 피아노선을 치고, 위치, Level을 조정하고, 상부는 형판(Templet)을 바탕플레이트(Base Plate)와 동일한 크기로 제작하여 고정(Setting)한 다음 앵커볼트를 고정한다.

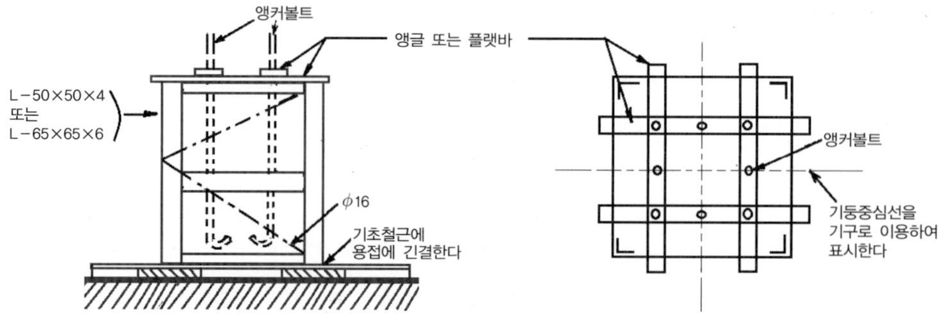

그림 5-5 앵커볼트 프레임에 의한 볼트와 베이스 플레이트 먹줄내기

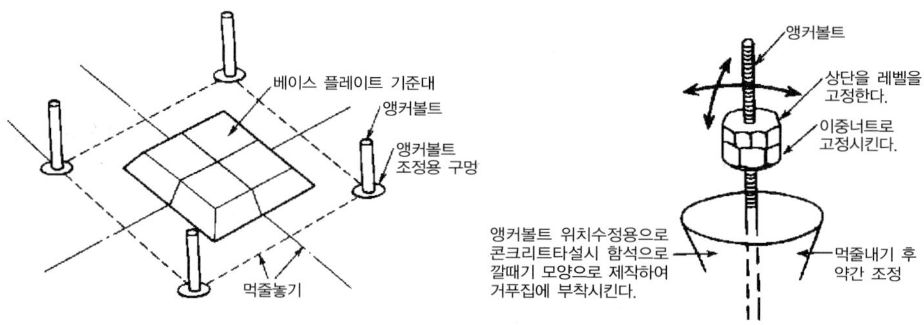

그림 5-6 모르타르기준대(윗면을 평활하게 한 것)를 이용할 경우 먹줄내기와 고정법

(2) 앵커볼트 설치시 주의할 점

기초앵커볼트 베이스 플레이트(Base Plate)를 들고 일어나려는 인장응력과 옆으로 미끄러지려는 전단력에 저항하기 위해 기초콘크리트에 매입하는 것을 말하며, 설치시 주의할 점은 다음과 같다.

① 기둥과 인접기둥 중심간의 간격을 점검한다.

② 기둥의 중심과 앵커볼트 중심 간의 거리를 조정한다.

③ 베이스 플레이트 하단면의 기준과 인접 기둥과의 관계를 점검한다.

④ 앵커볼트의 노출길이는 나사의 이중너트 조임을 완료한 후 3개 이상 나사산이 나오도록 하고, 중심선과 앵커볼트 위치의 어긋남은 한계허용치($-5mm \le e \le +5mm$) 내에 있도록 한다.

⑤ 철골설치 기간동안 녹 · 휨 · 나사부의 타격 등에 의해 유해한 손상이 발생하지 않도록 천이나 염화비닐테이프 등으로 필히 양생해야 한다.

(앵커볼트의 상부 돌출부분)

그림 5-7 앵커볼트 체결 마무리

(3) 앵커볼트 매입방법

1) 고정 매입법

볼트 위치를 먹매김하고, 철근을 배근한 후 기초거푸집 위에 앵커프레임을 장치한 후 정확한 위치에 앵커볼트를 고정시킨다. 콘크리트를 타설하여 고정하는 공법으로 시공이 잘못된 경우 수정이 어려운 단점이 있으나 대부분 정밀시공을 요하는 대규모공사에 이용되고 있으며 다음 2종류로 나누기도 한다.

① 형틀판 고정법 : 두께 2~3mm 이상의 강판에 Base Plate와 같은 위치를 볼트 구멍 및 콘크리트 타설용 150mm 정도의 구멍을 설치하여 형틀에 고정시킨다. 하부에 콘크리트를 채우기 어려우므로 약 5cm 정도 아래까지 타설 후에 팽창재로 그라우팅(Grouting)한다.

② 강재프레임판 고정법 : 주위 철근의 강성이 부족한 경우 강재프레임을 제작하여 설치한다. 프레임은 외력에 견딜 수 있도록 제작하여 수평으로 고정시킨 후 프레임 상부에 앵커볼트를 고정(Setting)한다. 앵글을 제작하여 볼트를 고정하는 경우, Base Plate Level보다 아래쪽에 설치하여 콘크리트 타설시 매입한다.

2) 가동 매입법

앵커볼트의 두부가 조정될 수 있도록 강판으로 만든 원통형의 깔때기나 스티로폼으로 둘러싸고, 콘크리트를 타설한 후 제거하고 위치를 조정한다.

위치의 조정으로 인해 내력의 부담 능력이 작으므로 소규모 구조물에서 사용한다.

3) 나중 매입 공법

앵커볼트 한 개씩을 거푸집에 넣거나 앵커군 주변에 거푸집을 넣어서 앵커볼트 매립부분의 콘크리트를 나중에 타설한다. 앵커볼트 거푸집의 탈형이 어렵고, 콘크리트 타설은 재벌치기가 된다. 구조물의 용도로는 부적당하며, 주로 기계기초에 적용한다.

4) 용접공법

콘크리트 선단에 앵커가 붙어 있는 철판, 앵글 등을 시공한 후 콘크리트 타설 양생 후, 그 철부에 앵커볼트를 용접하여 부착한다. 용접부의 인장력 확보가 불확실하여 인장력이 걸리지 않는 경미한 구조물에 주로 사용한다.

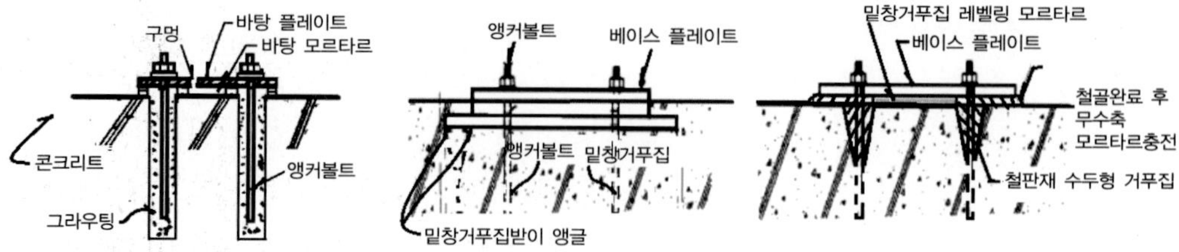

나중매입일 때 | 고정매입일 때 | 가동매입일 때

그림 5-8 앵커볼트 매입방법

(4) 구조용 앵커볼트의 매입종류

1) 인발내력이 큰 구조용 앵커볼트의 경우

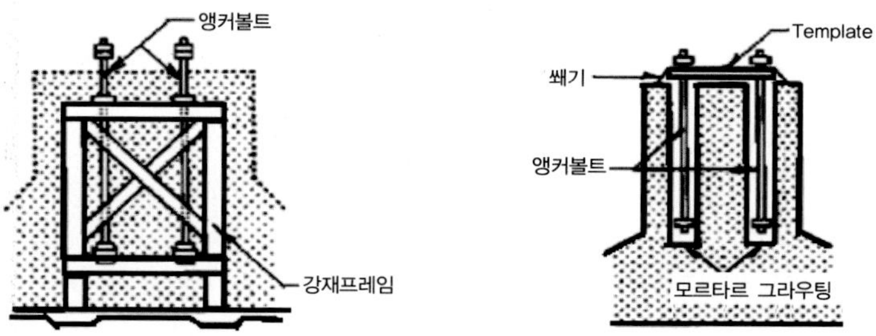

(앵커 Frame타입) | (가동 매입방식)

고정 매입방식 | 가동 매입방식

그림 5-9a 앵커볼트 고정방식의 여러 형상

2) 인발내력이 작은 앵커볼트의 경우

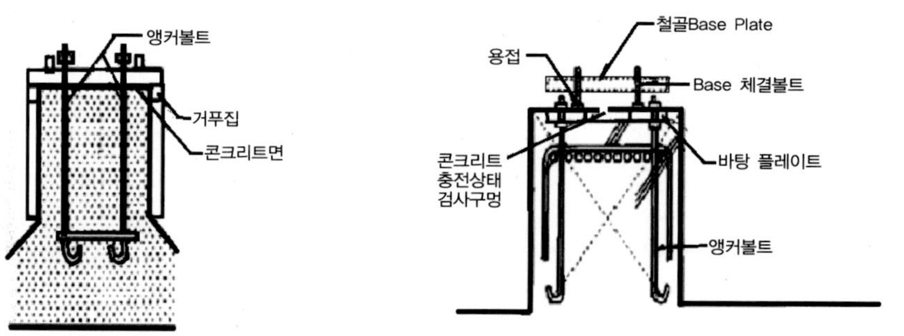

거푸집 고정 매입타입 | 바탕철판 플레이트 설치타입

그림 5-9b 앵커볼트 고정방식의 여러 형상

(5) 기둥 앵커플레이트 고정(Setting)방식

1) 고름 모르타르공법(전면 바름공법)

Base Plate보다 약간 크게 10~50mm 두께로 그라우팅하는 공법으로 소규모 구조물에 적당하다.

2) 부분 그라우트공법(중심바름 후 뒤채움공법)

Base Plate 하단 중앙부에 Padding 및 Chipping하여 기둥설치 도리(Plumbing) 잡기와 앵커볼트를 조이는 공법이다. 청소, 물축임 후 30~50mm 두께로 그라우팅한다. 경화 후 도면에 명시된 조건대로 2중으로 너트를 체결하고 본조임과 거푸집 제거를 한다.

3) 전면 그라우팅공법

콘크리트 바탕면을 Chipping하고 앵커볼트로 기둥의 레벨을 조정 후 철제라이너로 높이를 유지시키고 청소, 물축임 후 50mm 이상 두께로 그라우팅한다.

대규모 공법에 적합하다.

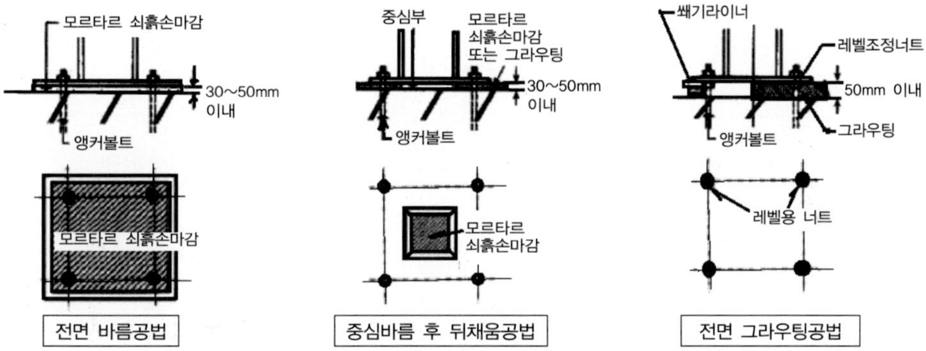

그림 5-10 앵커플레이트 고정방법

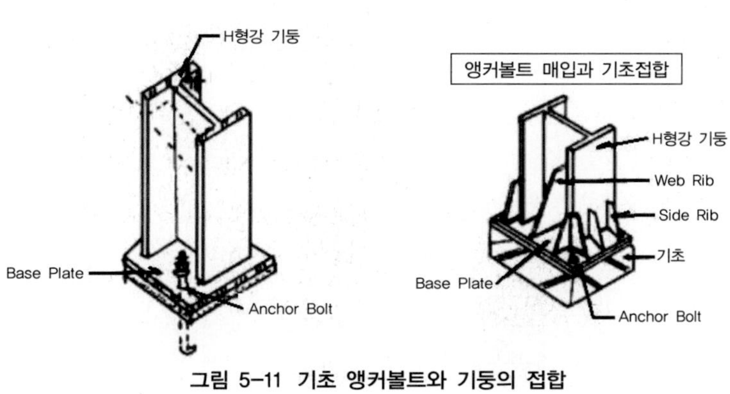

그림 5-11 기초 앵커볼트와 기둥의 접합

앵커볼트 설치 요점 정리

현장에서 실수하기 쉬운 것 중 하나가 앵커볼트 고정시 고정방법이 좋지 않거나 설치의 잘못으로 콘크리트 타설시 변형이 발생하는 것이다. 이처럼 앵커볼트 세팅이 불량하면 설치시 정밀도가 나빠지고, 철골세우기시에 영향을 미치게 되어 세우기를 할 수 없는 경우가 발생한다. 이런 일이 발생하지 않게 하기 위해서는 먹줄을 놓고 검사한 후, 베이스 플레이트를 설치하여 고정시켜야 하는데, 이때 다음과 같이 고정방법을 충분히 검토하여 면밀하게 설치해야 한다.

① 정밀도를 확보하기 위해 고정방법을 사전에 심도 있게 검토할 것.
② 콘크리트를 타설하기 전에 위치와 레벨을 재점검 확인할 것.
③ 설계자(감리자)의 먹줄내기 검사 후 결과를 확인하고 변동 여부를 재확인 조치할 것.

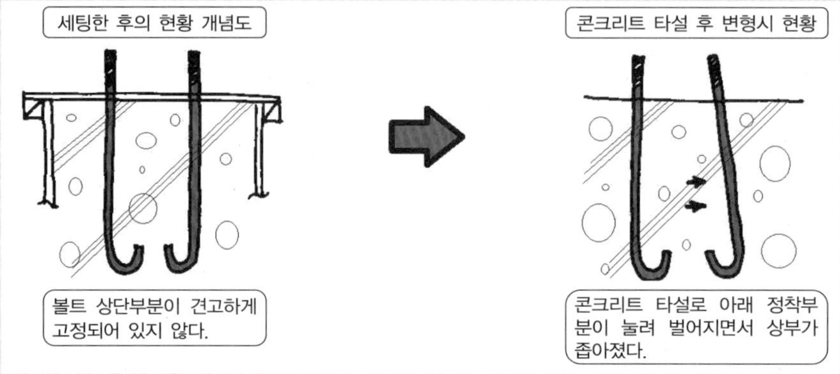

1.3 세우기 방식

세우기 방식에 따라 공기단축과 경제적 효과를 고려하여 다음과 같은 방식을 기본으로 한 공법들이 개발되어 활용되고 있다.

(1) 수평적상 방식

아래쪽에서부터 상부층으로 점진적으로 조립하는 방식으로 타워크레인, 트럭크레인 등을 사용하여 철골기둥을 세운 후, 보를 걸치고 바로잡기, 볼트접합 또는 용접한 후 데크 플레이트설치, 철근배근 및 전기설비의 배관을 실시한 후 콘크리트를 타설하는 것으로 고층빌딩에서 많이 사용하는 방식이다.

(2) 병풍형 방식

공장에서 제작한 부재의 어느 한 부분을 단번에 최상층까지 구축한 다음 장비를 이동시켜 가면서 나머지 부분까지 순차적으로 진행해가는 작업방식으로 부지가 협소하고 폭이 비교적 좁은 중층의 건물에 적합한 방식이다.

(3) 리프트업 방식

공장제작한 여러 부재를 지상에서 조립한 후 특수한 잭을 이용하여 들어 올려 건립하는 방식이다. 전시장, 체육관, 격납고, 빌딩 등에 이용된다.

(4) 구분조립 방식

공장가공한 여러 부재를 분할 · 반입하여 현장야적장으로부터 인양하여 설치하는 방식으로 기둥 및 거더를 설치한 다음 유닛플로어(Unit Floor)를 설치, 볼트 및 용접으로 접합시킨 후, 데크 플레이트(Deck Plate)를 깔고 배근한 다음 콘크리트를 타설한다.

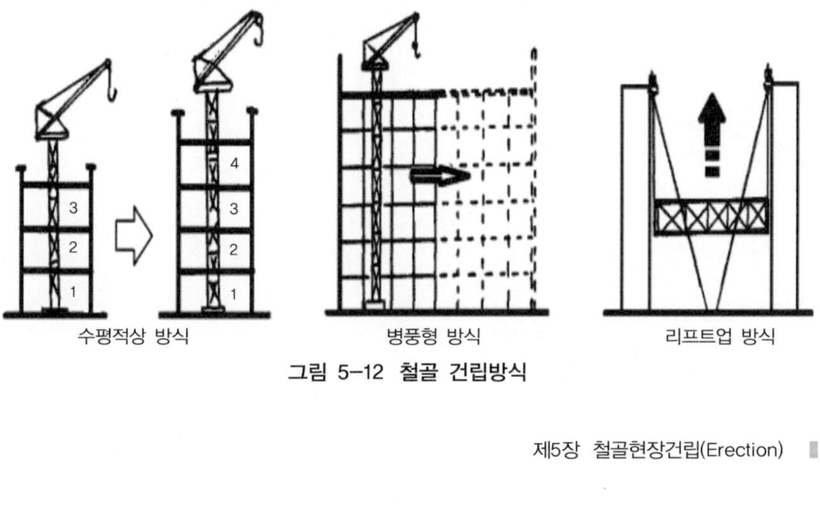

그림 5-12 철골 건립방식

1.4 세우기용 장비

세우기 장비의 선정에서는 철골의 총 중량, 기둥의 총 중량과 1개 또는 1절당의 중량, 적치장과 세우기 장소와의 거리, 세우기 장비설치 장소, 장비의 반입방법과 해체 등을 고려하여 선정하고, 양중계획시에는 주변교통사항, 야적장의 확보, 수평운반 계획, 안전관리를 고려하여 계획을 수립한다. 인양, 설치에 소요되는 장비는 진폴, 가이데릭, 지브크레인 등 외에도 다음과 같은 것이 있다.

건물의 높이 \ 부지 및 주변 상황	초고층 (H, 60m ≦ H)	중고층 (H, 15m < H ≦ 60m)	저층 (H, H ≦ 15m)
(부지경계, 건물) 부지에 여유가 있음	• 타워크레인	• 타워크레인 • 크롤러크레인 • 유압식 트럭크레인	• 크롤러크레인 • 유압식 트럭크레인 • 호일크레인
(도로) 작업공간에 면한 도로가 1면일 때	• 타워크레인	• 타워크레인 • 크롤러크레인 • 유압식 트럭크레인	• 유압식 트럭크레인 • 호일크레인
(도로) 부지에 여유가 없음 도로에 접합면은 1면	• 타워크레인	• 타워크레인 • 유압식 트럭크레인	• 유압식 트럭크레인 • 호일크레인

그림 5-13 부지 및 주변 상황을 고려한 장비선택 사례

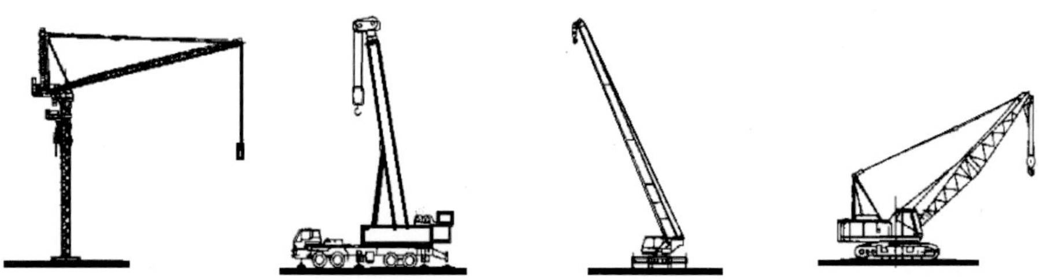

그림 5-14 건물의 높이를 고려하여 선택할 건립용 장비의 예

(1) 타워크레인

① 베이스 고정방식(Base Stationary type) : 저층부 및 50~60층 정도에서 대부분 사용하는 타입으로 그 장점은 다음과 같다.

㉮ 해체가 용이하다.

㉯ 건물 내부에 계단, 개구부에 대한 후속 공사비가 불필요하다.

㉰ 타워크레인 작업으로 인한 건물에 대한 흔들림 영향이 최소화된다.

② 베이스 상승방식(Climbing type) : 일반적으로 초고층용에 사용하는 타입으로 마스터가 접합되는 부분에는 구조보강이 필요하다.

㉮ 콜라조인트(Collar joint) 부위에 월-타이(Wall tie)를 보강한다.

㉯ 외벽 마감을 신속하게 할 수 있다.

㉰ 코어-월(Core Wall)을 선행해야 한다.

(2) 타워크레인 회전반경 최소화 계획

① 타워크레인의 마스터와 건물이 접합되는 부분은 다이어프램 작용(Diaphragm action)을 만들기 위하여 부분적으로 슬래브 콘크리트를 선행타설하거나 골조를 브레이싱으로 보강해야 한다.

② 타워크레인을 2대 이상 사용할 경우에는 타워크레인의 회전을 최소화하기 위한 면밀한 시공계획을 수립해야 한다.

③ 타워크레인 작업구역의 선정은 부재 양중시에 타워크레인이 회전하지 않고 작업이 가능하도록 계획한다.

④ 타워크레인이 움직이는 방향을 고려하여 수직도 조정작업을 계획하도록 한다.

(3) 구획결정 및 사이클 공정

① 구획(Zoning) 결정은 1일 철골설치 작업을 기준으로 하여 사이클 공정을 관리한다.

② 다공구 동기화작업으로 1일 작업량에 의해 분리된 작업공구를 매일 동일한 업무를 반복하는 사이클로 생산성을 향상시키도록 한다.

③ 1절 3일 사이클 공정을 계획한다.(그림 5-17의 3일 사이클 공정도를 참조할 것)

(4) 철골의 양중관리 이점

① 적치장(Stock yard) 없는 시스템을 이용함으로써 도착 즉시 양중하는 방식으로 도심지 공사에 유리하다. 새벽에 트럭이 일시에 도착할 경우 트럭 주차공간 확보가 필요하다.

② 양중시간을 단축할 수 있다.(거더 및 보 등을 일시에 양중함으로써 시간을 단축한다.)

③ 무게를 조절하여 묶음으로써 일시에 양중하여 설치예정 위치(Deck Plate 위)에 임시 적치시켜 회전반경을 최소화함으로써 설치시간을 단축할 수 있다.

④ 주공정의 관리가 가능하다. 주로 야간에 양중함으로써 주공정에 영향을 미치지 않도록 재료의 인양폭을 넓힐 수 있어 유리한 점이 있다.

⑤ 양중작업이 완료된 상태에서 설치하므로 크레인 운전원의 시야가 넓어지고, 설치작업시 바로 비계공이 투입되므로 작업의 효율을 증대시킬 수 있다. 비계공 작업 효율을 증대할 수 있다.

1.5 건립공법 적용 사례 : (대표적인 공법의 사례)

(1) 브래킷(Bracket) 및 거싯(Gusset)공법

1) 브래킷공법

공장에서 기둥+보를 접합하는 방식이며 현장에서는 볼트로 접합한다. 따라서 브래킷방식은 현장용접의 불신을 해소하지만 제조공장의 주공정상 작업사이클이 길어질 수 있고, 관리사항이 많아 잘못을 유발할 수 있으며, 아울러 브래킷과 보의 접합에 필요한 부자재가 많이 소요되어 경제성 등의 안전관리에 문제가 발생할 수 있는 단점이 있다.

2) 거싯공법

거싯방식은 기둥+보 접합을 현장에서 용접하는 방식으로 공장관리가 단순하고, 부자재의 소요가 거의 없어 원가절감 효과와 공기단축이 가능하지만 현장용접에 대한 불신이 있는 문제점을 들 수 있다. 따라서 용접 불신에 대한 관리를 개선하고 비파괴검사 등을 분리발주하여 전문가에 의한 관리시스템을 구축하는 등의 조치로 개선될 수 있을 것이다. 공장관리가 복잡하지만 일반적으로 Ⓐ의 방식인 브래킷방식을 선호하는 편이다. 〈그림 5-15〉는 두 공법을 그림으로 나타낸 것이고, 〈그림 5-16〉은 설치 사례와 부재의 명칭을 표시한 것이다.

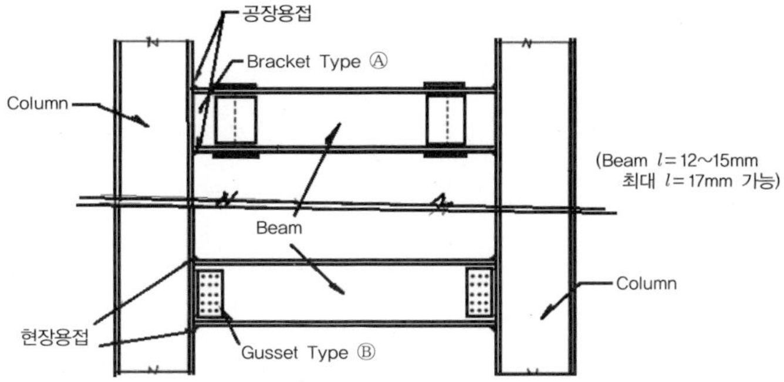

그림 5-15 Bracket Type과 Gusset Type의 예

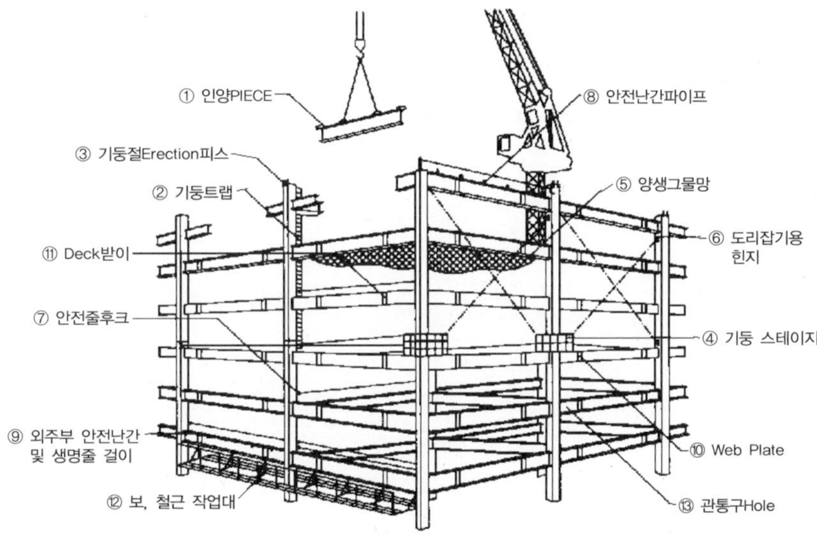

그림 5-16 철골 Erection의 사례

(2) 미국식 설치공법

1) Tower Crane계획

① 고정타입(Stationary Type)은 건물 외부의 일정 위치에서 인양(Climbing)할 때 이용하는 것으로 건물과 연결되도록 묶어서 고정시키는 외부고정방식이다. 외부고정식을 선호하는 주요 원인으로는 임대료가 저렴하고 조립 및 해체가 용이하고, 건물의 흔들림을 최소화하기 때문이다.

② 크레인을 내부에서 설치하는 내부고정식의 경우에는 구체에 만든 공간을 이용하여 설치·인양한다. 내부 설치에서는 건물의 흔들림을 최소화하는 방안으로는 Stationary Type에서 사용하는 방법과 타워크레인 마스터(master)와 건물 연결 부위의 Slab Concrete를 보강하여 먼저 타설한 후 고정시키는 방법과 골조를 철골빔과 브레이싱(Bracing)으로 보강하는 방법 등이 이용되고 있다.

③ 공사구획(Zoning)을 결정하는 방법으로는 1일 철골설치 작업량을 기준으로 설정하는 방식과 구획별 작업공정 Cycle을 기준으로 설정하는 방식 및 N공법(One Day-One Cycle)을 적용하여 설정하는 방식을 이용한다.

④ N공법(기준 : 2개 층/절, 크레인 1대)의 개념과 공정도는 다음 〈그림 5-17〉과 같다.

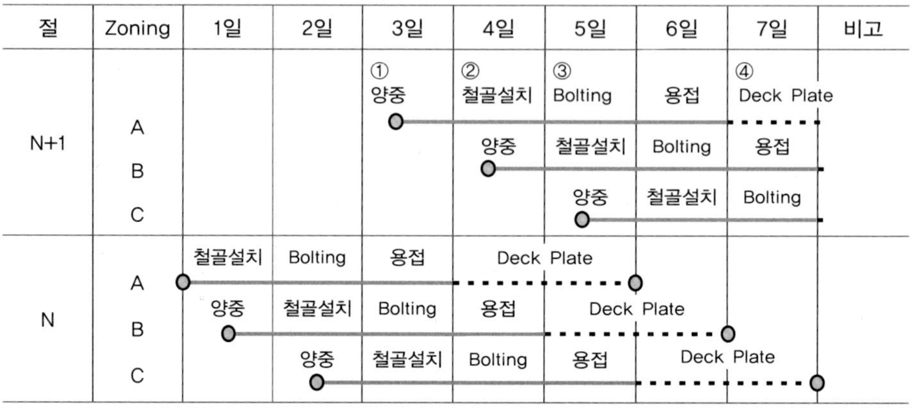

[주] : ㉮ 양중 작업은 야간에 실시한다.
㉯ 수직, 수평의 도리잡기(Plumbing)작업은 철골 설치와 동시에 실시한다.(Deck Plate 양중)
㉰ 상층부(각 절의 상층) Deck Plate깔고 동시에 Bolting 실시한다.
㉱ 하층부(각 절의 하층) Deck Plate깐다.

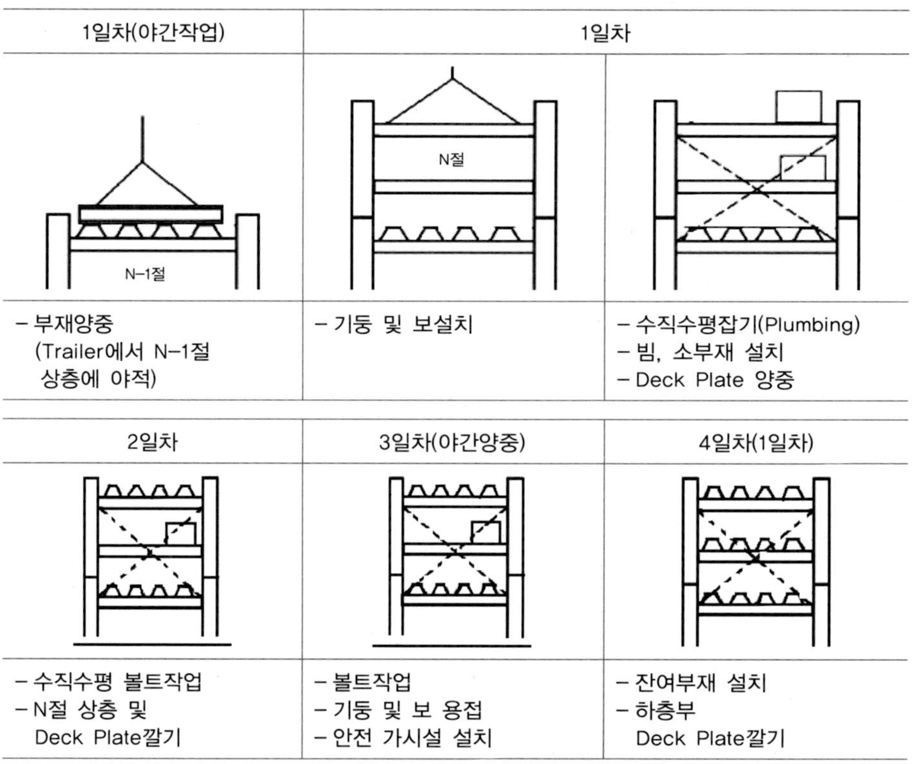

그림 5-17 N공법의 3일 Cycle공정도의 개념도

⑤ 공정별 작업내용에 대한 작업 인원구성은 다음을 참조하여 계산한다.

구 분	투입인원	작업내용	비고
양중조	8명	㉠ 구획별(Zoing) JIT(Just In Time) Delivery ㉡ 작업용 트레일러 건립(야간) ㉢ 상층부 Deck Plate 야적	
설치조	7명	㉠ 반장, 장비운전원, 고소설치, Hooking, 비계공 등	
수직보기 및 볼트체결	14~16명	㉠ 수직, 수평잡기 및 볼트 작업을 동시에 실시 ㉡ 반장 및 Plumbing작업 : 4명 ㉢ 볼트작업 : 5명	
용접조	10~12명	㉠ Plumbing 및 볼트작업 후 즉시실시 ㉡ Core 1절 우선작업(코어 부분 선행 작업시) ㉢ 반자동용접(FCAW) 적용 및 보완 등	
Deck Plate	22~28명	㉠ Floor Work 확보를 위해 철골설치 후 즉시 판개하여 안전 확보	
안전팀	4~6명	㉠ 안전용 가시설(설치 및 해체)과 안전관리지도	

(3) 유닛 플로어(UNIT FLOOR)공법

1) 공법의 개요

최근의 건축물 특징은 초고층화, 대형화, 복합화 및 도심지 내 공사수행에 따른 시공상의 합리적인 공법 개발이 요구되고 있다. 건축공사의 안전 및 양중의 합리화 추구를 위하여 지상의 조립장에서 계획된 스팬(Span)별 Perfect-Unit화(Deck Plate, 설비, 전기부재 일체화) 혹은 Semi-Unit(철골, Deck Plate부재)화로 조립하여 대형장비를 활용하여 계획된 위치에 양중하여 설치하는 성력화 및 공업화된 시스템(System)공법으로 그 흐름도는 〈그림 5-18〉과 같다.

2) 유닛플로어 공법 적용

유닛공법을 적용하기 위해서는 다음과 같은 검토가 필요하다.

① Unit Floor 적용범위 : Perfect-Unit로 할 것인지 또는 Semi-Unit으로 할 것인가를 결정한다.

② 장비의 허용용량, 수량, 설치 위치, 조립장 장비 등의 양중장비를 검토한다.

③ 조립장, 부재 및 Unit 야적장, Unit Floor의 동선에 대한 가시설을 검토한다.

④ 철골, 설비, 전기설비, Deck Plate Type 및 시공관리에 대한 효율성 제고를 위한 설계검토가 필요하다.

⑤ 층별(Tier), 구획별(Zone), 지상조립, 양중 및 설치 시공 Cycle Time 등을 면밀히 검토하여 설계자와 충분히 협의를 거친 후 공법 적용을 확정한다.

3) 유닛플로어공법의 특징

① 장점 : 생산성의 극대화, 시공의 단순화, 시공품질 향상과 시공안전성 확보이다.

② 단점 : 사전 검토기간이 필요하며 원가가 증가하는 부담(가시설 및 장비 성능 향상)이 있다.

4) 유닛플로어 효과

① 유형의 효과는 철골공사를 최소 1.5개월 이상 공기단축이 가능하다.

② 무형의 효과로는 다음과 같은 내용을 들 수 있다.

㉮ 능률 향상 : 단순 반복작업을 통한 유형의 문제점 재발생을 방지하며, 지속적인 개선기능의 극대화로 생산성이 향상된다.(관리의 단순화가 가능)

㉯ 품질 향상 : 지상조립 및 데크 플레이트 깔기 후 상부층의 철골설치로 현장 시공부위의 접근이 용이하며 수시작업 상태의 점검이 가능하여 품질이 향상된다.

㉰ 안전 확보 : 고소작업시 지상에서의 조립작업과 상층부의 데크 플레이트가 안전망 역할을 하므로 안전의 확보가 가능하다.

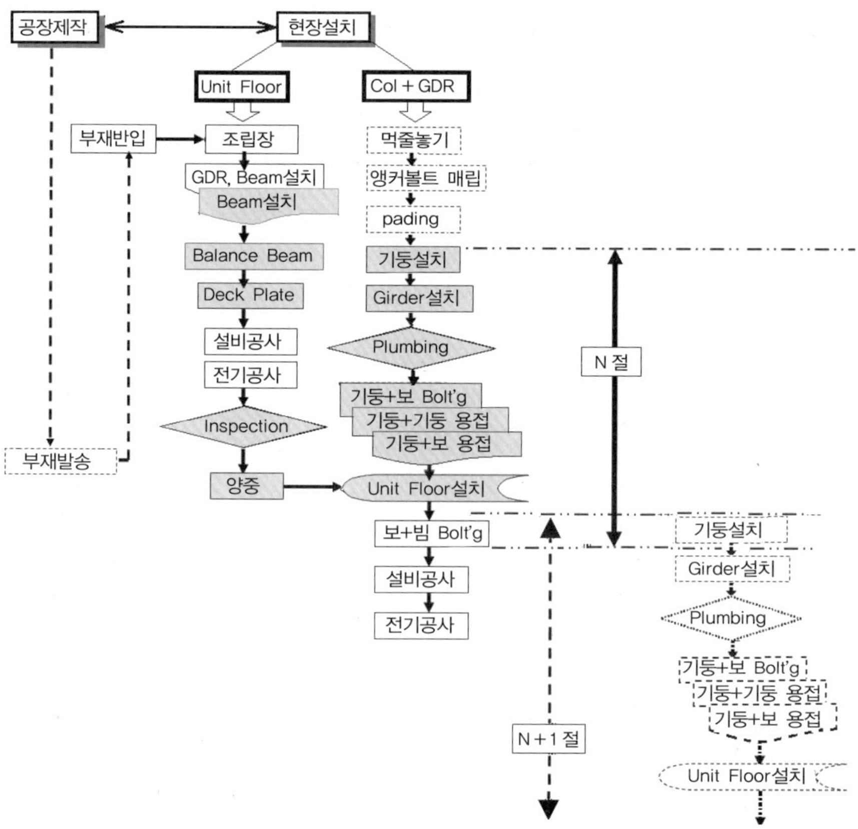

그림 5-18 Unit Flow공법의 흐름도

2. 운반 및 적치방법

2.1 철골부재 적재방법

(1) 적재규격

공장 가공 제작된 철골부재는 대부분 트럭이나 트레일러를 이용하여 철골부재를 현장으로 운반하게 된다. 따라서 운반경로를 사전에 확인할 필요가 있다.

운반을 원활하게 할 수 있는 도로인지, 대형 운반장비가 원활하게 출입이 가능한지, 또는 운반경로 중 높이, 길이의 제한을 받는 곳은 없는지, 차량의 흐름 등을 면밀하게 사전에 조사한 후 차량을 선택하고 운반해야 한다.

일반적으로 가공된 기둥 1개 절의 길이와 폭은 다음 〈그림 5-19〉와 같다.

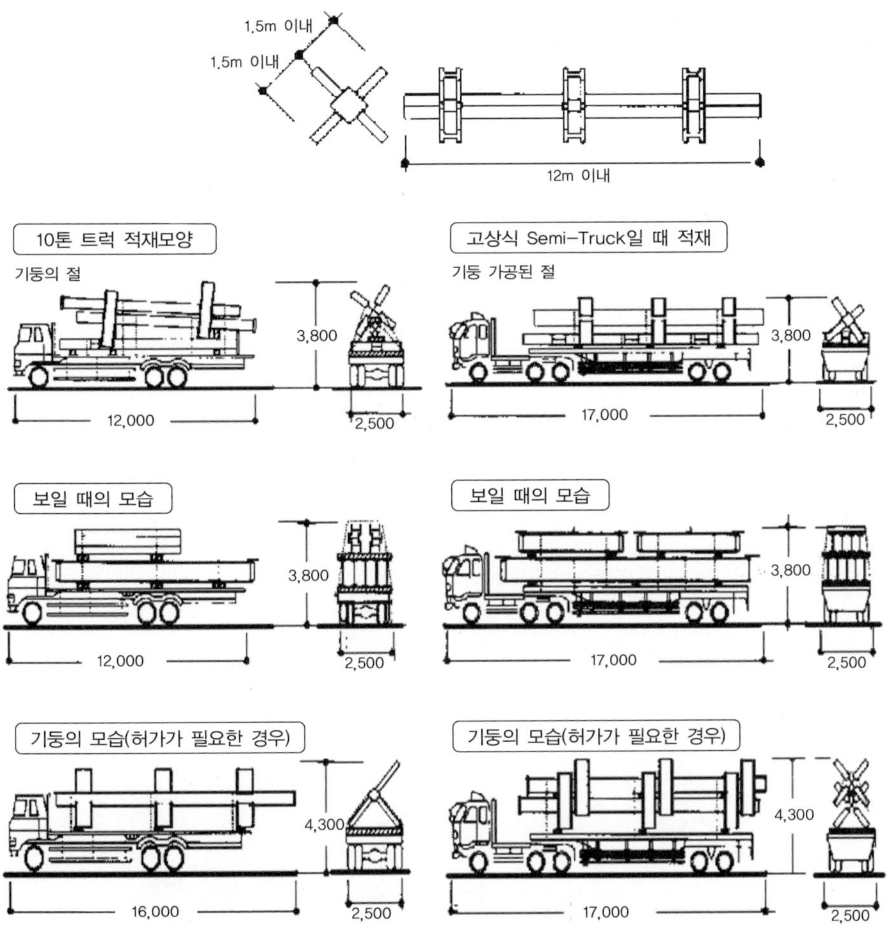

그림 5-19 철골재 적재 규격과 상태

(2) 기둥부재 건립용 현장 야적장의 적치대

기둥이 접합될 작업 위치에서 작업할 용품과 안전막, 인양시 필요한 보조로프, 인양고리, 접합에 사용할 볼트가 담긴 박스 등이 다음 〈그림 5-20, 21〉에서 모두 부착되어 있는 것을 알 수 있다.

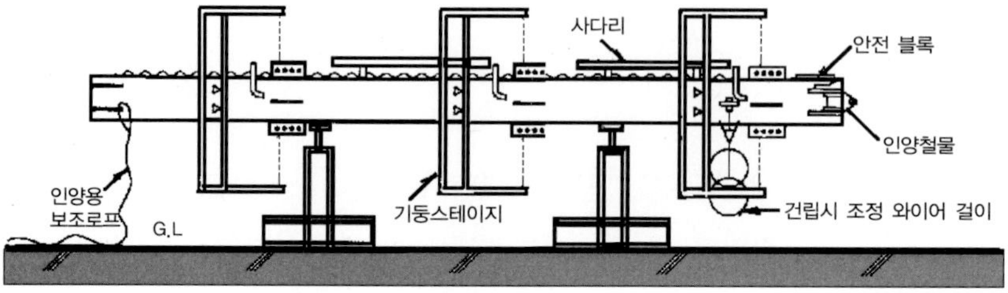

그림 5-20 적치대에 보관된 1절의 기둥

(3) 보(梁)부재의 인양 준비의 예

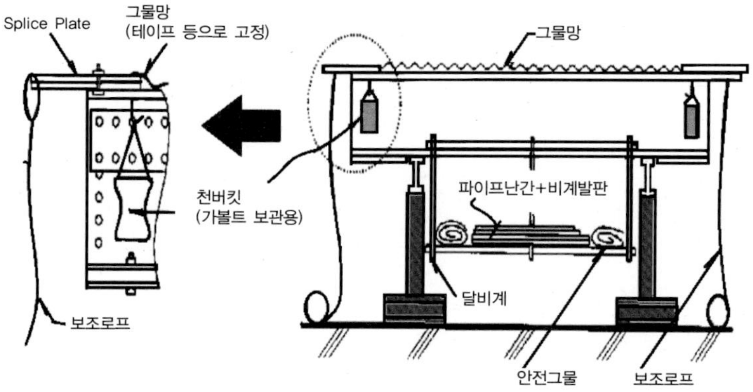

그림 5-21 안양 대기중인 보의 상태

2.2 현장 가시설

(1) 유닛 비계의 여러 형태

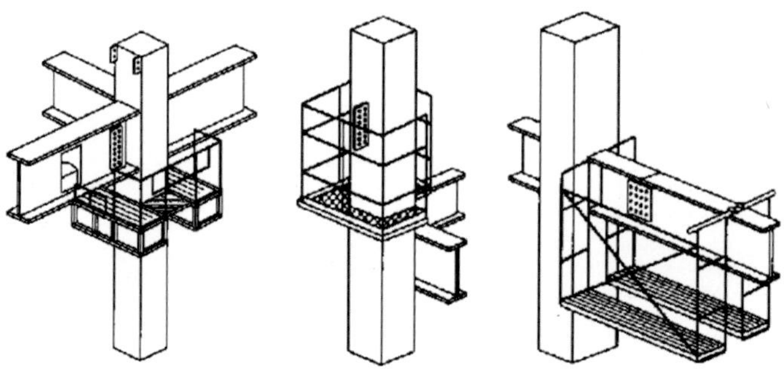

그림 5-22 철골 비계의 여러 형태

(2) 용접작업을 위한 방풍설비의 예

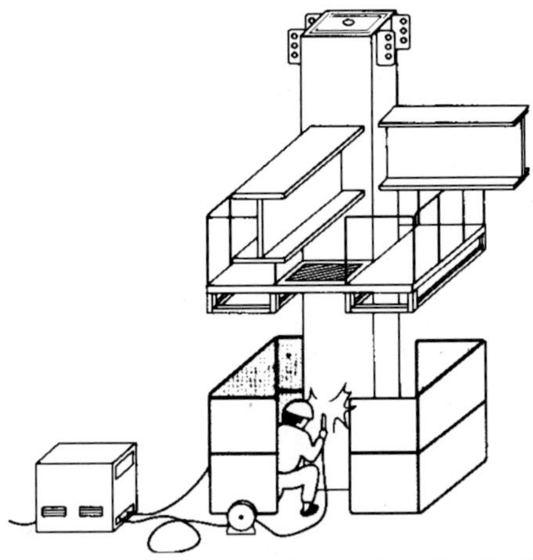

그림 5-23 철골 현장용접 작업을 위한 방풍설비

현장 용접시 점검해야 할 Key Point

현장에서의 용접도, 공장용접에서와 같이 개선가공의 정밀도가 제품이나 세우기에 의해 상당히 좌우되지만 현장에서는 그보다 용접자세나 환경에 더욱 제약을 받으므로 용접하기 전의 상황을 파악하고, 현장용접시 시방서(작업요령서)에 따라 다음과 같이 필요한 대책을 수립해야 한다.

1. 용접전

① 루트(Root)의 Gap 확인 : 2mm를 초과하거나 뒷댐철물의 틈새는 본용접 전에 틈을 메우는 실(seal)용접을 실시할 것.

② 상하 어긋난 부분의 조정 : 박스의 각면 2개소마다(이음 1개소당 8개소) 상하 엇갈린 곳은 모두 점검할 것. 특히 상부측이 바깥방향으로 돌출된 경우, 어느 쪽 두께가 부족하여 발생된 것인지를 점검하고 대책을 수립할 것. 두드러지게 어긋난 경우에는 덧붙임판으로 보강할 것.

③ 개선 잘못이 없는지를 확인할 것.

④ 필요한 용접공의 기량시험을 실시할 것.

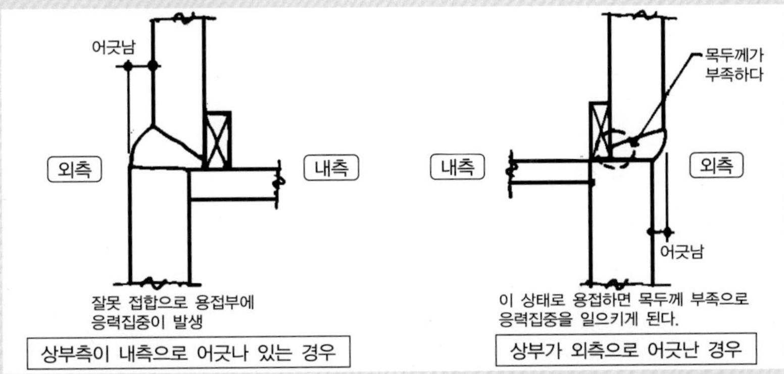

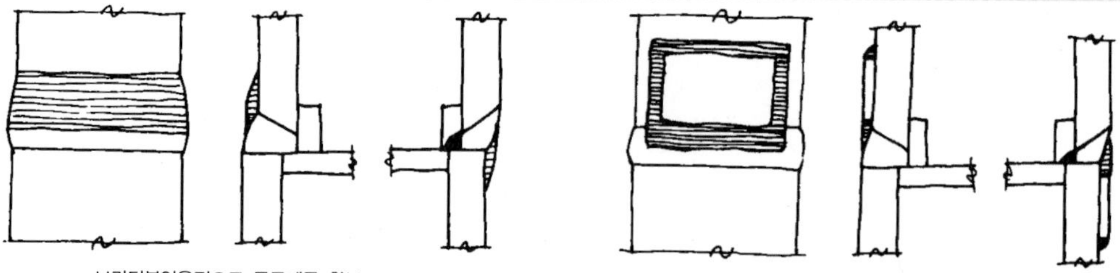

어긋난 부위의 보강 사례

2. 용접 중

① 용접공이 공장근무자 당사자인지를 확인한다.

② 기상조건에 대한 바람막이 대책을 수립한다.(비가 오든가, 기온이 0℃ 이하, 습도 90% 이상일 때는 용접 작업을 중지하고, CO_2 반자동 용접일 때는 용접 부위의 풍속이 2m/s 이하가 되도록 대책을 수립한다.)

③ 예열을 실시한다.

④ 용접조건을 점검한다.(용접순서, 용접 와이어의 직경, 전류, 전압, 용접봉 등)

⑤ 패스간의 처리는 각 패스마다 결함 유무를 확인하고, 슬러그 제거, 아크시점과 종점에 대한 처리, 패스간의 온도관리 등을 실시한다.

3. 용접 후

용접 후에는 다음과 같은 전체 검사를 실시한다.

① 외관검사 : 균열, 목두께 부족, 비드(Bead)의 불균형, 언더컷, 오버랩, 피트(Pit) 등이 있는가에 대한 검사를 실시한다.

② 초음파(UT) 검사 : 제3자 검사회사에 의뢰하여 실시 여부와 결과를 확인한다.

③ 보수 : 불합격 부분에 대한 보수 및 재검사를 실시한다.

3. 철골건립시 바로잡기

3.1 와이어를 사용하여 바로잡기

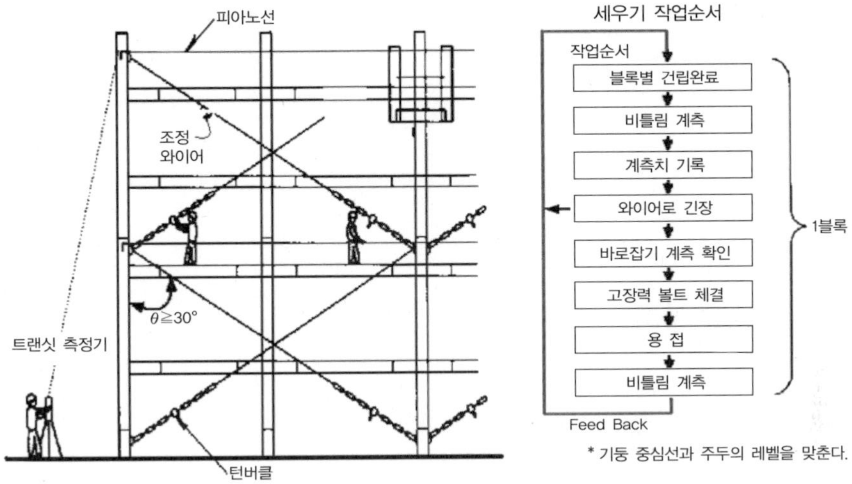

그림 5-24 와이어 이용시의 바로잡기

3.2 치구(자동측량관리시스템)를 사용하여 바로잡기

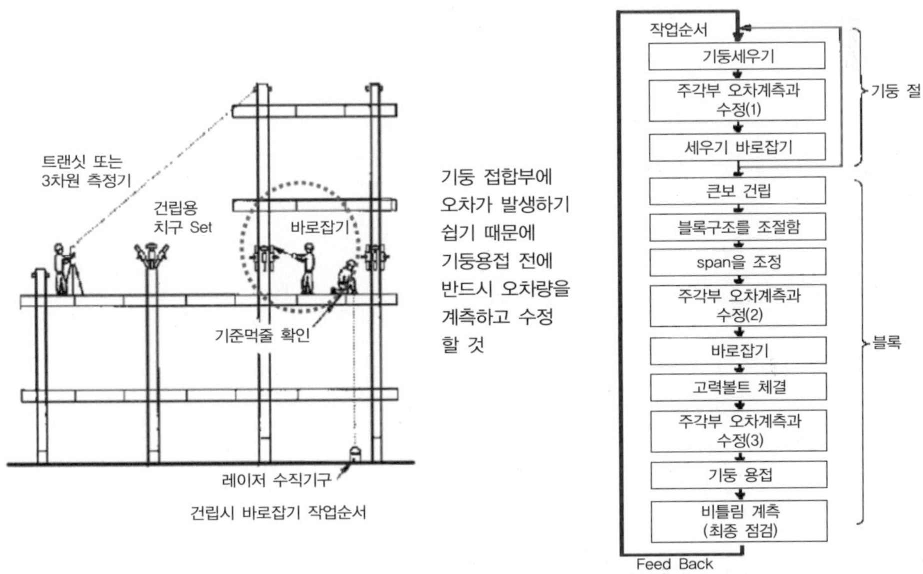

그림 5-25 자동측량관리치구를 이용할 경우 바로잡기

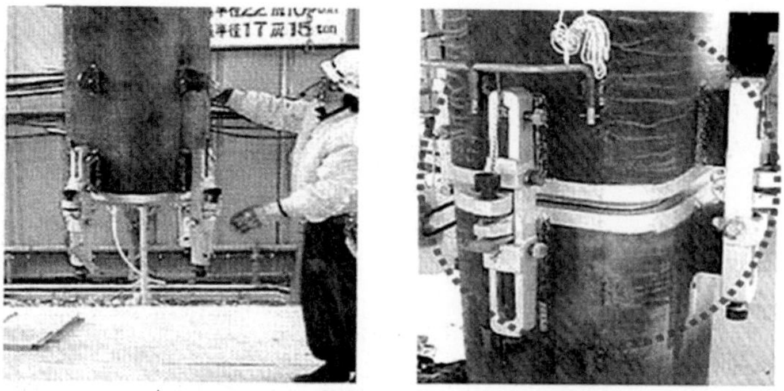

(ERECTION PIECE · 자립설비 · 건립조정 설비 · 치구(治具))

그림 5-26 자동수직기를 이용한 바로잡기 현황

4. 철골건립시 고려해야 할 사항

4.1 건립시 예상 수축량

철골재의 건립에서는 철근콘크리트구조에서 보다 수축량(Shortening)이 미미하지만 대개 1개 절당 높이에 따라 다음과 같은 수축량을 고려하여 설치한다.

표 5-3 1개 절에 대한 예상 수축량

층고 높이	예상 수축량
2,700mm(1개 절이 2개 층일 때)	1.5mm 정도
3,600mm(1개 절이 3개 층일 때)	2~3mm 정도

[주] : 고층건축에서 기둥 절의 수가 많으면 각 절이 조립될 때 약간의 오차가 발생되는데, 이때 수정을 위해 각 절마다 수평으로 조정이 필요하다.

4.2 세우기 공법에서 고려할 점

(1) 지상조립공법일 때

지상에서 가설가대 등을 이용하여 철골부재를 조립하여, 소정의 위치에 크레인 등으로 건립하는 경우에는 횡좌굴방지 등의 필요한 조치를 해야 한다.

(2) 스테이지 조립공법일 때

가설용 서포트나 스테이지를 소정의 높이 위치까지 정확하게 설치한 후 직접 조립하는 공법으로 횡좌굴에 주의할 필요가 있다.

(3) 리프트업(Lift up)공법

기둥과 관련된 부재를 먼저 조립한 후에 보 부재와 연관된 부재 일체를 지상에서 전체를 조립하여 선행조립된 기둥을 이용하여 소정의 설치 높이까지 전체를 들어 올려 기둥에 정착시키는 공법으로 인양장비의 점검, 수직도의 정밀도 등에 세밀한 주의를 필요로 한다.

4.3 건립검사와 교정

(1) 건립검사

① 설치에 대한 정밀도 계측은 계측기구의 온도변화가 적은 시각인 오전 10시 이전에 측정하는 것이 바람직하다.

② 모서리 기둥과 지정된 내부 기둥의 X, Y방향에 추 또는 트랜싯 · 레이저광선 · 수직측정기, 자동수직측정치구 등을 이용하여 각 기둥들의 수직도를 측정한다. 스팬 간격으로 설치한 피아노선에 따라 외측단과 중간 기둥들의 수직도를 수시로 점검한다.

(2) 검사방법

① 기울기는 각기둥의 머리, 중간 다리부분 및 이음 위치에서 측정한다.

② 고층건물일 때의 수직도는 건축물 주변과 내부(4개소 이상)에 영구측점을 설치하고 레이저 광파기로 측정한다.(초고층에서는 이 측점과 위성시스템을 이용하여 정밀측정한다)

③ 건물의 변형은 피아노선이나 콘벡스 룰(Convex rule) 등으로 측정한다.

④ 보의 수평도나 이음층의 층높이는 레벨(Level) · 콘벡스 룰(Convex rule) · 스태프(Staff) 등으로 측정한다.

⑤ 중심선과 앵커볼트 위치의 어긋남은 베이스 플레이트 형판(Template), 콘벡스 룰(Convex rule)로 측정한다.

(3) 조립 수정

① 조립과정에서 수정은 다림추(Plumb)를 종횡으로 2방향 또는 중간의 몇 개소에 매달고, 와이어로프나 턴버클(Turn Buckle), 체인블록(Chain Block) 등을 이용하여 시방서의 정밀도 검사기준에 맞추어 무리한 힘을 주지 않고 실시한다. 조립시 검사 부위와 기구배치의 위치 및 수직검사기준은 다음 〈그림 5-27〉과 같다. 그 외에 슬리

브너트, 클레비스아이 등이 있고, 철골세우기 측정 위치와 기준은 다음과 같다. 철골설치검사감리 기준은 9장 2.의 기준을 참조 바란다.

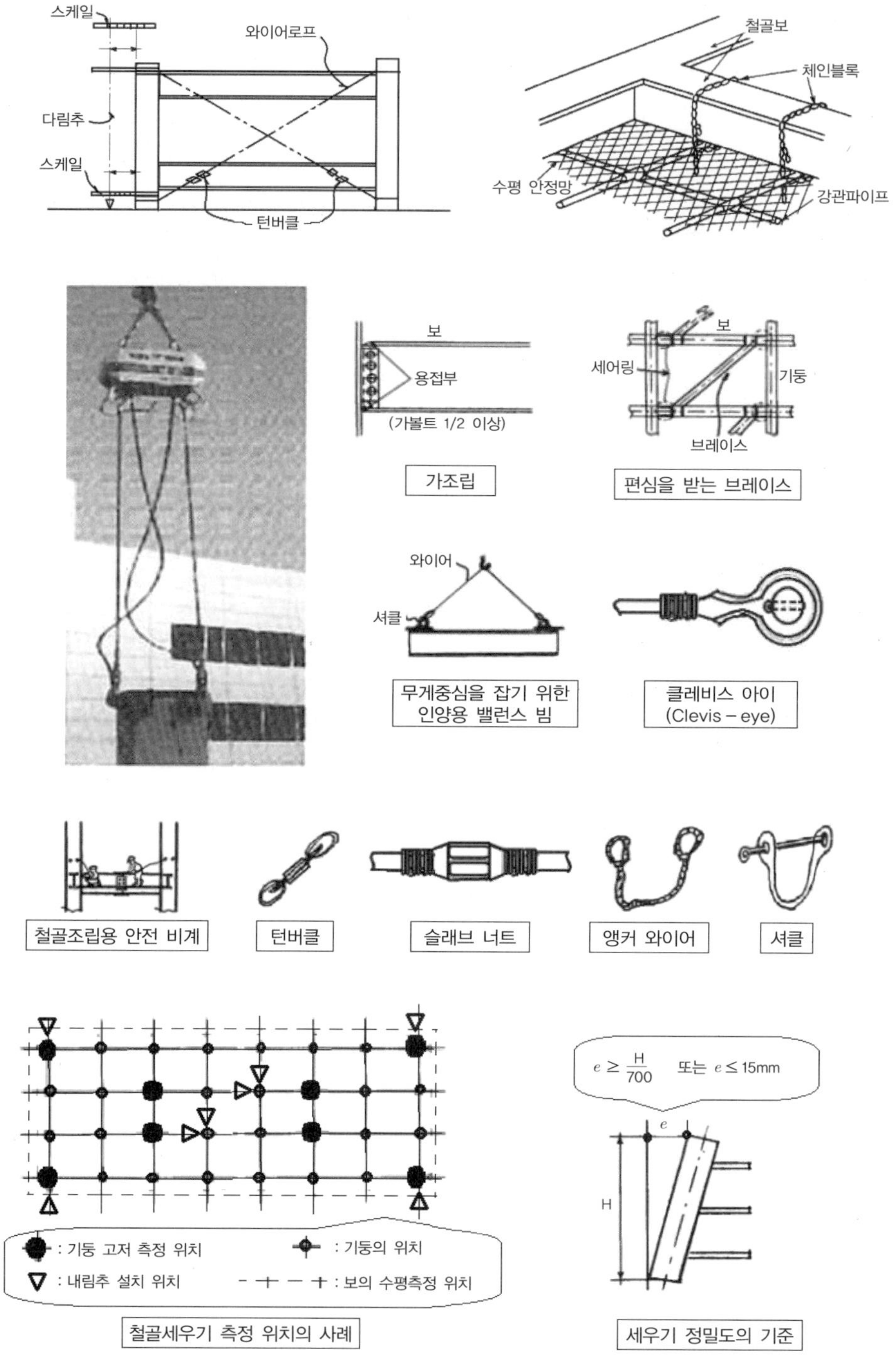

그림 5-27 철골재 설치작업용 기구와 검사 요령 및 기준

그림 5-28 철골세우기 현장과 외부마감

4.4 초고층건축물(상층부) 철골부재 건립시 주의사항

(1) 재료 선정

80m가 넘는 초고층건축물의 상부 철골부재는 상층부로 갈수록 부재의 단면이 작아지면서(내화피복 등으로) 초고강도제품을 사용하게 되는데, 이때 초고강도강재는 일반적으로 수입에 의존하고 있다. 그러나 공기 등을 감안하여 수입재료를 사용하기에 적절치 못한 경우가 발생하면 국내산 고강도제품을 사용하게 된다. 이때 재료 선정에 각별한 주의가 필요한다.

(2) 건립시 주의사항

초고층부의 철골이음은 주로 용접이음이므로 대단히 중요한 현장작업이다. 일반적으로 현장의 최종 용접이음의 경우 기존 소재와의 접합에서 실패율이 매우 높기 때문에 사전에 면밀한 계획을 수립하여 최상급의 용접사로 하여금 사전시험을 충분히 실시한 다음 용접을 실시해야 한다. 공장제작단계와 현장설치단계에 대한 검토사항은 다음과 같다.

① 공작제작단계

항목	검토사항
품질보증시험	**용접절차 및 기량시험** – 용접사 기량시험 – 용접절차서(WPS) 작성, 시험
공장제작 착수	**마스터 스케줄(master schedule)** – 공정계획(부재별 제작계획) – 원자재발주 및 입고현황 – 제작도면 승인현황 – 비파괴검사 준비사항
공장제작 품질	**공장제작 품질관리** – 검사 및 시험계획, 시험기준치 설정 – 공정별 제작 요령서
P.C.M (Pre-Construction Meeting)	**공장제작 계획** – 제작계획 대비 실적분석 – 제작도면 및 비파괴검사 현황 **현장설치 계획** – 마스터 스케줄(master schedule) – 설치시공 계획서 – 현장 품질관리 계획

② 현장설치단계

항목	검토사항
품질시험	**용접절차 및 기량시험** – 용접사 기량시험 – 용접절차 작성, 시험
현장설치 착수	**현장설치 시공계획** – 공정계획(물량 및 인력 포함) – 부재반입 및 설치계획 – 설치도면 승인현황 – 비파괴검사 준비현황 – 종합가설계획
현장설치 품질	**현장설치 품질관리** – 검사 및 시험계획 – 검사 및 시험기준치 설정 – 시공순서 및 요령서
품질시험 및 검사보고서	**공장 품질관리시험 및 검사보고서** – mill sheet – 치수검사 · 비파괴검사 · 도장검사 보고서 **현장 품질관리시험 및 검사 보고서** – 볼트 축력시험 보고서 – 치수검사 · 비파괴검사 보고서 **최종적으로 공장 및 현장 준공도면**

6

대공간 건축의 철골구법

1. 대공간 건축시스템

제6장 대공간 건축의 철골구법

1. 대공간 건축시스템

월드컵축구 경기장, 인천신공항, KTX역사 등이 건설되면서 대공간 건축이 활성화되는 계기가 되었다. 층고가 높고 중간 기둥이 없이 앞의 공간이 넓게 트여 쾌적한 감을 주는 특징을 가지고 있으므로 체육관, 옥외경기장(야구장, 스타디움, 축구경기장) 등의 여러 가지 대규모 건축물에 이용되는 것으로 기둥이 없는 대공간을 대형 스팬의 가구식 구조물로 구성하는데, 대공간 건축은 대공간을 구성하는 대형 스팬의 가구식 구조와 이것을 지지하는 하부구조로 이루어지게 된다.

따라서 대형 가구식 형식은 입면, 평면의 형상에 따라 돔형, 방형 등이 있으며, 또 돔형은 단층트러스형, 복층트러스형으로 분류되고, 방형의 경우에는 트러스구조, 입체트러스구조 등 여러 가지의 형식으로 나누어지기도 한다.

반면, 대공간 건축은 설치시 매우 불안정한 경우가 많기 때문에 안전한 건립을 위해 설계자, 시공자, 철골제작회사, 그리고 많은 부품제작회사(Fabricator)와 일체가 되어 계획하고 진행할 필요가 있다.

1.1 철골 지붕 건립

(1) 공법과 형상

대표적인 공법은 다음 〈그림 6-1〉과 같이 벤트공법(Bent Method), 리프트업공법(Lift up Method), 푸시업공법(Push up Method), 트래블링공법(Traveling Method), 이동식 벤트공법, 무벤트공법 등으로 대별할 수 있으나 개별 또는 여러 구조로 조합되는 경우도 있는데 그 형상은 각각 다르다.

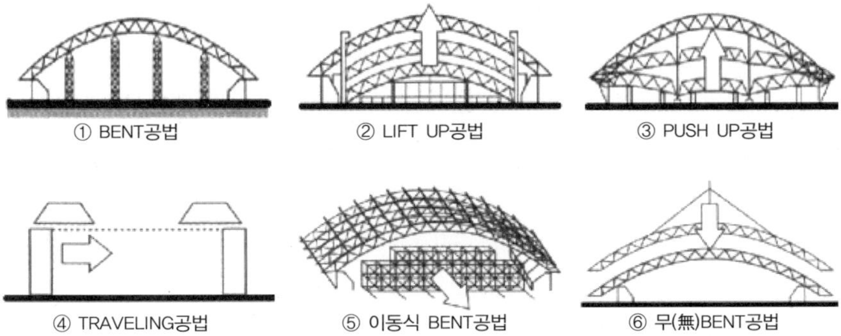

그림 6-1 철골 지붕건립공법의 종류

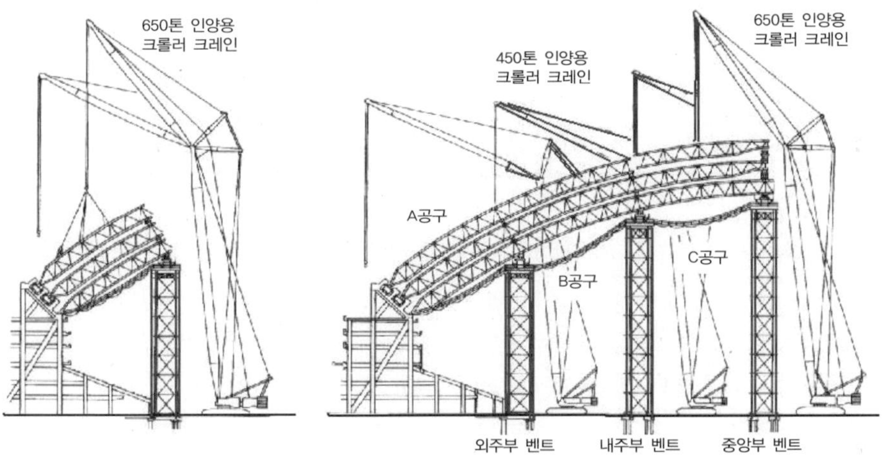

그림 6-2 벤트공법의 조립순서

그림 6-3 대공간 건축 시공에서 3차원 계측측량

(2) 벤트공법의 잭 다운순서

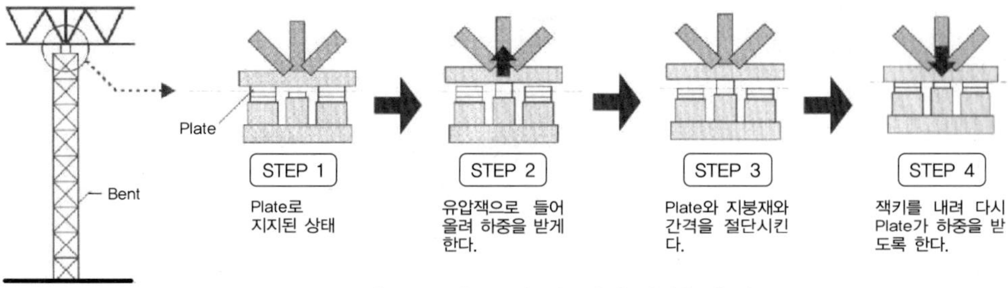

그림 6-4 벤트공법 시공에서 잭다운 순서

(3) 장현보(張弦梁)구조의 기본 개념

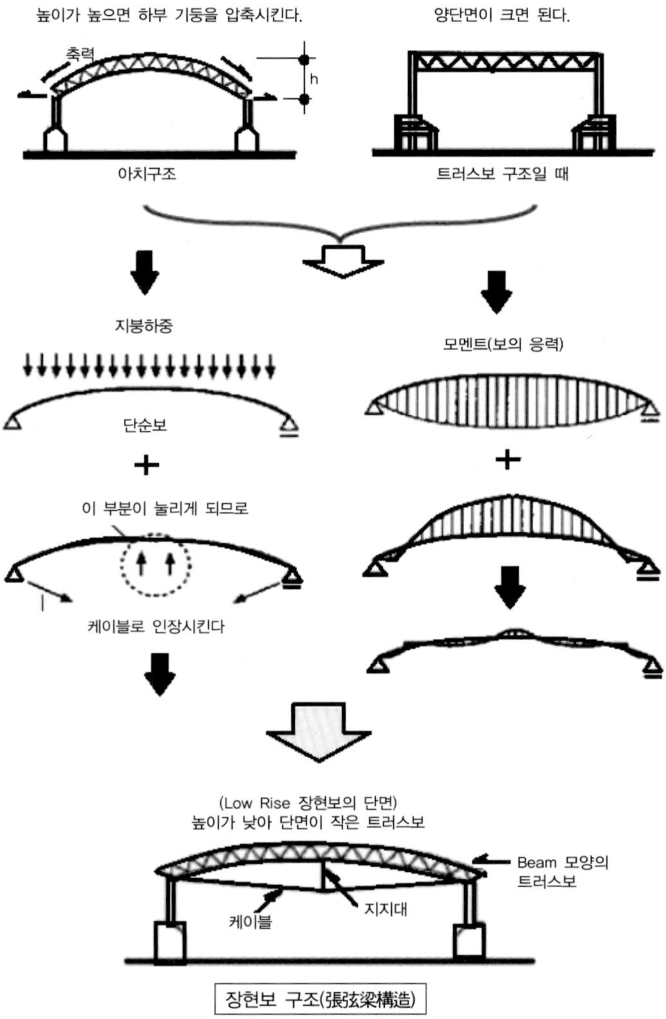

그림 6-5 장현보의 기본개념

그림 6-6 시공된 전시장 시설구조

1.2 기타 시스템구조

(1) Space Frame구조 구성

다음 그림과 같이 선형의 부재를 절점을 중심으로 조합하여 사각뿔형태의 구조물로 만들어 이들을 입체적으로 조립하여 구조체를 구성하는 방식이다.

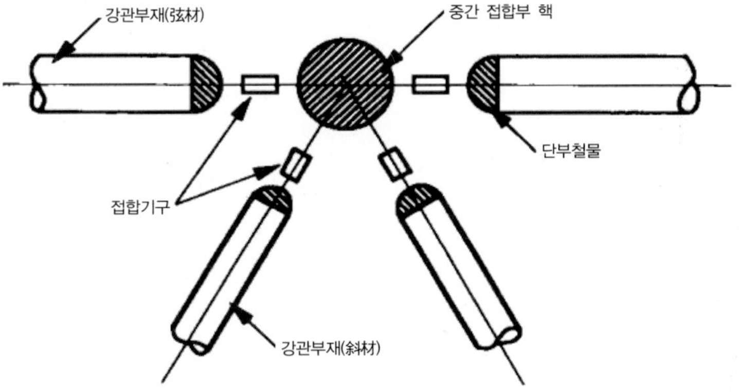

그림 6-7 시스템구조의 접합부 디테일

1) Space Frame구조 부재조립순서

① 하현재(下弦材) 조립방식

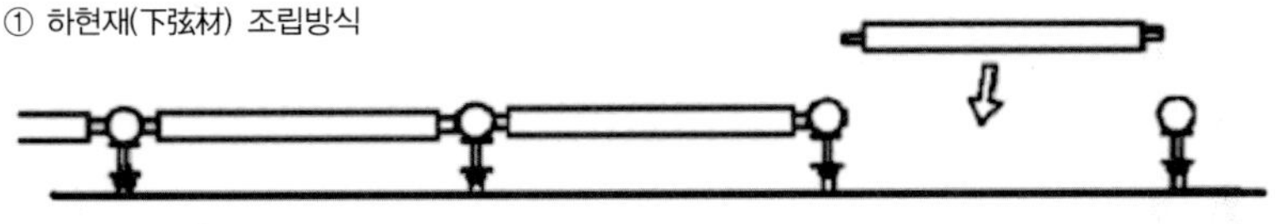

② 사현재(斜弦材) 조립방식

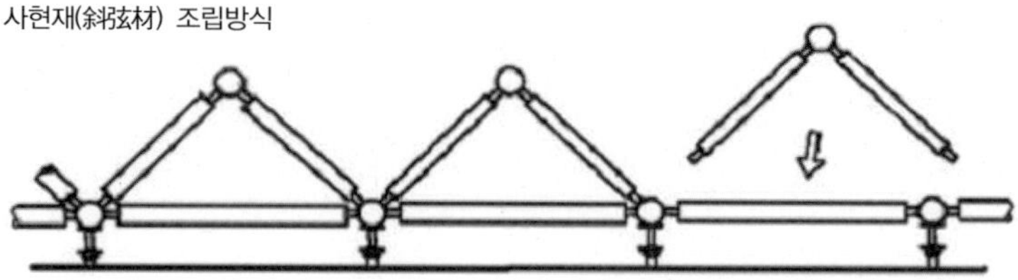

③ 상현재(上弦材) 조립방식

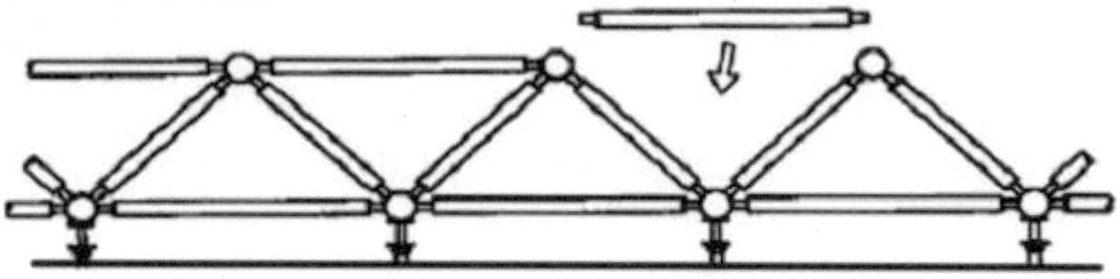

그림 6-8 접합부 조립상세

(2) 서스펜션구조

와이어로프, 강봉, 형강, 금속판 등을 주로 와이어로프에 연결하여 인장응력이 주응력이 되도록 한 구조로 구조물의 주요 하중을 지지점에서 달아매는 방식이다.

(3) 멤브레인구조(막구조)

막구조의 종류는 현수막 구조, 골조 막구조로 불리는 텐트구조와 공기지지구조, 공기팽창구조인 공기막구조가 있다. 막에 인장력을 사용하여 구조물 외관에 강성을 주어 외부하중에 대하여 안정된 형태를 유지하도록 한 구조이다. 하중을 주로 막이 부담하는 방식이다.

(4) 튜브구조

건물의 외곽 기둥 간격을 짧게 하여 일체화시켜 속이 빈 박스 형태를 만들어 수평하중에 저항이 가능하도록 한 구조방식이다.

(5) 태퍼 스틸 프레임구조

기둥부재와 지붕의 경사부재를 기성재로 만들어 조립하는 방식이다.

(6) 케이블 돔구조

구조물의 지붕에 막을 덮는 방식인데 고장력 케이블로 만든 원형의 지붕틀을 수직의 압축 지주에 매다는 구조방식이다.

7

철골조의 바닥판 공법

1. 철골조의 바닥판 공법

제7장 철골조의 바닥판 공법

1. 철골조의 바닥판 공법

1.1 바닥판 공법의 분류

바닥판의 사용재료에 따라 다음과 같이 분류되고 있다.

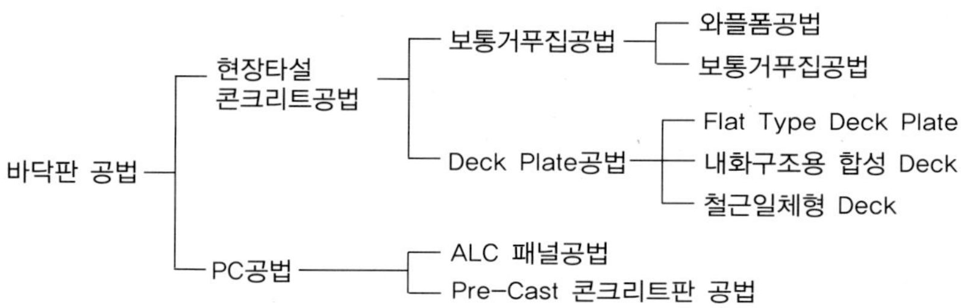

그림 7-1 바닥판 공법의 분류

1.2 바닥판 공법의 특징

(1) 보통거푸집공법

일반적으로 사용하는 합판거푸집을 사용하는 방식이나 철골조와의 접합에서는 많은 시간과 비용이 소비되기 때문에 특별한 경우가 아니면 일반적으로 사용하지 않는다.

(2) 데크 플레이트공법

데크 플레이트는 일반적으로 철골건축에서 바닥콘크리트의 거푸집으로 사용한다. 타설한 콘크리트의 중량과 작업하중을 견딜 수 있으므로 서포트가 불필요하며, 시공합리화가 가능한 공법이다.

재료를 생산하는 제조사 및 쓰임의 용도에 따라 여러 가지 형상의 것이 있다.

적용에 따라 다음과 같이 크게 구분할 수 있으며 최근에는 콘크리트와의 박리 방지용으로 돌기부분이나 홈을 파서 만들어진 내화방지용 합성데크 플레이트도 있다.

1) 데크 플레이트를 거푸집으로 사용할 경우

요철형태의 리브철판을 철골보에 용접하여 거푸집으로 사용하는 방식으로 이 경우에는 구조적 의미는 없으나 해체가 곤란하므로 녹막이도장을 하여 보양할 필요가 있다. 2방향 슬래브에 주로 사용한다.

2) 데크 플레이트를 거푸집으로 사용하면서 구조재로 사용할 경우

위 1)과 같은 방식이나 구조용으로 사용할 경우에는 강판의 두께를 1.0mm 이상으로 용융아연도금 강판을 성형제작한 것을 사용함으로써 거푸집 역할을 하는 동시에 인장철근의 역할을 하는 합성슬래브시스템 방식이다.

1방향 및 2방향 슬래브에 모두 사용한다. 다만, 구조용인 경우에는 반드시 적정한 내화피복을 해야 한다.

(3) 프리캐스트공법

① 콘크리트 PC판이나 ALC판 등을 이용하여 사용함으로써 시공이 간편하며 ALC의 경우에는 단열성이 우수한 점이 있다.

② 철골보와의 접합은 Hook Bolt나 앵글 등의 철물을 대고 고정하고, 접합부에는 모르타르나 줄눈재로 충전한다.

1.3 데크 플레이트시공

데크 플레이트는 철골보가 조립되면 필요량을 묶어 크레인으로 인양하여 조립상의 보 위에 올려놓고, 철골보에 1장씩 걸쳐 깔고 수동아크용접으로 점용접으로 고정한다.

① 데크 플레이트와 보의 접합부 및 마구리 처리

보와 접합부는 아크점용접 또는 모살용접을 하고, 마구리면에는 철판으로 막고 콘크리트의 유출을 방지할 수 있도록 용접으로 막아야 한다.

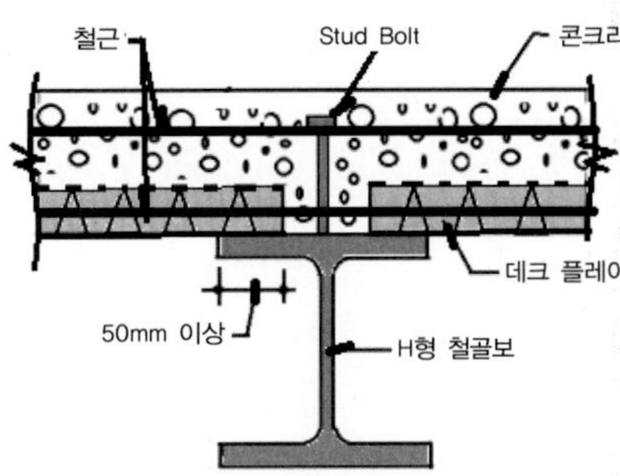

그림 7-2 데크 플레이트를 설치한 슬래브 단면

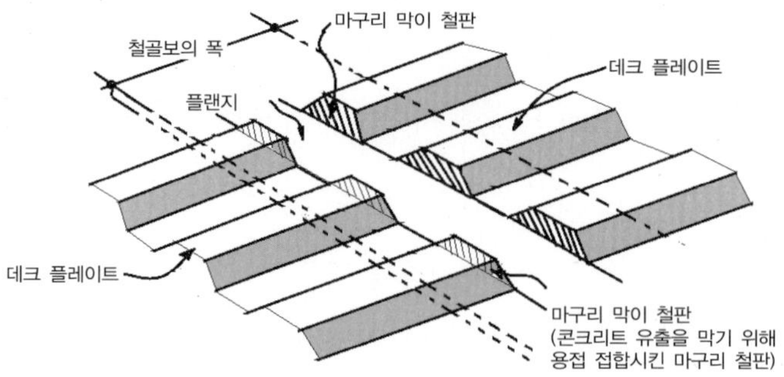

그림 7-3 데크 플레이트 마구리 막이 개념도

② 데크 플레이트의 형상

데크 플레이트의 형상은 다음과 같은 종류가 있으나 제조회사에 따라 다양한 형상이 생산되고 있다.

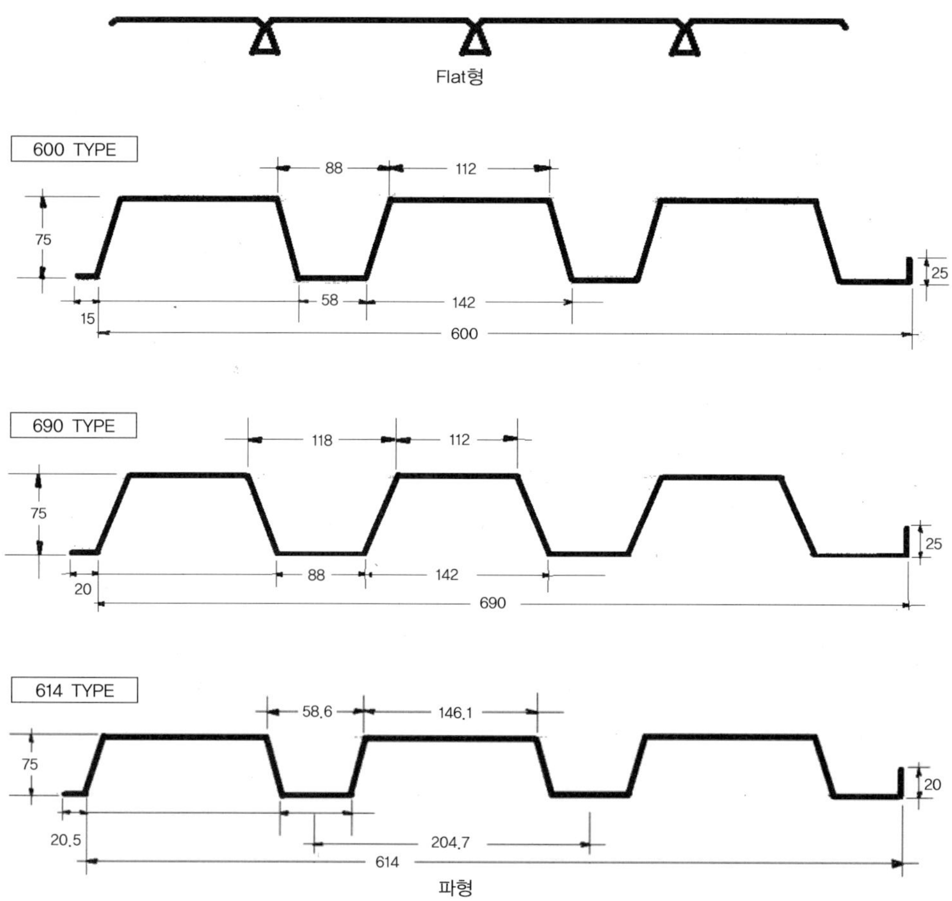

그림 7-4 데크 플레이트 형상의 예

8

철골의 내화피복

1. 철골 내화피복 공사

제8장 철골의 내화피복

1. 철골 내화피복 공사

1.1 내화피복의 개요

건축물에 화재가 발생했을 때 화재 진화시까지 최소한 1시간 내지 3시간 정도가 소요되는 것을 감안하여 견딜 수 있도록 내화조치를 하는 것을 말하는 것으로 건축기준법에 정한 규정에 적합하도록 내화조치를 하는 공사를 말한다.

철골공사에 소요되는 강재는 화재로 인해 온도가 500~600℃ 정도가 되면 강소재 특유의 열적 특성, 탄성계수(탄성계수, 허용계수, 고온크리프와 열팽창계수 등)는 상온의 절반 정도로 급격한 변화가 일어나서 강구조물이 뒤틀리거나 휘어져 결국에는 건축구조물이 붕괴하기 시작한다.

따라서 화재 등으로 인한 강재의 온도상승을 막고 화재로부터 보호하기 위하여 특별한 피복이 필요한 공종이다.

건축물에 화재가 발생한 경우에는 일반적으로 1,000℃ 내외의 고열이 발생하게 되는데, 철골 자체는 불에 타지 않으나 기둥, 보에 사용하는 H-Beam이라 부르는 강구조물 등의 강재는 앞에서와 같은 성질로 급격한 변화가 일어나므로 철골에 일정 두께로 무기질 등이 혼합된 제품으로 피복함으로써 화재로 인한 열이 철골 강재에 전달되는 것을 일정 범위 내에서 차단하거나 지연시켜 철구조물의 붕괴를 방지하여 건물의 안전을 도모하며, 인명구조와 화재진압에서 시간을 확보하게 한다.

따라서 우리나라의 경우 건축기준법에서는 지하구체의 경우에는 모두 콘크리트로 피복하도록 하고 지상의 철골 기둥, 보에서는 두께 5cm 이상의 콘크리트로 덮거나 두께 6cm

이상의 철망모르타르를 바르도록 정하고 있다. 다만, 이와 동등 이상의 내화성을 가진 인증된 재료로 피복한다면 무방하다.

건축물에 대한 내화피복 기준은 다음 〈표 8-1〉과 같다.

표 8-1 강재표면 내화피복 기준

최고높이 / 층수	큰보 · 기둥	지붕
12층 이상 또는 50m 초과	3시간	1시간
12층 이하 또는 50m 이하	2시간	30분
4층 이하 또는 20m 이하	1시간	30분
비 고	높이와 층수 산정시 승강기탑, 계단참, 장식탑, 망루, 옥탑, 기타 이와 유사한 부분은 제외한다.	

1.2 내화피복공법의 종류

(1) 내화피복공법의 종류

내화피복공법에 따른 분류는 대체로 다음 〈그림 8-1〉과 같다.

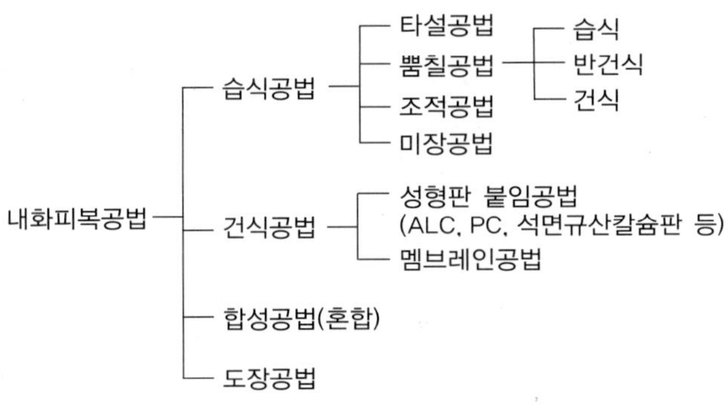

그림 8-1 내화피복공법의 분류

1) 습식공법

습식공법의 대표적인 것으로는 타설공법, 조적 및 미장공법, 뿜칠공법이 있고, 이 중 타설공법은 철골재 둘레에 콘크리트, 기포콘크리트, 경량콘크리트 등으로 타설하는 것으로 시공이 용이하고 부재의 형상을 자유롭게 할 수 있으며, 철골부재와 내화피복재가 일체화되어 신뢰도가 높은 공법이다. 조적 및 미장공법은 블록이나 벽돌을 쌓아 바르고, 또 철골 주변에 용접철망을 부착하여 모르타르 등으로 바르는 공법이다. 또 습식공법에 사용되는 뿜칠공법은 철골재 표면에 접착제를 바르고 내화피복재를 압력분사기로 뿜어서 피복하는 방식인데, 기둥, 보 등의 복잡한 구조에서도 시공이 용이하여 많이 사용되고 있는 공법으로 사용되는 뿜칠의 내화피복 주재료는 석면, 암면, 락울, 버미큘라이트, 퍼라이트 등이 있는데 이들을 시멘트나 석고, 석회를 혼합하여 피복하는 경량재료로 공기를 단축할 수 있는 장점이 있다. 시공할 철골면의 부위를 먼저 철브러시, 마포 등으로 깨끗이 청소하고 감독원의 검사를 필한 다음, 접착제를 뿜칠 또는 솔로 바르고 지그재그로 뿜칠한 후 최소 2일 이상 그대로 건조시킨 후 시공한다. 가능한 접착제는 솔로 구석구석을 세밀히 바르도록 하는 것이 좋다.(뿜칠 바르기는 구석진 곳에 접착제가 잘 도포되지 않는 경우가 있으므로 주의하여 칠해야 한다.) 특별한 경우(예 : 주차장 천장면) 외에 노출시공은 하지 않으며 반드시 내장재로 마감하는 것이 좋다.

석면의 경우 발암물질로 규정되어 있어 사용을 제한하고 있다. 뿜칠공법에서는 시공시 모서리 부분에서 소요피복 두께의 확보가 어려울 수 있으므로 소요두께가 충분히 확보되도록 면밀히 시공해야 한다. 또 시공 중 **폐기처분된 재료를 수거하여 폐기하지 않고 재사용하는 사례도 있으므로 반드시 시공전 재료의 내용물에 대한 제조과정을 철저히 검사할 필요**가 있다는 것을 명심해야 한다.

뿜칠공법에는 습식공법, 반건식공법, 건식공법이 있는데, 건식공법은 비산이 심해 현재는 거의 사용하지 않고 반건식, 습식공법이 주로 사용되고 있다.

2) 건식공법

현장에서 물 사용 없이 공장에서 생산 · 제작된 내화재료를 현장에서 간단하게 조립 · 시공하는 공법이다. 철골재 둘레에 무기질 섬유강화 시멘트판, 석면, 암면 시멘트 성형판, PC판, ALC판 등을 부착하는 방식으로 단열성이 우수한 경량 제품이지만 시공 정밀도가 나쁘면 접합부의 결함원인이 되어 성능을 저하시킬 우려가 있고, 이음부분의 건조과정에서 틈새가 벌어지는 경우가 있으므로 주의할 필요가 있다. 또 시공 중 재료의 무분별한 절단으로 시공 공사비가 증가될 수도 있다.

3) 합성공법

2가지 이상의 내화재료를 합성하여 접합하는 방식이다. 석면성형판에 질석플라스터를 바르는 방식인데, 두 가지 내화재료를 각각 쌓아 내화성능을 확보하는 방법과 서로 다른 재료를 하나로 일체화하는 방법 등이 있는데, 건식공법에서 발생할 수 있는 결함을 보완해주므로 각광을 받고 있는 공법이다.

4) 도장공법

철골재에 내화용 도장재를 바르는 공법으로 반드시 재료 선정시 시공성, 내균열성, 발포성, 화재시 유해가스 배출 유무 등의 확인이 필요하며, 내화시간을 만족하는가를 검토해야 한다. 또 건조두께도 각 재료 제조사(maker)마다 다르므로 인증 두께 이상이 도장되었는가를 확인해야 한다.

(2) 내화피복공법의 여러 형상

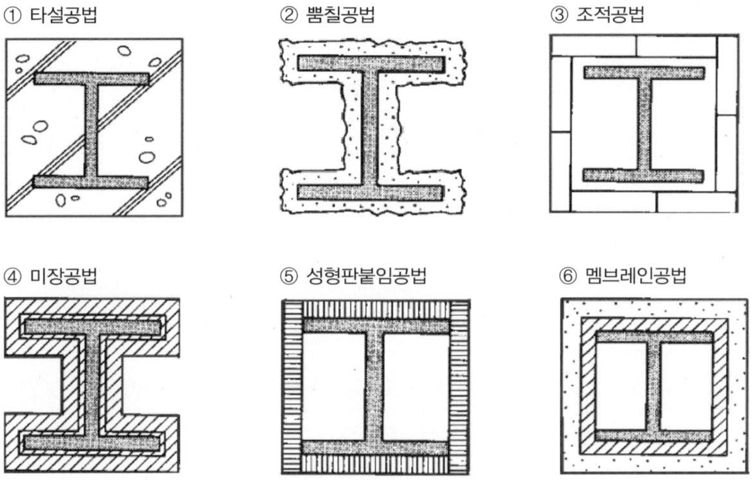

그림 8-2 내화피복공사의 종류에 따른 형상

(3) 내화피복재료

1) 퍼라이트를 주성분으로 한 제품(퍼라이트+질석+시멘트)

주성분을 퍼라이트로 한 초경량 순수무기질 소재로서 탁월한 내구성, 내화성, 내부식성을 가지고 있다. 대표적인 습식성 내화피복재로 화재 발생시 결정수의 탈수현상으로 초기 방화 지연효과가 매우 뛰어나며 온습도 변화에 따른 치수의 안정성이 우수하여 시공시 균열 및 처짐현상이 적은 영구적인 제품으로 건축물의 기둥, 보, 슬래브 부위에 뿜칠로 시공한다.

상품명	내화성능	피복두께(mm)	밀 도
내화피복재	1시간	16mm 이상	$0.32g/cm^2$
	2시간	27mm 이상	
	3시간	38mm 이상	

2) 내화도장

화재 발생시 내화성을 발휘할 수 있도록 개발된 유성재의 내화도료이다. 화재시 불꽃에 의해 도막이 가열되면 급속히 팽창하여 다공질의 두터운 단열 탄화층을 형성하여 불꽃이나 열로부터 철골 구조물의 급격한 내력저하를 막을 수 있도록 한 고기능성 발포내화도료가 있다.

① 내화 1시간일 때(철골조 기둥 및 보)

표 8-2 1시간 내화성능구조

내화성능	피복두께	구조별 두께(mm)		
1시간	0.85 이상	하도	KS M 6030의 1종 또는 동급 이상의 방청도료	0.05 이상
		중도	Flame Check	0.80 이상

1시간 내화일 때의 시공 사양은 다음 〈표 8-3〉과 같다.

표 8-3 1시간 내화의 시방

시방 / 도장공정	매회 건조시간		도포량	도장횟수	건조도막 두께(mm)
표면처리	블라스트로 SSPC-SP-10 (Sa 2 · 1/2)까지 처리			재도장시는 유분 또는 이물질을 제거한다.	
하도	24시간 이내		0.08ℓ/㎢	1회	0.05 이상
중도	하절기	6시간 이상 7일 이내	1.33ℓ/㎢	1~2회 이상	0.08 이상
	동절기	12시간 이상 7일 이내			

② 내화 2시간일 때

㉮ 철골조의 기둥

표 8-4a 기둥의 2시간 내화성능구조

내화성능	피복두께	구조별 두께(mm)		
2시간	3.35 이상	하도	KS M 6030의 1종 또는 동급 이상의 방청도료	0.05 이상
		중도	Flame Check	3.30 이상

㉯ 철골조의 보

표 8-4b 보의 2시간 내화성능구조

내화성능	피복두께	구조별 두께(mm)		
2시간	4.30 이상	하도	KS M 6030의 1종 또는 동급 이상의 방청도료	0.05 이상
		중도	SS-2000보용	4.25 이상

기둥, 보의 경우 2시간일 때 사양은 다음 〈표 8-5〉와 같다.

표 8-5 2시간 내화의 시방(기둥, 보)

시방 도장공정	매회 건조시간		도포량	도장횟수	건조도막 두께(mm)
표면처리	블라스트로 SSPC-SP-10 (Sa 2 · 1/2)까지 처리			재도장시는 유분 또는 이물질을 제거한다.	
하도	24시간 이내		0.08ℓ/㎢	1회	0.05 이상
중도 (기둥)	고화건조	12시간	5.07ℓ/㎢	3~4회 이상	3.30 이상
중도 (보)	완전건조	3개월	6.53ℓ/㎢	4~6회 이상	4.25 이상

3) 기타 재료

락울 등 다수의 재료가 있으며, 특히 이들 중 락울제품은 사용 후 폐재료를 재활용하는 사례들이 간혹 있어 품질 확보를 위한 공사관리에 각별한 주의가 필요하다.

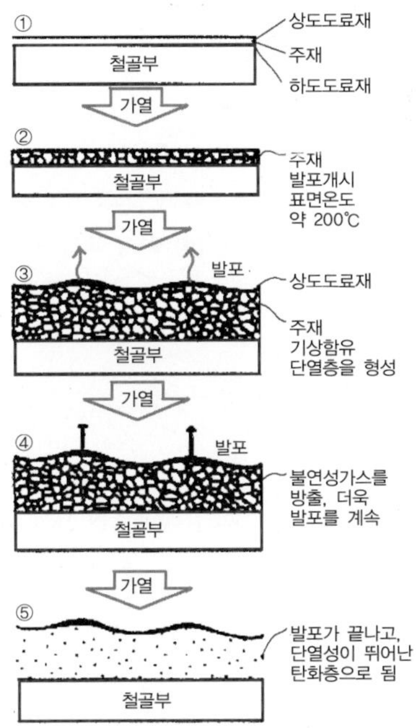

그림 8-3 내화도장의 메커니즘

1.3 내화피복 시공 사례

그림 8-4 집섬프라스트일 때

그림 8-5 발포성 도장의 발포상태

그림 8-6 작업중인 내화피복재 퍼라이트 뿜칠공사와 완성된 현장모습

1.4 내화피복의 검사

(1) 검사범위와 횟수

① 타설공법과 미장공법은 $5m^2$당 1개소 단위로 검사용 핀(Pin)이나 지그(Jig)를 이용하여 두께를 확인해야 한다.

② 뿜칠공법의 경우에는 코어를 채취하여 두께 및 비중을 측정하고, 균열 · 탈락방지 확인 · 모서리 부분의 두께 부족 등을 확인하고, 측정 빈도는 각층마다 바닥면적 $1,500m^2$마다 각 부위별 1회로 하며, 1회에 5개소 이상으로 한다.

③ 건식공법이나 조적공법에서는 재료반입시 재료의 두께 및 비중을 확인하고, 측정 빈도는 각 층마다 또는 바닥면적 $1,500m^2$마다 각 부위별로 1회로 하며 1회에 3개소로 한다.

④ 불합격시에는 덧뿜칠 또는 재시공해야 한다. 뿜칠의 경우 덧뿜칠한 부분에서 부착이 불량한 경우가 있고, 또 모서리 부분에서 규정 두께를 확보하지 못하는 경우가 있으므로 주의해야 한다. 끝으로 철골 내화피복에 사용되는 각종 재료와 공법에 관한 심도 있는 공부를 별도로 해야 하는 것은 당연하다.

(2) 내화피복 현장검사용 기구

1) 뿜칠두께 검사용 기구

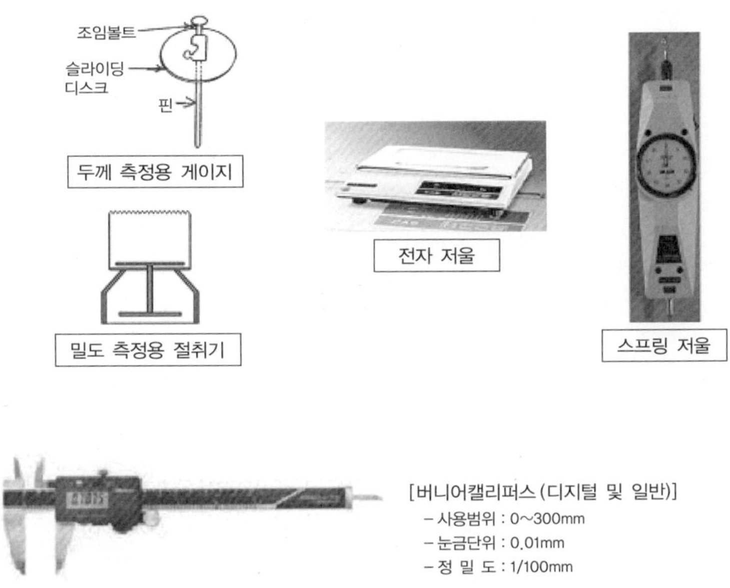

그림 8-7 내화피복 검사기구

9 감리기준과 규격 및 분류기호

제9장 감리기준과 규격 및 분류기호

1. 조립제작 검사시 감리기준

항 목		도 시	관리 허용치	한계 허용치
조립	T이음 틈새필렛 (fillet용접) e	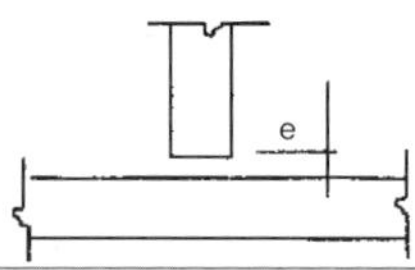	e≤2mm	e≤3mm 단, e가 2mm 초과시 각 길이를 e만큼 증가한다.
	겹치기 이음 틈새 e	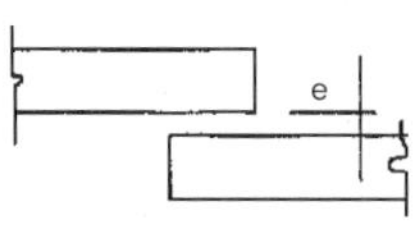	e≤2mm	e≤3mm 단, e가 2mm 초과시 각 길이를 e만큼 증가한다.
	butt 이음 단자 e	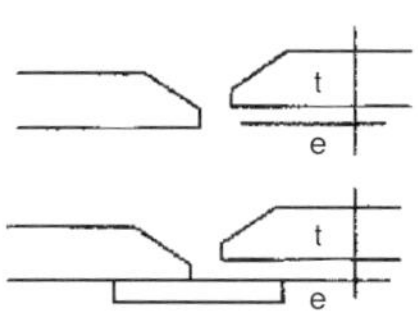	t≤15mm e≤1mm t≤15mm e≤t/15mm 단 e≤2mm	t≤15mm e≤1.5mm t≤15mm e≤t/10mm 단 e≤3mm
	루트 간격 (백 가우징) e	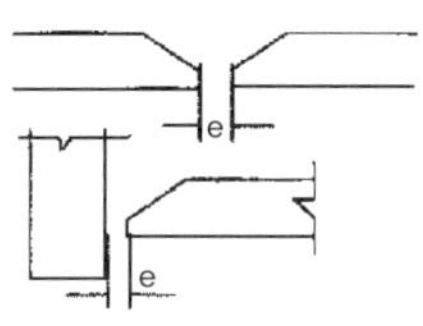	아크 수동용접 0<e≤ 2.5mm 서브머지드 아크용접 0<e≤ 1mm 가스실드 아크 반자동용접 0<e≤ 2mm 플럭스 코어드 아크 반자동용접 0<e≤ 2mm	아크 수동용접 0<e≤ 4mm 서브머지드 아크용접 0<e≤ 2mm 가스실드 아크 반자동용접 0<e≤ 3mm 플럭스 코어드 아크 반자동용접 0<e≤ 3mm
	루트 간격 (뒷댐재 부착) e	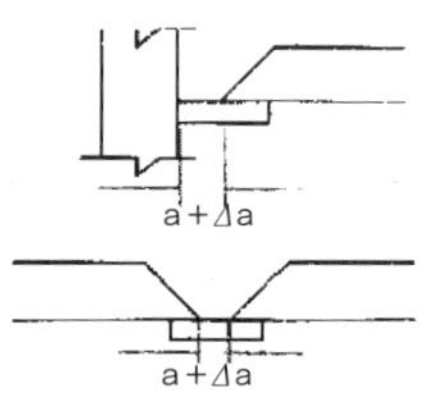	아크 수동용접 가스실드 아크 반자동용접 플럭스 코어드 아크 반자동용접 Δa≥−2mm 서브머지드 아크 자동용접 −2mm< Δa<+2mm	아크 수동용접 가스실드 아크 반자동용접 플럭스 코어드 아크 반자동용접 Δa≥−3mm 서브머지드 아크 자동용접 −3mm< Δa<+3mm

2. 철골설치 검사시 감리기준

항 목		도 시	관리 허용치	한계 허용치
조립	루트면 Δa	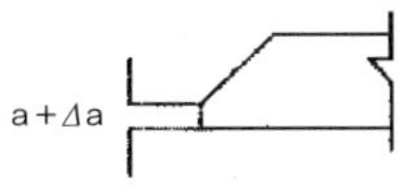	아크 수동용접 가스실드 아크 반자동용접 플럭스 코어드 아크 반자동용접 뒷댐재 없음 Δa≤2mm 뒷댐재 있음 Δa≤1mm 서브머지드 아크 자동용접 Δa≤1mm	아크 수동용접 가스실드 아크 반자동용접 플럭스 코어드 아크 반자동용접 뒷댐재 없음 Δa≤3mm 뒷댐재 있음 Δa≤2mm 서브머지드 아크 자동용접 Δa≤2mm
	베벨각도 Δa	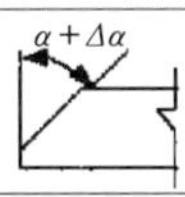	Δa≥−2.5°	Δa≥ 5°
	개선각도 Δa	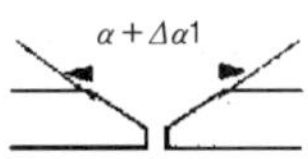	Δa≥ 5°	Δa1≥−10°
		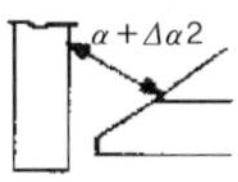	Δa2 ≥−2.5°	Δa1≥−5°
	가스절단면의 거칠기	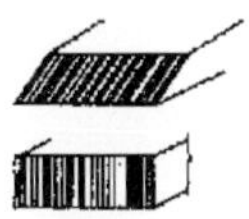	개선내 200S 자유연단 100S	개선내 200S 자유연단 100S
	가스절단면의 노치깊이 d		개선내 d<1mm 자유연단 d<0.5mm	개선내 d<2mm 자유연단 d<1mm
	가스절단면에 의한 절단면의 직각도 e	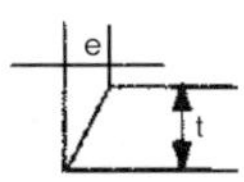	t≤20mm e≤1mm t>20mm e<t/20mm	t≤20mm e≤2mm t>20mm e<t/10mm
	접합부 어긋남 (다이어프램 과 플랜지의 어긋남) e	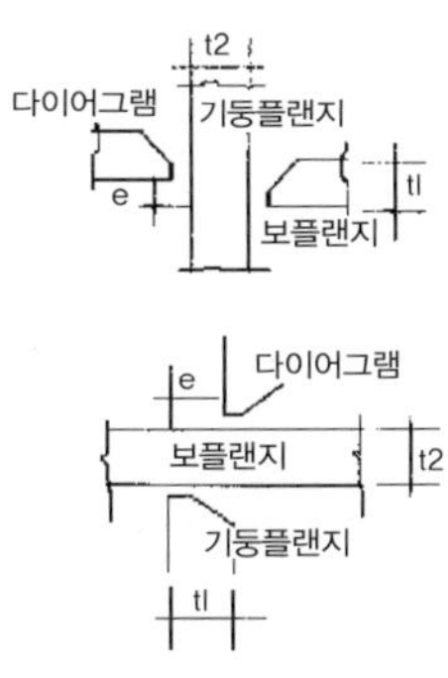	t1≥t2 e≤2t1/15 또한 e≤3mm t1<t2 e≤2t1/6 또한 e<4mm	t1≥t2 e≤2t1/15 또한 e≤4mm t1<t2 e≤2t1/4 또한 e≤5mm

항 목	도 시	관리 허용치	한계 허용치
건물의 기울기 (e)	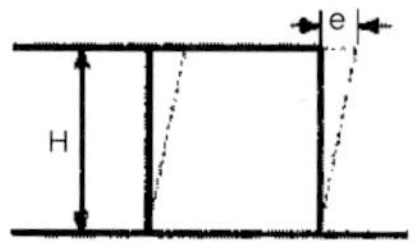	$e \leq \frac{H}{4,000} + 10mm$ 또한 $e \leq 30mm$	$e \leq \frac{H}{2,500} + 10mm$ 또한 $e \leq 50mm$
건물의 굴곡 (e)	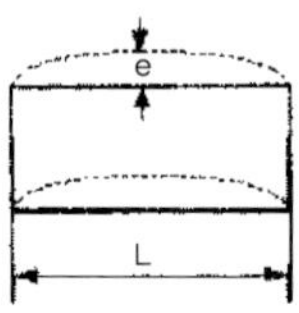	$e \leq \frac{L}{4,000}$ 또한 $e \leq 30mm$	$e \leq \frac{L}{2,500}$ 또한 $e \leq 50mm$
중심선과 앵커볼트 위치의 어긋남 (e)	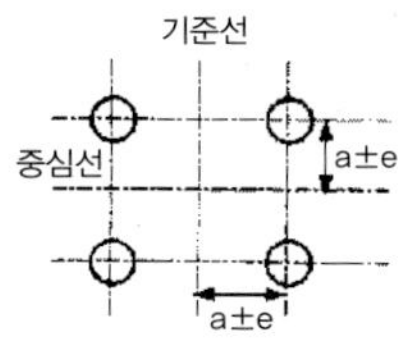	A종 −3mm≤e≤+3mm	−5mm≤e≤+5mm
		B종 −5mm≤e≤+5mm	−8mm≤e≤+8mm
기둥 설치면의 높이	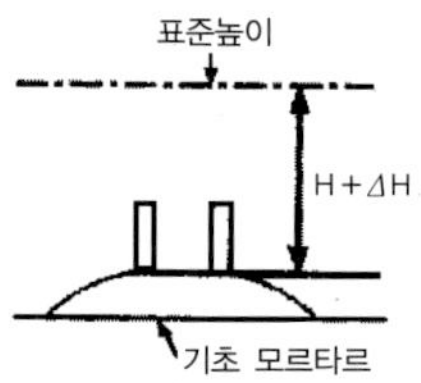	−3mm≤H≤+3mm	−5mm≤H≤+5mm
공사현장 이음층의 층높이 ΔH	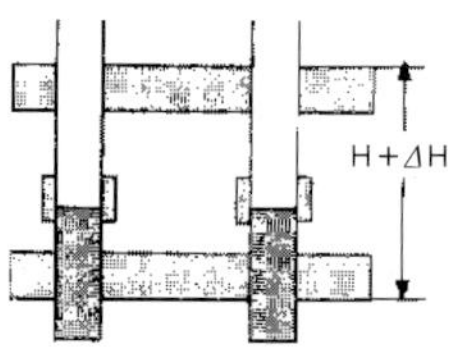	−5mm≤H≤+5mm	−8mm≤H≤+8mm
보의 수평도 (e)	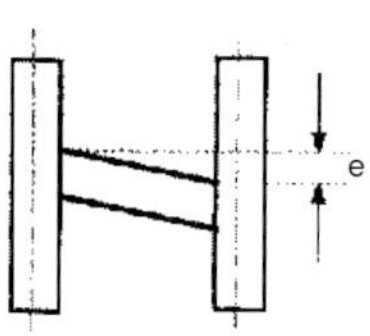	$e \leq \frac{L}{1,000} + 3mm$ 또한 $e \leq 10mm$	$e \leq \frac{L}{700} + 5mm$ 또한 $e \leq 15mm$
기둥의 기울기 (e)	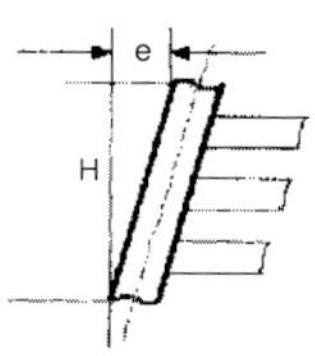	$e \leq \frac{L}{1,000}$ 또한 $e \leq 10mm$	$e \leq \frac{L}{700}$ 또한 $e \leq 15mm$

용접 기준도

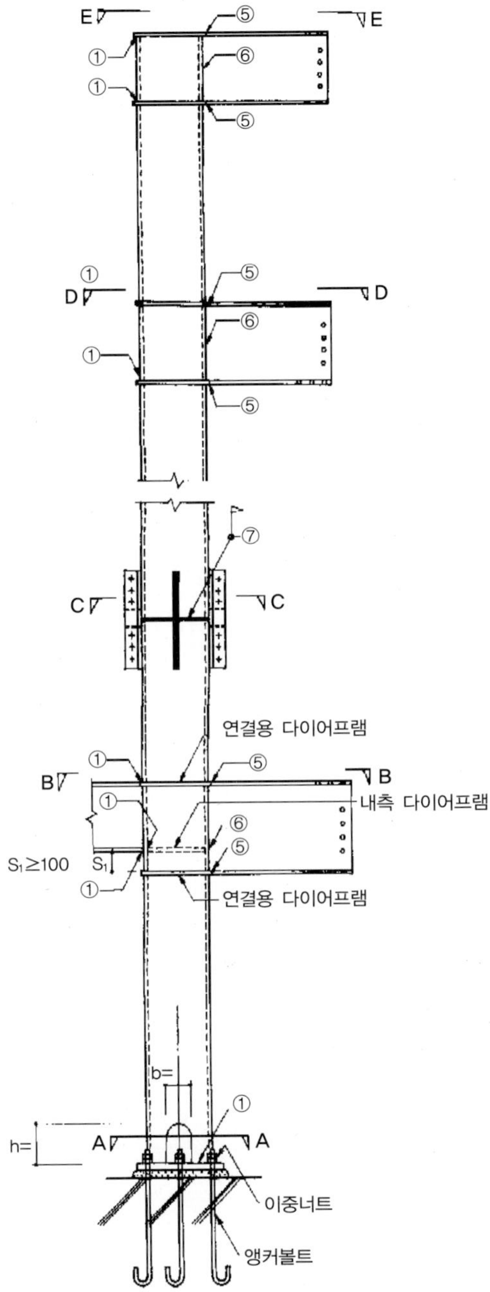

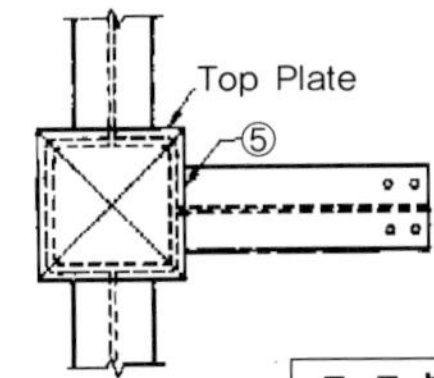

E-E 부분

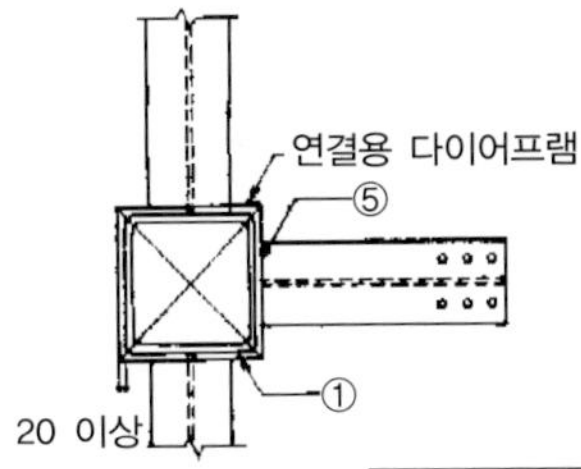

D-D 부분

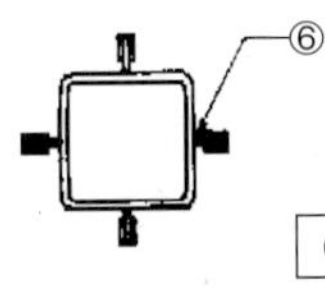

C-C 부분

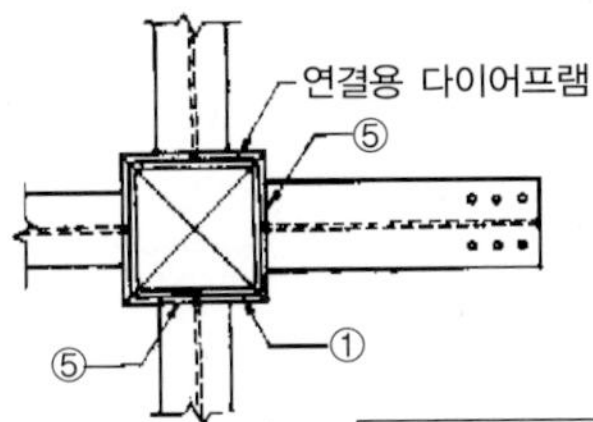

B-B 부분

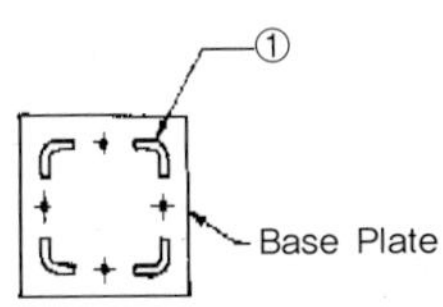

A-A 부분

(주의사항) 본 도면은 주각 핀의 경우에 사용한다.
참고로 b=100, h=150

용접개선 기준도(1)

1	L형 맞대기(뒷댐철물일 때)

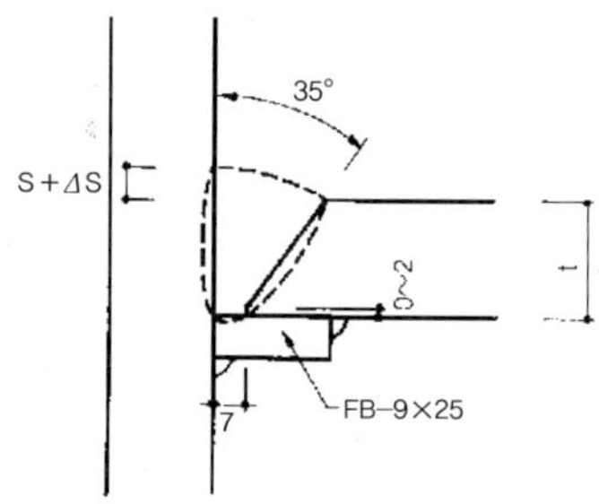

t	9	12	14	16	19	22
S+ΔS	3~10	3~10	4~11	4~11	5~12	6~13

t	25	28	32	36	40
S+ΔS	7~14	7~14	8~15	9~16	10~17

2	L형 맞대기(뒷면 다듬기)

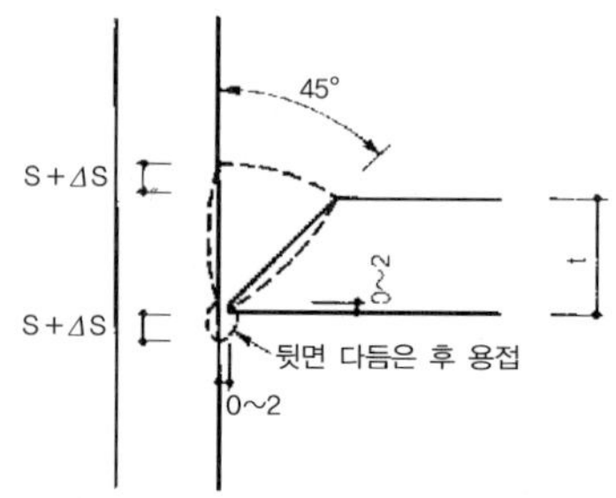

t	9	12	14	16	19	22
S+ΔS	3~10	3~10	4~11	4~11	5~12	6~13

t	25	28	32	36	40
S+ΔS	7~14	7~14	8~15	9~16	10~17

플랜지에 적용할 경우, 다듬기는 원칙적으로 외부측에서 한다.

3	L형 맞대기(뒷댐철물일 때)

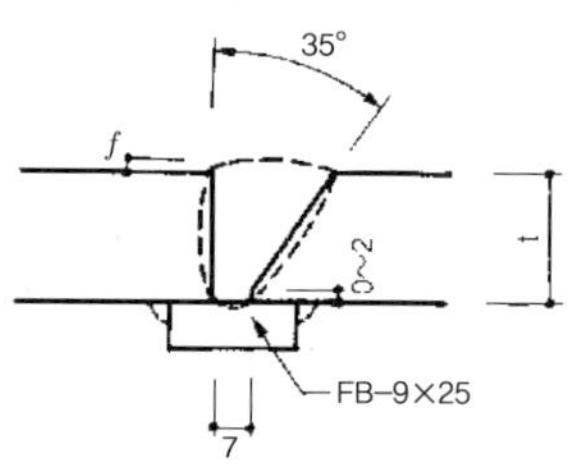

$0.5 \leqq f \leqq 3$

4	L형 맞대기(뒷면 다듬기)

t < 19

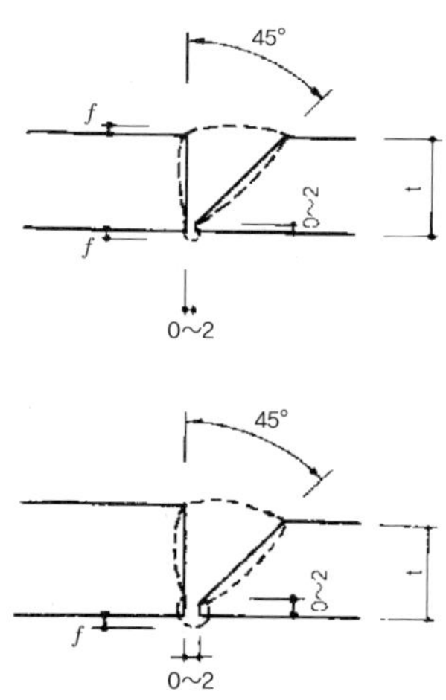

$0.5 \leqq f \leqq 3$

플랜지에 적용할 경우, 다듬기는 원칙적으로 외부측에서 한다.

용접개선 기준도(2)

5 L형 맞댄용접

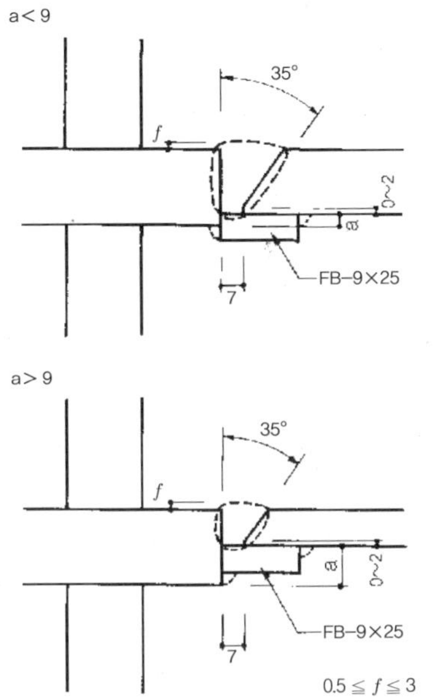

$0.5 \leqq f \leqq 3$

6 모살용접

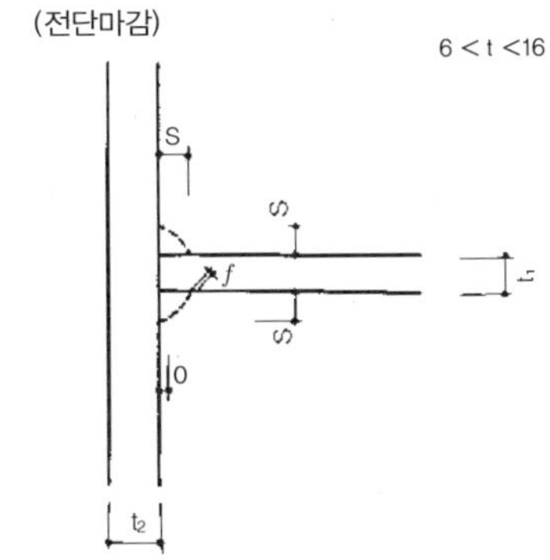

t_1, t_2가 얇을 경우	6	~9	~12	~16
S	6	7	9	12

$f \leqq 0.1S+1$

7 L형 맞댄용접(박스기둥)

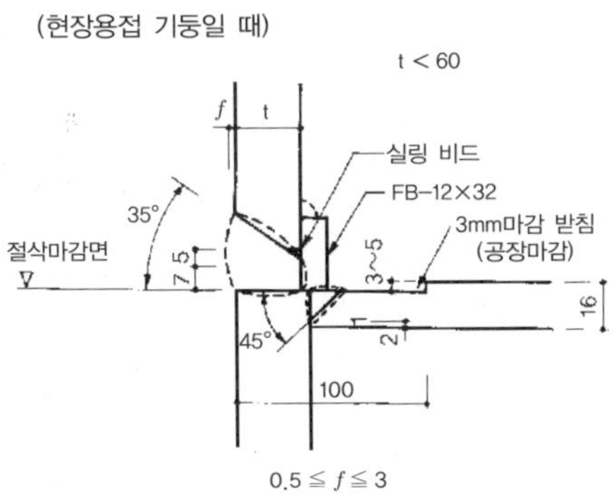

$0.5 \leqq f \leqq 3$

8 Flare L형

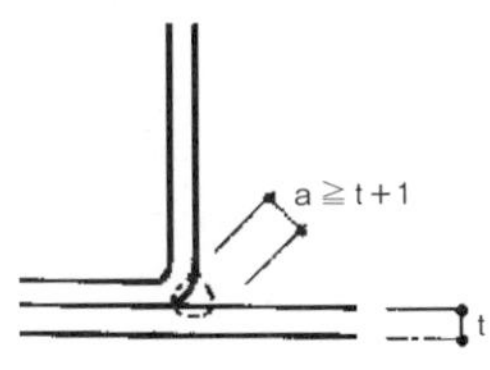

스캘럽과 앤드탭의 설치요령

논스캘럽의 설치 요령(Rolled H보 · Build up H보일 때)

기둥연결 접합부(공장용접)

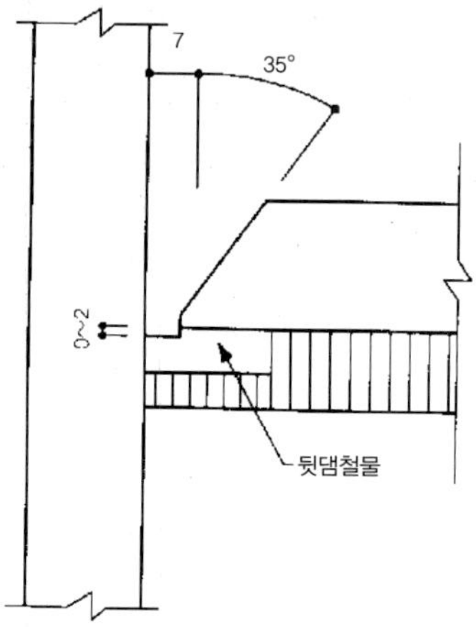

보연결 접합부(공장용접)

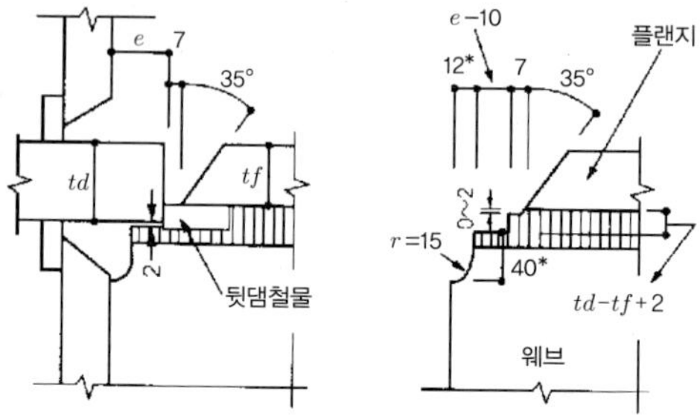

＊ : 기둥의 판두께에 따라 변화한다.

개량스캘럽 시공요령(공장용접)

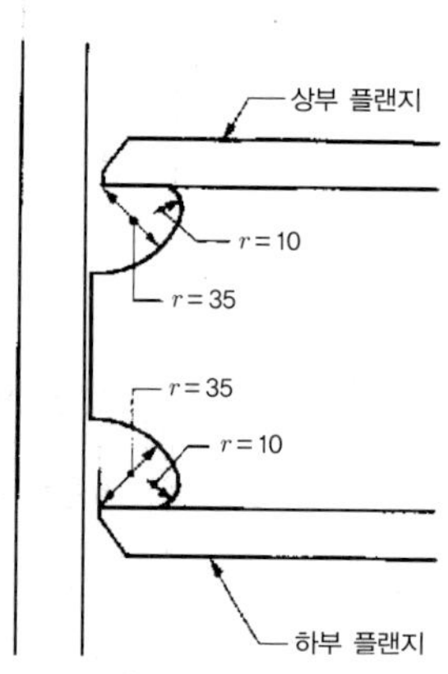

앤드탭 시공요령

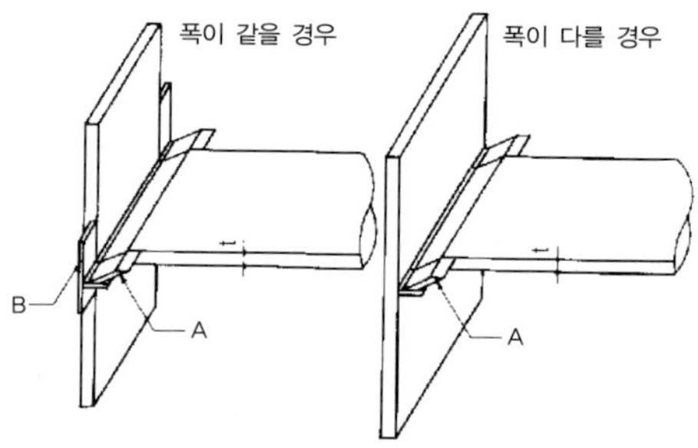

t	36mm 미만	36mm 이상
A	12×38	12×50
B	9×38×70	9×50×70

(주) A, B의 하부선은 앤드탭의 길이를 표시한다.

철근마감에 지장이 없는 경우에는 앤드탭을 절단하지 않고 그대로 두는 것이 좋다.
(절단할 경우에는 5mm 정도를 남겨놓고 절단한다)

보 이음접합

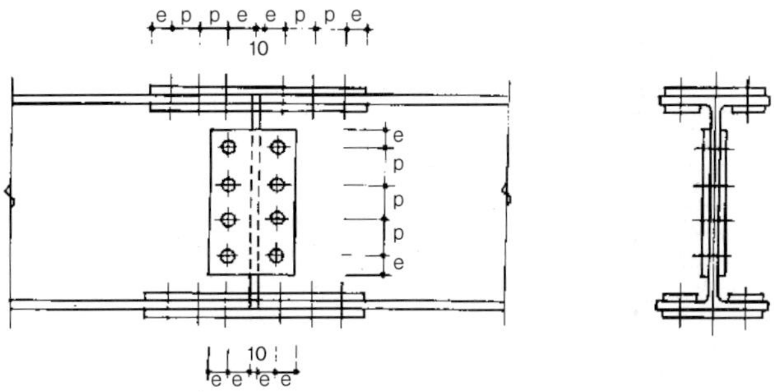

호칭	볼트 구멍 직경	피치(p)		피치(e)	
		최소	표준	(주)	표준
M16	18	40	60	40	40
M20	22	50	60	50	40
M22	24	55	60	55	40

(주) 인장재 접합부에서 응력방향으로 볼트가 3본 이상 병행하지 않을 경우 응력의 연단거리임.

보의 핀 이음접합

잘라내기 없는 경우

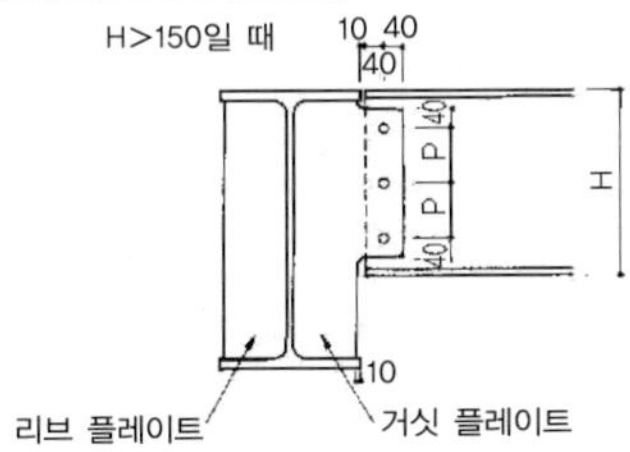

한쪽 자르기일 때

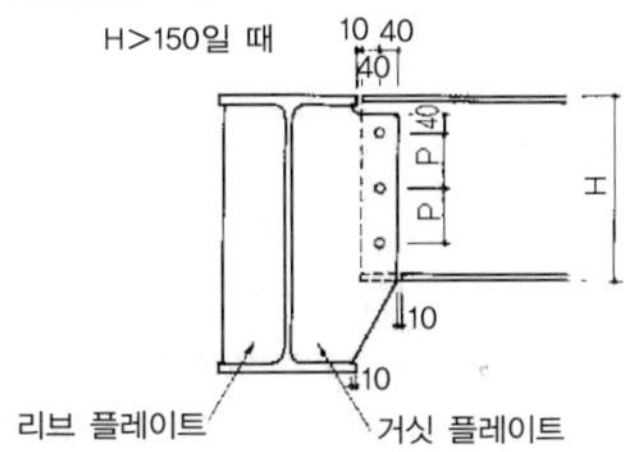

양단 절단일 때

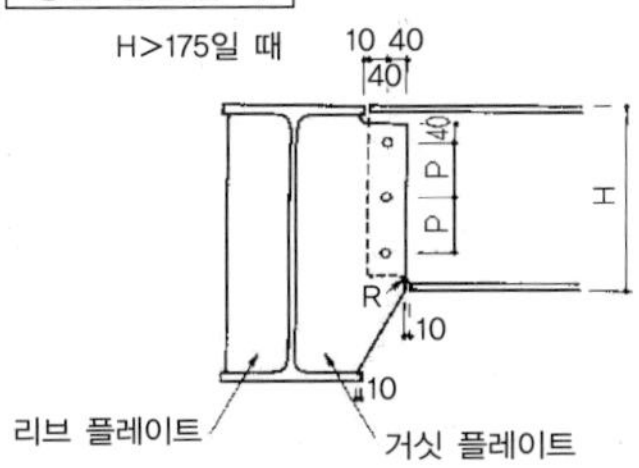

세폭계열	R	증폭계열	R
H≦200	20	H≦200	25
200<H≦400	30	200<H≦500	45
400<H	45	500<H	65

보 관통구멍의 위치와 보강

보 관통구멍 설치가 가능한 범위

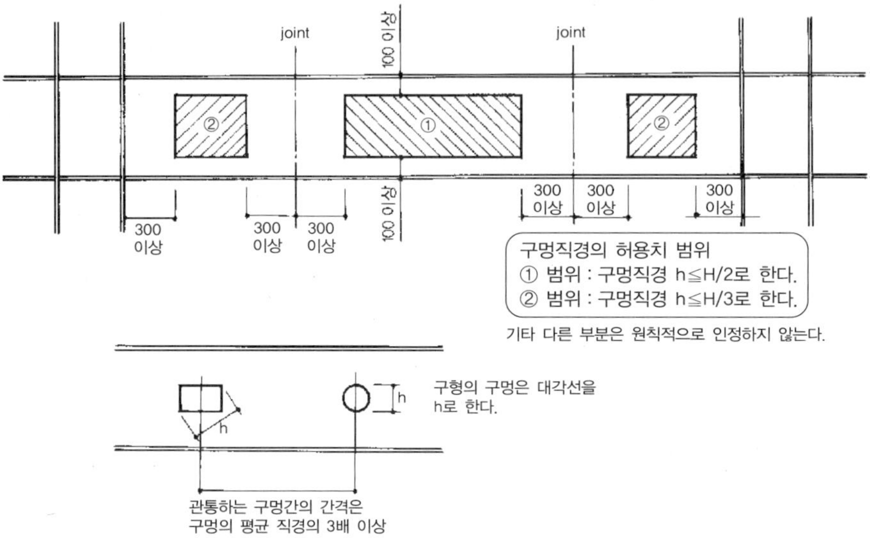

보 관통구멍의 보강(2면 Plate식)

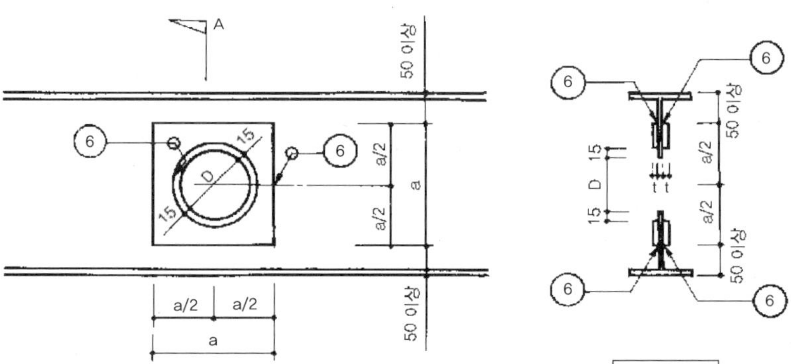

D, t, a는 특기에 따른다.

(주) 보춤의 크기에 비해 작은 구멍일 때 보강을 필요하지 않는다면 특기사항으로 한다.

3. 철골공사 감리종목과 검사할 내용

<table>
<tr><th>순서</th><th>감리종목</th><th>구분</th><th>조사 또는 검사할 내용</th></tr>
<tr><td rowspan="2">1</td><td rowspan="2">가공제작</td><td rowspan="2">(검토 후)
승인</td><td>1. 업체의 등급지정 및 확인</td></tr>
<tr><td>2. 강재의 지정과 확인, 특수강재 확보</td></tr>
<tr><td rowspan="20">2</td><td rowspan="20">시공도</td><td rowspan="20">(검토 후)
승인</td><td>1. 강재의 규격, 치수의 점검</td></tr>
<tr><td>2. 설계도서 확인</td></tr>
<tr><td>(1) 치수의 기입은 통일되어 있는가?
1) 구조 설계도의 내부치수와 외부치수가 잘 기입되어 있는가?
2) 철근, 거푸집공사에서는 어떻게 기입되어 있는가?</td></tr>
<tr><td>(2) 기본선과 치수가 잘 맞게 되어 있는가?</td></tr>
<tr><td>(3) 기둥, 보의 부호와 부재단면을 비교 · 확인한다.</td></tr>
<tr><td>(4) 앵커볼트의 배치, 베이스 플레이트와 주근의 접합을 확인한다.</td></tr>
<tr><td>(5) 철골과 철근이 맞물리지는 않는가?
1) 보의 중심선과 벽의 중심선이 일치할 경우, 철근과 철골이 맞닿지는 않는가?
2) 보의 중심선과 기둥의 중심선이 일치할 경우, 주근의 개수가 홀수일 때 맞닿지는 않는가?
3) 거싯 플레이트에 막혀 철근의 배근이 안 되게 되지는 않았는가?</td></tr>
<tr><td>(6) 철골 접합부의 필러는 설계되어 있는가?
1) 단면이 다른 철골을 접합할 때는 접합부 판두께 차이를 보완하지 않으면 마무리, 응력전달이 불가능해진다.
2) 선시공의 경우 마찰면의 발청으로 체결 후 응력의 영향은 없는가?</td></tr>
<tr><td>(7) 대형 스팬(span)의 보일 때 휨 정도를 확인할 것(보통 1/1,000)</td></tr>
<tr><td>(8) 화장실, 주방 등의 바닥레벨이 다른 곳은 반드시 확인할 것</td></tr>
<tr><td>(9) 각종 관통구멍(덕트, 배관, 철근 등)의 위치는 상세도를 확인할 것</td></tr>
<tr><td>(10) 지붕틀, 가새 등의 치수 나누기 확인</td></tr>
<tr><td>(11) 마감, 설비, 가설물 등의 접합 또는 마감이 안 되는 곳은 없는가?</td></tr>
<tr><td>(12) 내화피복 유무와 피복두께, 치수 및 사용재료, 시공방법</td></tr>
<tr><td>(13) 운반 및 세우기를 고려한 이음 위치 검토</td></tr>
<tr><td>(14) 공장 조립순서 및 허용오차, 오차 수정의 확인</td></tr>
<tr><td>(15) 절점 및 이음방법과 상세, 건립방법의 난이성 검토 확인</td></tr>
<tr><td>(16) 용접상세도의 검토</td></tr>
<tr><td>(17) 현장 시공할 부분의 확인</td></tr>
<tr><td>(18) 방청도장재와 도장횟수, 두께의 확인 등</td></tr>
</table>

순서	감리종목	구분	조사 또는 검사할 내용
3	철골 현촌도	(검토 후) 승인	1. 공장현촌용 스케일 줄자(STEEL TAPE)와 공사현장용 스틸테이프 줄자 확인(2개의 줄자를 검사대에 올려놓고 사용할 줄자의 허용오차 범위 내에 있는지를 검사한다.
			2. 현촌도의 체크 (1) 각 층높이, 처마높이, 최고높이, 바닥마감높이, 구조용 주재료의 마감높이, 스팬간격, 볼트의 피치간격 및 본수, 게이지라인, 지붕틀 및 가새, 수평수직, 구배, 각도, 이음, 접합면 상세 등의 치수와 마감면을 확인 (2) 철골의 캠버(Camber)가 정확한가? (보통 13~15m 스팬일 때 15~20mm 정도)
			3. 검사 · 확인 후, 본뜨기용 형판을 만든다.
			4. 용접봉, 볼트, 너트를 발췌하여 검사한다.
			5. 작업공정, 운반, 양생, 세우기(건립방법) 순서 등을 협의 · 확인
4	강재규격 증명서	(접수) 확인	1. 규격품으로 KS마크가 있는가? 또 규격 증명서가 있는 것은 재료 시험을 생략한다.
			2. 금속기호를 확인한다. (1) 강재 : SS400(일반구조용 압연강재), SN490(건축구조용 압연강재), SM520(용접구조용 압연강재) 등 (2) H.T.Bolt : F8T, F10T, F11T의 등급 ① 내력, 인장강도는 F8T<F10T<F11T순이고, ② 신율과 경도는 F11T<F10T<F8T순이다
			3. 공인기관에 의한 강재시험성적 확인
5	제작 시방서	(접수) 확인	1. 절단면 확인 (1) (가스절단인 경우) 자동가스절단기를 사용하는가? (2) 경미한 경우에는 수동가스절단기 사용도 무방함.
			2. 강재는 재질 손상이 없는 방법으로 구부리는가?
			3. 휨가공을 요하는 강재는 상온 또는 열간가공인지를 확인하고, 열간가공일 때는 적열상태에서 행한다.
			4. 개선가공은 기계 또는 전용 개선가공장비에 의해 정확하게 가공하는가?
			5. 용접봉 확인 (1) 최소 필요량만큼 종류별로 구분하여 나누어져 작은 상자에 분리보관되어 있는지? (2) 저수소 용접봉일 때 사용 전 약 300℃에서 1시간 이상 건조하고, 건조 후에는 약 70℃ 이상의 개인 건조로를 사용하고 있는가? (3) 용접봉 관리규정을 잘 이행하고 있는가?

순서	감리종목	구분	조사 또는 검사할 내용
6	용접공의 기량시험	(입회) 확인	1. 용접 시험규정에 합격한 용접공으로 하고, 각 용접 부위의 자격자인지 확인하고, 용접공 보유 대장 명부와 확인한다.
			2. 규정에 의한 시험방법, 판정기준에 따라 공사착수 전에 실시하고, 용접공기량 시험에는 자동용접공을 포함한다.
			3. 시험에 소요되는 시험편, 용접봉 및 용접기는 본 공사에 사용할 기기와 동일한 것으로 한다.
			4. 용접한 부분은 용접한 용접공이 서명하고 번호를 붙여 그 용접공이 용접한 것을 알 수 있도록 보관한다.
7	공장가공	(입회) 확인	1. 용접완료 후에는 Slug 및 Spatter 등을 완전 제거하고, 결함 유무를 조사하며 결함발생시에는 완전하게 보정하여 수정한다. (1) 여장, 각장, 단면 부족 등 (2) 과다 여장, 오버랩의 보정 (3) 균열, 언더컷의 수정
			2. 콘크리트로 피복할 부분에서 시멘트와 화학변화나 부착에 유해하다면 도장하지 않아야 한다.
			3. 공장 방청도장의 종류와 도장마감횟수 및 두께를 확인한다.
8	앵커볼트	(검사) 확인	1. 앵커볼트 주위에 배근이 있을 때 베이스 플레이트에 닿지 않도록 하고, 대형 베이스 플레이트일 때는 철근 위치를 조사하여 기록해 둔다.
			2. 앵커볼트 고정용 형판은 강재를 가공한 공장에서 박판으로 제작하여 보관한다.
			3. 앵커볼트의 위치 고정은 거푸집공사와 관계없이 별도로 틀을 조립하여 수평을 바로잡는다.
			4. 앵커볼트 시공 확인 버림콘크리트타설>먹줄놓기>앵커플레이트 프레임조립>앵커볼트고정>기초배근>콘크리트 타설 순서로 진행한다.
			5. 앵커볼트 양생 확인 (1) 콘크리트 타설시 볼트 나사가 오염되지 않도록 그리스를 도포한다. (2) 콘크리트 타설 후 마포로 주변을 잘 닦고, 그리스를 도포한 너트가 손상되지 않도록 헝겊으로 잘 보양해 둔다. (3) 건립 직전에 그리스를 제거하여 깨끗이 닦아내고 체결이 잘 되도록 기계유를 도포해 둔다.
9	기둥 밑둥 고르기	(입회) 확인	1. 기둥 밑둥 부분은 규정 레벨을 이용하여 콘크리트면을 쇠흙손 마감한다.
			2. 무수축 모르타르로 그라우팅하고 확인한다. (1) 높이 조정 후 확인 (2) 수평으로 설치한 후 즉시 확인 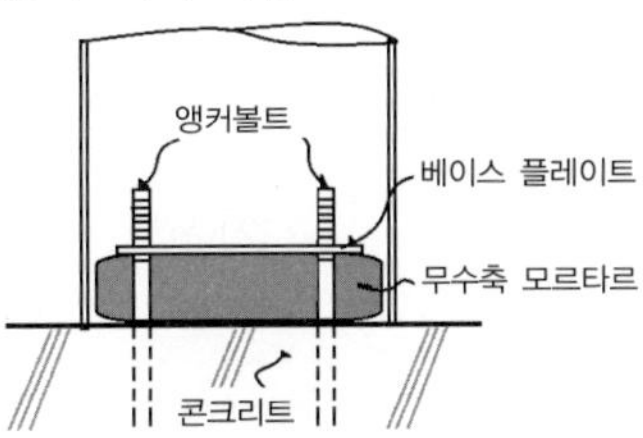

순서	감리종목	구분	조사 또는 검사할 내용
10	제품 공장검사	(검사) 확인	1. 검사 및 확인할 사항 (1) 공장내 사내검사보고서를 접수 · 확인한다. (2) 가조립 제품을 확인한다. (3) 접합부(볼트, 용접부 등)의 변형치수 확인, 교정 결과에 대한 보정치를 확인한다. (4) 강재규격, 이음부 마감사양, 각종 플레이트의 크기, 두께, 절단면, 개선상태를 점검한다. (5) 아크용접의 형태(목두께의 부족, 각장, 균열 등)를 점검한다. (6) 철근 관통용 구멍은 정확한 위치에 있는가?를 점검한다. ① 주근의 위치에 맞도록 구멍이 있는가? ② 주근이 서로 맞닿는 경우 XY방향으로 관통높이 조절이 가능한가? ③ 기둥의 플랜지가 붙은 곳이나 용접비드 주변에 구멍이 뚫리게 되어 있지 않는가? (7) 관통구멍, HTB구멍, 조립각도, 왜곡 등을 점검한다. (8) 내화피복용 보조Rib 부착 여부를 점검한다. (9) 철골의 방청과 마찰면의 양생은 적절한가? ① 방청부분과 마찰면에 대한 양생은 적절하게 되어 있는가? ② 양생재료와 방법은 적절한가? ③ 도장양생시 사용되었던 재료는 도장 후 깨끗하게 제거되고 있는가? ④ 마찰면의 보양은 적절하게 되어 있는가? (10) 콘크리트로 피복하지 않는 면에는 바탕처리를 한 후 규정대로 방청도장 2회는 잘 칠해져 있는가? (별도 계약일 때는 조립 후 도장할 부분에 대한 비용 등은 현장과 협의하여 결정한다) (11) 현장가공일 때는 현장가공절차에 따라 검사한다.
			2. 가공조립된 철골의 건립(Erection)용 부호(mark)는 통일되어 있는가?
			3. 출하 절차 확인 (1) 현장으로 발송되는 가공제품은 현장 건립순서에 따라 출하되고 있는가? (2) 도로교통법에 의해 교통제한을 받는 곳은 출발지 경찰서의 허가를 필히 사전에 받아야 한다.
11	용접	(검사) 확인	1. 용접 전 먼저 확인할 사항 (1) 용접순서는 검토되어 있는가? (2) 기후, 기온상태는 양호한가? (3) 스캘럽, 뒷댐재, 앤드탭은 검토되었는가? (4) 용접할 모재의 청결상태는 양호한가?
			2. 용접 후 검사 (1) 모살용접에서 목두께, 각 장의 부족은 없는가? (계기로 측정한다) (2) 비드의 부족, 비드의 주변에 균열은 없는가? (오버랩, 언더컷, 스패터, 함몰 흔적 등이 없는지 육안으로 검사한다) (3) 블로홀, 용입불량, 내부균열은 없는가? (X선검사 : RT검사, 초음파검사 : UT를 실시한다.)
		(접수) 확인	3. 맞대용접의 내부는 반드시 초음파탐상검사를 실시한다.
			4. 용접부의 시험성적표를 확인한다.

순서	감리종목	구분	조사 또는 검사할 내용
12	건립 계획서	(접수) 확인	1. 현장주변 상황을 조사 후 검사사항을 기록한다. (1) 수송방법, 수송경로(중량, 길이, 폭) 등을 계획에 참고한다. (2) 자재 적치장소 (3) 소음에 대한 영향 등을 조사한다. 2. 건립작업이 가능한가, 불가능한가 여부에 대해 제작도를 검토한다. (1) 볼트체결 작업이 가능하도록 되어 있는가? (2) 현장용접이 가능한가? (3) 세우기(건립)는 용이하도록 되어 있는가? (4) 콘크리트 피복은 잘 되어 있는가, 철골접합부의 콘크리트는 충분히 충전되어 있는가? 3. 각종 건립기구 및 장비를 확인한다. 4. 철골의 이동은 반드시 양중기에 의해 실시한다. (재료를 끌든가 전도하는 행위는 해서는 안 된다. 가벼운 변형은 현장에서 바로 수정하지만 변형이 큰 것이나 주요부재일 때는 공장으로 즉시 반출하고, 특히 마찰접합의 경우에는 각별히 취급에 주의를 필요로 한다. 양중 운전 수칙을 지키고 추락, 전도 방지 등에 주의한다) 5. 건립시 체크포인트 (1) 안정성 체크 1) 작업의 안전성 확보 ① 크레인의 이동 반경을 점검하고, 작업중 전도를 방지하기 위해 수시로 정밀검사를 실시한다. ② 건립 중 건립 하부의 작업을 제한한다. 2) 건립보강 ① 조립시 변형이 쉬운 부재는 부자재를 이용하여 작업한다. (매달기, 서포트 등을 이용) ② 강풍, 지진 등을 고려하여 필요시 가설재료를 보강한다. 3) 양생용 보호망을 설치하고, 방음과 방염, 기계 및 양중기구 교체 ① 보강플레이트 수정, 건립시 교정용 장비 점검 ② 피아노선과 다림추 점검 ③ 턴버클 등 체결장비 상태 점검 (2) 세우기 순서와 방법 기둥 설치에서 위치 및 높이를 정확하게 조정하여 세우고, 베이스 플레이트 하부에는 모르타르를 그라우팅하여 완전히 충전시킨다. (3) 가체결볼트의 수량 점검 1) 가체결볼트는 접합할 볼트군에 대해 1/3 정도로 하고 동시에 2본 이상을 긴결시킨다. 2) 철골건립에서는 즉시 가볼트를 체결하여 고정한다. 큰 스팬의 경우와 강풍이 우려될 때는 안정성을 고려하여 체결볼트 수량을 증가시킨다.

<table>
<tr><th>순서</th><th>감리종목</th><th>구분</th><th>조사 또는 검사할 내용</th></tr>
<tr><td rowspan="6">13</td><td rowspan="6">현장설치
(세우기)</td><td rowspan="6">(검사)
확인</td><td>1. 조립설치 조직은 구성되고 확보되어 있는가?
(비계공, 용접공, 볼트체결공과 체결장비 등)</td></tr>
<tr><td>2. 세우기 검사 방법
(1) 조립구조물의 보간격, 도리간격, 높이, 치수, 비틀림검사
(2) 기둥 수직검사는 다림추, 트랜싯, 광파기 등을 이용하여 조사
(3) 피아노선, 트랜싯 등으로 기둥이 바르게 세워졌는가를 다음과 같이 검사한다.
① 기둥 외주 전체와 지시된 내부기둥의 수직을 검사한다.
② 피아노선에 추를 달아맨 다림추를 X, Y 2방향에 대해 가능한 기둥 중심선에 가깝게 설치한다.
③ 피아노선은 충분히 늘어나게 하고 기둥의 양면 등거리에 설치하여 점검한다.
④ 수직선의 점검은 각 기둥의 꼭대기, 중간부, 각주 및 이음 위치에서 점검한다.
(4) 건립시 허용기울기는 범위 내에 있는지 검사한다.
<table>
<tr><th>구조의 종류</th><th>표준</th><th>최대</th></tr>
<tr><td>콘크리트로 피복되는 경우</td><td><5mm</td><td><10mm</td></tr>
<tr><td>철골 노출일 경우</td><td><3mm</td><td>< 5mm</td></tr>
</table>
(5) 건립시 정밀도검사 기록표 검사
① 세우기 수정을 한 경우에는 반드시 재검사를 실시한다.
② 2번째 건립검사에서 전회의 오차를 고려하여 오로지 한 방향으로만 누적되지 않도록 조정하는 것이 중요하다.
③ 검사결과서에는 오차를 기록하고 정리 후 보관한다.</td></tr>
<tr><td>3. 베이스 플레이트(Base Plate) 하단은 모르타르가 단단하게 충전되어 굳어 있는가?
(1) 철분 등이 혼합된 무수축 모르타르를 사용한다.
(강도 $Fc=300kg/cm^2$ 이상)
(2) 건립 후 고정되면 바로 베이스 플레이트 하부의 충전상태를 확인한 후, 공극이 없도록 조치한다.</td></tr>
<tr><td>4. 우천시에는 아크용접을 중단하고, 전원을 차단시킨다.
(여름철 현장사고의 70% 이상이 감전사고임을 명심할 것)</td></tr>
<tr><td>5. H.T.B의 토크치(Torque) 테스트 준비</td></tr>
<tr><td>6. 은폐부분의 도장, 이음연결 부위, 재료접합 부위의 방청도장 확인</td></tr>
</table>

순서	감리종목	구분	조사 또는 검사할 내용
14	(H.T.B) High Tension Bolt의 체결	(입회) 확인	1. 고장력 볼트의 체결방법과 순서는 올바른가? (1) 볼트, 너트는 규격품을 사용하는가? (2) 나사의 정밀도는 규정치 내에 있는가? (3) 체결순서는 올바른가? (4) 볼트의 길이는 적절한가?
			2. 볼트 나사부분에 먼지 등으로 오염되어 있으면 녹이 발생하기 쉽고, 토크치의 변화를 가져 올 수 있다.
			3. 강재 접합면의 마찰계수는 보통 0.46 정도이지만 평활도, 녹의 상태, 흑피, 유지분류 등에 따라 변화하므로 주의해야 한다.(흑피 등은 필히 와이어브러시 등으로 제거하고, 유지분은 열로 태운 후에 청소하든가, 약제로 제거하여 마찰접합면을 오염되지 않게 할 것)
15	현장용접	(검사) 확인	1. 강재의 표면이 젖어 있을 때, 강풍이 불 때는 특별한 보호장치를 하지 않는 한 작업을 중단한다. (1) 누전, 감전 등의 산업재해 발생 (2) 습기로 인한 용착금속의 취화 (3) 아크가 바람에 날려 충분한 용접이 되지 않는다.
			2. 용접봉의 점검 (1) 용접봉은 습기에 약하므로 용접봉을 직접 지상에 두지 말 것. (2) 저수소계 용접봉을 사용할 때는 필히 건조로를 이용할 것
			3. 비드(Bead) 표면의 용접 검사 요령 (1) 비드 표면의 바른 모양을 조사할 수 없을 때는 용접 표면에 붙은 슬러그를 칩핑하여 제거한 후 점검한다. (2) 용접 개소에 슬러그로 덮여 있으면 블로홀이 생겼던가, 용접 개소 단면이 작아질 수 있으므로 주의할 것.
			4. 스터드(STUD)용접 확인 (1) 스터드(Shear connector의 일종)는 직접 모재에 강봉의 볼트를 용접으로 연결한다. (2) 용접작업은 자동아크용접의 일종으로 스터드용접기로 접촉 부위에 전류를 흘려 모재와 용착시킨다.(본문 그림 4-58 참조) (3) 용착 부위가 양호한지, 접착력을 검사를 위해 구부려 본다. (본문 STUD의 시공, 검사법을 참조할 것)

4. 각종 증명서 양식

(1) 철골공사에 사용되는 강재검사 증명서 예

강재검사 증명서

계약번호 :

품　　명 : OOOOO　　　　수요자 :　　　　　　　증빙번호 :

규　　격 : KS D3515 SS41　　　　주문자 :　　　　　　　년　월　일 발행

치 수	본수	중량	제강번호	시번	인장시험 G.L=mm			휨시험	화학성분(%)					비고
					항복점 kg/㎟	인장강도 kg/㎟	신율 (%)		C×100	Si×100	Mn×100	P×1000	S×1000	
298×149×5.5×11.500 S.TC-AL	3 3	1,104 1,104	3-00328	289	30	44	28	Good	10	18	41	16	28	G1, B1에 사용
300×150×6.5×15.500 S.TC-AL G.TC-AL	10 10 13	5,690 5,690 6,774	AE 19859	287	30	43	30	Good	10	16	38	8	24	

상기 주문품은 검사결과 지정규정의 규격에 합격하였음을 증명합니다.

제조사명 : ◇◇◇◇◇ (인)

(2) 고장력 볼트 제품검사 증명서의 예

제품검사 증명서

발행년월일 :　　　년　　월　　일

세트의 로트번호	제품코드	기계적 성질 종류	토크계수치의 종류	Set수량
누23296	10MT016045	2종		15700

구성 및 기계적 성질에 의한 등급		
볼트	너트	와셔
F10T 1개	F10 1개	F35 1개

1. 볼트의 기계적 성질시험(볼트 로트번호 : KN22683)

항목	시험편의 기계적 성질시험				제품의 기계적 성질시험		재 료	
	내력	인장강도	연신율	항복점	인장하중	견고성		
규정(ks)	≧90kgf/㎟	100~120kgf/㎟	≧14%	≧40%	≧15700kgf	HRC27~38	강재번호	제철소명칭
성적	103kgf/㎟	109kgf/㎟	18%	68%	16600kgf	HRC32	C14100	

2. 너트의 기계적 성질시험(너트 로트번호 : NA40232)

항목	경도시험	보증하중시험		
	경도	보증하중		
규정	HRB95~HRC35	≧15700kgf	강재번호	제철소명
성적	HRC25	15700kgf		

3. 와셔의 기계적 성질시험(로트번호 : WA25500)

항목	경도시험	재 료	
	경도		
규격	HRC35~45	강재번호	제철소명
성적	HRC40	971521	

4. 세트의 토크계수치시험(고장력6각볼트)

항목	토크 계수치 평균값	토크 계수치 표준편차
규정	–	≦
성적	K=	&=

5. 세트의 체결력시험(고력TC볼트, PI고력볼트)

항목	노치 파탄시 토크치	노치파탄시의 축력	축력의 표준편차
성적	T=27kgf.m	N=11900kgf	&=320kgf

6. 형상, 치수, 나사의 정밀도, 외관

구분	볼트	너트	와셔
성적	합격	합격	합격

상기 제품은 검사결과 합격하였음을 증명합니다.

한국공업규격표시허가공장
제조공장 : OOOO (인)

(3) 사내 철골검사 보고서의 예

검사개소	개선	판두께 (mm)	용접장 (mm)	굴절각 (도)	결함위치(mm)					영역				판정
					x	y	w	d	z		범위	Lo	ΣLo	
X3 · Y4 ~ 1 B-북F	LG	11	175	72°										합격
남F	〃	〃	〃	〃										합격
X3 · Y5 ~ 1 B-동F	〃	〃	〃	〃										합격
-----------	---	---	---	---										합격
-----------	---	---	---	---										---

부록 : Supplement
강재의 규격 및 분류기호

S-1. 단위 환산표

■ TS, YP에 적용되는 단위는 응력(단위면적당 작용하는 힘)으로 각 단위별 정의는 다음과 같다.

► $1kg/mm^2$: $1mm^2$당 1kg의 힘이 작용시의 응력

► $1N/m^2$: $1m^2$당 1N의 힘이 작용시의 응력

＊ $1N/m^2$ = 1Pa(Pascal)

＊ $1N/m^2$ = 1MPa(1,000,000Pascal)

► $1Psi(ip/in^2)$: $1m^2$당 1Pound의 힘이 작용시의 응력

＊ $1,000Psi(ip/in^2) = 1Ksi(Kip/in^2)$

＊ 1inch = 25.4mm, 1 Pound = 0.45kg

■ 단위간 상관성

$MPa=N/mm^2$	kg/mm^2	Ksi(1000Pi)
1	0.102	0.145
9.8	1	1.42
6.89	0.7	1

S-2. 제품검사 증명서/포항제철의 사례

Mill Test Certificate/검사증명서

Certificate No./증명서번호:010707-KCSJ-024-001
Date of Issue/발행일자:NOV. 06. 2001

Order No./계약번호:0000107190
Supplier/주문자:SSANGYONG CORPORATION
Customer/고객사:

PO No./주문번호:KCL2BCE1E
Commodity/품명:CR COIL
Spec & Type/규격:JIS G3141 SPCE-SD

Size/치수	Product No. 제품번호	Quantity 수량	Weight 중량 (kg)	Heat No. 제강번호	POSITION	Tensile/인장시험 YP (Mpa)	TS (Mpa)	EL (%)	Base Metal Bend		DIVISION	Chemical Composition/화학성분(% C -4	Si -3	Mn -3	P -4	S -4
1.20x1150xC	DT8257A	1	11,540	B39668	T	167	293	49	Good		L	40	Tr	80	110	80
1.20x1150xC	DT8257BB	1	9,930	B39668	T	167	293	49	Good		L	40	Tr	80	110	80
*** Sub Total (010) ***			2			21,470(kg)										
1.17x1175xC	DT8327A	1	11,490	B39659T	T	1927	314	44	Good		L	40	10	80	100	90
1.17x1175xC	DT8327B	1	11,640	B39659T	T	1927	314	44	Good		L	40	10	80	100	90
*** Sub Total (020) ***				2					23,130(kg)							
*** Grade Total ***			4			44,600(kg)										
*** Grand Total ***			4			44,600(kg)										
								===	Last Item	===						

*Position - T : Top, M : Middle, B : Bottom
* Tensile test - Direction Longitudinal, Guage Length 50mm(Rectangular)
* Division - L : Ladle Analysis, *Tr(Trace)

We certify that the abov material has been made in accordance with the order and specifi

Surveyor To: Surveyor To: Surveyor To:

S-3. 국가 및 단체별 규격현황

구분	국가명	규격번호	규격명	비 고
(1) 국가 또는 단체규격	대한민국	KS	KOREAN STANDARDS	한국산업규격
	미국	ASTM	AMERICAN SOCIETY FOR TESTING MATERIALS	미국재료시험협회규격
		ASME	THE AMERICAN SOCIETY OF MECHANICAL ENGINEERS	미국기계협회규격
		SAE	SOCIETY OF AUTOMOTIVE ENGINEERS	자동차 기술협회
		API	AMERICAN PETROLEUM INSTITUTE	미국석유협회규격
		AISI	AMERICAN IRON & STEEL INSTITUTE	미국철강협회규격
		MIL	MILITARY SPECIFICATION	미국군사규격
	일본	JIS	JAPANESE INDUSTRIALS STANDARDS	일본공업규격
		WES	THE JAPAN WELDING ENGINEERING SOCIETY	일본용접협회
	독일	DIN	DEUTSCHE INSTITUTE NORMEN	독일규격협회
		WDEH	VEREIN DEUTSCHER EISENHUTTENLEUTE	독일철강협회
	프랑스	NF	NORM FRANCAISE	프랑스국가규격
	스웨덴	SIS	SVERIGS STARDERDISERING SKOMISSION	스웨덴국가규격
	노르웨이	NS	NORSKE STANDARDS	노르웨이국가규격
	인도	IS	INDIAN STANDARDS	인도국가규격
	캐나다	CAS	CANADIAN STANDARDS ASSOCIATION	캐나다국가규격
	국제표준	ISO	INTERNATIONAL STANDARDIZATION ORGANIZATION	국제표준화협회규격
(2) 선급협회	미국	ABS	AMERICAN BUREAU OF SHIPPING	미국선급협회
	영국	LR	Lloyd's REGISTER OF SHIPPING	영국선급협회
	프랑스	BV	BUREAU VERITAS	프랑스선급협회
	노르웨이	NV	DET NORSKE VERITAS	프랑스선급협회
	대만	CR	CHINA CORPORATION REGISTER OF SHIPPING	대만선급협회
	중국	ZC	ZHONG CHUNAG(THE REGISTER OF SHIPPING OF THE PEOPLE'S PEPUBLIC OF CHINA)	중국선박검수국
	일본	NK	NIPPON KAUI KYOKAI	일본선급협회
	국제규격	IACS	INTERNATIONAL ASSOCIATION OF CLASSIFICATION SOCIETIES	

S-4. 규격명칭 및 기호설명(JIS)

분류	규격명칭	기호	기호설명 (첫글자 S : Steel)
(1) 구조용강	자동차 구조용 열간압연 강판 또는 강대	SAPH	A : Automoble, P : Press, H : Hot
	Chain용 환봉강	SBC	B : Bar, C : Chain
	PC강봉	SBPR	B : Bar, P : Prestressed, R : Round
		SBPD	B : Bar, P : Restressed, D : Defomed
	연마봉강용 일반강대	SGD	G : General, D : Drawn
	용접구조용 압연강재	SM	M : Marine
	용접구조용 내후성 열간 압연강재	SMA	M : Marine, A : Atmospheric
	고내후성 압연강재	SPA-H	P : Plate, A : Atmospheric, H : Hot
		SPA-C	P : Plate, A : Atmospheric, C : Cold
	철근콘크리트 봉강	SR	R : Round
		SD	D : Deformed,
	철근콘크리트용 재생봉강	SRR	R : Rerolled
		SDR	D : Deformed, R : Rerolled
	재생강재	SRB	R : Rerolled, B : Bar,
	일반구조용 압연강재	SS	S : Structure
	일반구조용 경량형강	SSC	S : Structure, C : Cold Forming
	Rivet용 압연강재	SV	V : Rivet
	일반구조용 경량H형강	SWH	W : Weld, H : H형
	보강지지판	SY	Y : 보강지지판
(2) 압력용기강	보일러용 압연강재	SB	B : Boiler
		SB-M	B : Boiler, M : Molybdenum
	Boiler 또는 압력용기 Mn-Mo강 또는 Mn-Mo-N강 강판	SBV	B : Boiler, V : Vessel
	보일러 또는 압력용기 Cr-Mo강 강판	SCMV	C : Chromium, M : Molybdenum, V : Vessel
	고압가스용기용 강판 또는 강대	SG	G : Gas Cylinder
	중, 상온압력용기용 탄소강 강판	SGV	G : General, V : Vessel
	저온압력용기용 탄소강 강판	SL-N	L : Low Temperature, N : Nickel
	압력용기용 강판	SPV	P : Pressure V : Vessel
	압력용기용 조질형 Mn-Ni강 강판	SQV	Q : Quenched, V : Vessel

분류	규격명칭	기호	기호설명 (첫글자 S : Steel)
(3) 박판강판	냉간압연강판 또는 강대	SPCC	P : Plate, C : Cold, C : Commercial
		SPCD	P : Plate, C : Cold, D : Deep Drawn
		SPCE	P : Plate, C : Cold, D : Deep Drawn Extra
		SPCEN	P : Plate, C : Cold, E : Deep Drawn Extra N : Non-aging
	열간압연 연강판 또는 강대	SPHC	P : Plate, H : Hot C : Commercial
		SPHD	P : Plate, H : Hot, D : Drawn
		SPHE	P : Plate, H : Hot, E : Deep Drawn Extra
	강관용 열간압연 탄소강 강대	SPHT	P : Plate, H : Hot T : Tube
	법랑용 탈탄강판 또는 강대	SPP	P : Plate
	데크 플레이트	SDP	D : Deck, P : Plate
(4) 도금강판/도장강판	용융Al고금강판 또는 강대	SAC	A : Aluminium, C : Commercial
		SAD	A : Aluminium, D : Deep Drawn
		SAE	A : Aluminium, E : Deep Drawn Extra
	전기아연 도금강판 또는 강대	SEHC	E : Electrolylic, H : Hot, C : Commercial
		SEHD	E : Electrolylic, H : Hot, D : Deep Drawn
		SECD	E : Electrolylic, C : , D : Deep Drawn
		SEHE	E : Electrolylic, H : Hot, E : Deep Drawn Extra
		SECEN	E : Electrolylic, C : Cold, E ; Deep Drawn Extra N : Non-aging
	원철 또는 월철강판	SPB	P : Plate, B : Black,
		SPTE	P : Plate, T : Tin, E : Electric
		SPTH	P : Plate, T : Tin, H : Hot Dip
	용융아연도금강판 및 강대	SPGC	P : Plate, G : Galvanized, C : Commercial
		SPGR	P : Plate, G : Galvanized, R : Roof
		SPGA	P : Plate, G : Galvanized, A : Architecture
		SPGS	P : Plate, G : Galvanized, S : Structure
		SPGW	P : Plate, G : Galvanized, W : Wave
		SPGD	P : Plate, G : Galvanized, D : Drawn
		SPGDD	P : Plate, G : Galvanized, DD : Deep Drawn
		SCG	C : Color, G : Galvanized,
(5) 선재	경강선재	SWRH	W : Wire, R : Rod, H : Hard
	연강선재	SWRM	W : Wire, R : Rod, M : Mild
	피아노선재	SWRS	W : Wire, R : Rod, S : Spring
	피복아크용접봉 심선용 선재	SWRY	W : Wire, R : Rod, Y : 용접
	냉간압조용 탄소강	SWRCH	W : Wire, R : Rod, C : Cold, H : Heading
	경강선	SW	W : Wire, R : Rod, M : Mild
	냉간압조용 탄소강선	SWCH	W : Wire, C : Cold, H : Heading
	철선	SWM	W : Wire, M : Mild
	표면처리 Zn도금철선	SWMG	W : Wire M : Mild, G : 표면처리
	피아노선	SWP	W : Wire, P : Piano

분류	규격명칭	기호	기호설명 (첫글자 S : Steel)
(5) 선재	PC강선 또는 PC강꼰선	SWPR	W : Wire, P : Presstressed, R : Round
		SWPD	W : Wire, P : Presstressed, D : Deformed
	PC경강선	SWCR	W : Wire, C : Concrete, R : Round
		SWCD	W : Wire, C : Concrete, D : Deformed
	전기와이어용 Sn도금피아노선	SWPE	W : Wire, P : Piano, E : Electric
	스프링용 탄소강 오일Temper선	SWO	W : Wire, O : Oil Temper
	밸브스프링용 탄소강 오일Temper선	SWO-V	W : Wire, O : Oil Temper, V : Valve
	밸브스프링용 Cr-V강 오일Temper선	SWOCV-V	W : Wire, O : Oil Temper, C : Chromium, V : Vandium, V : Valve
	밸브스프링용 Si-Cr강 오일Temper선	SWOSC-V	W : Wire, O : Oil Temper, S : Silicon, C : Chromium, V : Valve
	스프링용 Sin-Mn강 오일Temper선	SWOSM	W : Wire, O : Oil Temper, S : Silicon M : Manganes
	피복ARC용접봉 심선	SWY	W : Wire Y : 용접
(6) 강관	배관용 탄소강판	SGP	G : Gas, P : Pipe
	수도용 아연도금강판	SGPW	G : Gas, P : Pipe, W : Water
	보일러 · 열교환기용 탄소강 강관	STB	T : Tube, B : Boiler
	보일러 · 열교환기용 합금강 강관	STBA	T : Tube, B : Boiler, A : Alloy
	저온열교환기용 강관	STBL	T : Tube, B : Boiler, L : Low Temperature
	가열로용 강관	STF	T : Tube, F : Fired Heater
		STFA	T : Tube, F : Fired Heater, A : Alloy
	고압가스용 Seamless강관	STH	T : Tube, H : High Pressure
	일반구조용 탄소강 강관	STK	T : Tube, K : 구조
	기계구조용 탄소강 강관	STKM	T : Tube, K : 구조, M : Machine
	구조용 합금강 강관	STKS	T : Tube, K : 구조, S : Special
	구조용 STAINLESS강 강관	SUS-TK	U : Use, S : Stainless, T : Tube, K : 구조
	스테인리스강 위생관	SUS-TBA	U : Use, S : Stainless, T : Tube, S : Sanitary
	일반구조용 각형강관	STKR	T : Tube, K : 구조, R : Rectangular
	시험용 Seamless강관	STM	T : Tube, M : Mining, C : Core or Casing R : Boring Rod
	정유용 Seamless강관	STO	T : Tube, O : Oil,
	배관용 합금강 강관	STPA	T : Tube, P : Pipe, A : Alloy
	압력배관용 탄소강 강관	STPG	T : Tube, P : Pipe, G : General
	저온배관용 강관	STPL	T : Tube, P : Pipe, L : Low Temperature
	고온배관용 탄소강 강관	STPT	T : Tube, P : Pipe, T : Temperature
	배관용 아크용접 탄소강 강관	STS	T : Tube, S : Special Pressure
	보일러 · 열교환기용 STAINLESS 강관	SUS-TB	U : User, S : Stainless, T : Tube, B : Boiler
	배관용 아크용접 대경 스테인리스 강관	SUS-TPY	U : User, S : Stainless, T : Tube, P : Pipe, Y : 용접
	가열로용 강관	SUS-TF	U : User, S : Stainless, T : Tube, F : Fired Heater
		NCF-TF	N : Nickel, C : Chromium, F : Ferrum, T : Tube, F : Fired Heater
	배관용 스테인리스강 강관	SUS-TP	U : User, S : Stainless, T : Tube, P : Pipe,
	Corrugate Pipe 또는 Corrugate분할형	SCP-R	C : Corrugate, P : Pipe, R : Round
		SCP-RS	C : Corrugate, P : Pipe, R : Round, S : Spiral
		SCP-E	C : Corrugate, P : Pipe, E : Elongation
		SCP-P	C : Corrugate, P : Pipe, P : Pipe Arch
		SCP-A	C : Corrugate, P : Pipe, A : Arch

분류		규격명칭	기호	기호설명 (첫글자 S : Steel)
(7) 기계구조용강		기계구조용 탄소강 강재	SxxC	xx : 탄소량, C : Carbon,
		Al-Cr-Mo강 강재	SACM	A : Aluminum, C : Chromium, M : Molybdenum
		Cr강 강재	SCr	C : Chromium
		Cr-Mn강 강재	SCM	C : Chromium, M : Molybdenum
		Ni-Cr 강 강재	SNC	N : Nickel, C : Chromium,
		Ni-Cr-Mo강 강재	SNCM	N : Nickel, C : Chromium, M : Molybdenum
		Mn강 또는 Mn-Cr강 강재	SMn	Mn : Manganese
			SMnC	Mn : Manganese, C : Chromium,
		고온용합금강BOLT재	SNB	N : Nickel, B : Bolt
(8) 특수용도강	공구강	탄소공구강	SK	K : 공구
		중공강 강재	SKC	K : 공구, C : Chisel
		합금공구강	SKS	K : 공구, S : Special
			SKD	K : 공구, D : Dies
			SKT	K : 공구, T : 단조
		고속도 공구강 강재	SKH	K : 공구, H : High Speed
	스테인리스강	유황쾌삭강	SUM	U : Use, M : Machinability
		고탄소 Cr베어링강	SUJ	U : Use, J : Bearing
		스프링강 강재	SUP	U : Use, P : Spring
		스테인리스 강봉	SUS-B	U : Use, S : Stainless, B : Bar
		열간압연 스테인리스 강판	SUS-HP	U : Use, S : Stainless, B : Bar, H : Hot, P : Plate
		냉간압연 스테인리스 강판	SUS-CP	U : Use, S : Stainless, C : Cold, P : Plate
		연간압연 스테인리스 강판	SUS-HS	U : Use, S : Stainless, H : Hot, S : Strip,
		스프링용 스테인리스 강판	SUS-CSP	U : Use, S : Stainless, C : Cold, S : Strip, P : Plate
		스테인리스강 선재	SUS-WR	U : Use, S : Stainless, W : Wire, R : Rod
		용접봉스테인리스강 선재	SUS-Y	U : Use, S : Stainless, Y : 용접
		스테인리스강선	SUS-W	U : Use, W : Wire
		스프링용 스테인리스강판	SUS-WP	U : Use, P : Plate
		냉간압연용 스테인리스강선	SUS-WS	U : Use, S : Stainless, W : Wire, S : Screw
		냉간압연용 스테인리스강 EQUAL ANGLE강	SUS-HA	U : Use, S : Stainless, H : Hot, A : Anlge
	내열강	내열강봉	SUHB	U : Use, H : Heat Resisting, B : Bar
		내열강판	SUHP	U : Use, H : Heat Resisting, P : Plate
(9) 단조강		탄소강 단강품	SF	F : Forging
		탄소강 단강품용 강판	SFB	F : Forging, B : Bloom
		압력용기용 조작형 탄소강 또는 합금강 단강품	SFV	F : Forging, V : Vessel
		압력용기용 조잘형 진공 처리 탄소강 또는 저합금강 단조품	SFVV	F : Forging, V : Vessel, V : Vacuum
		고온압력용기 부품용 합금단조강품	SFHV	F : Forging, H : High Temperature, V : Vessel
		고온압력용기 부품용 Stainless단조강품	SUS-F	F : Forging, S : Stainless, F : Foring
		Cr-Mo 단조강품	SFCM	F : Forging, C : Chromium, M : Molybdenum
		Ni-Cr-Mo 단조강품	SFNCM	F : Forging, N : Nickel, C : Chromium, M : Molybdenum

분류	규격명칭	기호	기호설명 (첫글자 S : Steel)
(10) 주철	회주철품	FC	F : Ferrum, C : Casting
	구상흑연 주철품	FCD	F : Ferrum, C : Casting, D : Ductile
	흑심가단 주철품	FCMB	F : Ferrum, C : Casting, M : Malleable B : Black
	백심가단 주철품	FCMW	F : Ferrum, C : Casting, M : Malleable, W : White
	Pearlite 가단 주철품	FCMP	F : Ferrum, C : Casting, M : Malleable, P : Pearlite
(11) 주강	탄소강 주강품	SC	C : Casting
	용접 구조용 주강품	SCW	C : Casting, W : Weld, CF : Centrifugal
	구조용 고장력 탄소강 또는 저합금강 주강품	SCC	C : Casting, C : Carbon
		SCMn	C : Casting, Mn : Manganese
		SCSiMn	C : Casting, Si : Silicon, Mn : Manganese
		SCMnCr	C : Casting, Mn : Manganese, Cr : Chromium
		SCNCrM	C : Casting, N : Nickel, Cr : Chromium, M : Molybdenum
	STAINLESS강 주강품	SCS	C : Casting, S : Stainless
	내열강 주강품	SCH	C : Casting, H : Heat- Resisting
	고 Mn강 주강품	SCMnH	C : Casting, Mn : Manganese H : High
	고온고압용 주강품	SCPH	C : Casting, P : Pressure, H : High Temperature
	고온고압용 원심력 주강품	SCPH-CF	C : Casting, P : Pressure, H : High Temperature, CF : Centrifugal
	저온고압용 주강품	SCPL	C : Casting, P : Pressure, L : Low Temperature
(12) 초합금	내식열 초합금봉	NCKxxB	N : Nickel, C : Chromium, F : Ferrum xx : 종류숫자, B : Bar
	내식내열 초합금판	NCFxxP	N : Nickel, C : Chromium, F : Ferrum, xx : 종류숫자, P : Plate
	배관용 Seamless Ni-Cr 철 합금판	NCFxxTP	N : Nickel, C : Chromium, F : Ferrum, xx : 종류숫자, T : Tube, P : Pipe
	열교환기용 Seamless Ni-Cr 철 합금강	NCFxxTB	N : Nickel, C : Chromium, F : Ferrum, xx : 종류숫자, T : Tube, B : Boiler
(13) 자기재료	영구자석자료	MC	M : Magnet, C : Casting,
		MP	M : Magnet, P : Powder
	전자 연철봉	SUYB	U : Use, Y : Yoke, B : Bar,
	전자 연철판	SUYP	U : Use, Y : Yoke, P : Plate,
	냉간압연 Si강대	Sxx	S : Silicon, xx : 50c/s 1.0T
	방향성 Si강대	Gxx	G : Grain, xx : 50c/s 1.7T
	자극용 강판	Pxx	P : Pole, xx : 인장강도의 최소치
	소형전동기용 자성강대	Sxx	S : Silicon, xx : 철손 W10/50의 환산한 값의 최초의 두자리수

S-5. SAE, AISI 강종 분류기호

구분	기 호	내 용
탄소강	10XX	Nonresulfurized, Mn 최대 1.00%
	11XX	Resulfurized
	12XX	Rephosphorized and Resulfurized
합금강	13XX	Mn강
	23XX, 25XX	Ni강
	31XX, 32XX, 33XX, 34XX	Ni-Cr강
	40XX, 44XX	Mo강
	41XX	Cr-Mo강
	43XX, 47XX	Ni-Cr-Mo강
	46XX, 48XX	Ni-Mo강
	50XX, 51XX, 50XXX, 51XXX, 52XXX	Cr강
	61XXX	Cr-V강
	71XXX, 72XX	W-Cr강
	81XX, 86XX, 87XX, 88XX	Ni-Cr-Mo강
	92XX	Si-Mn강
	93XX, 94XX, 97XX, 98XX	Ni-Cr-Mo강
탄소 및 합금강	XXBXX	B첨가량
	XXLXX	Pb첨가량
Stainless강	302XX, 303XX	Cr-N강
	514XX, 515XX	Cr강

▸ SAE와 달리 AISI만이 사용하는 기호는 다음과 같다.
28XX(Ni강), 83XX(Mn-Mo강), 99XX(Ni-Cr-Mo강)

▸ XX 의미 : 탄소량 규정 범위의 중앙값

S-6. DIN, EU규격의 강종 분류기호

- 탄소강

St 44-2

- 2 : 열처리 및 화학 조성에 따른 품질의 Grade임 (번호가 높을수록 High Grade를 의미)
- 44 : min, tensile strength in kg/mm^2 : $44 \times 9.81 = 432N/mm^2$
- St : Steel

C15 → 0.15%C

Cf 35

- 35 : 0.35%C
- Cf : Steel for flame and induction hardening

Ck 10

- 10 : 0.10%C
- Ck : Fine steels with induction hardening

Cm 45

- 45 : 0.45%C
- Cm : S가 0.02~0.0035%로 조절된 Fine steel

Co 35

- 35 : 0.35%C
- Co : Hardened and tempered steels

- 합금강

첫 글자는 C의 100배로 표기하고 C는 붙이지 않는다.
그러나 명쾌한 표현을 위해 C의 양을 의미하는 맨 첫 숫자 앞에는 X를 표기하기도 한다.
(스테인리스강, 내열강, 스프링강 등에서)
다른 Alloy의 표기 배수는 다음과 같다. 단, 한 Alloy가 5%보다 많을 경우에는 예외가 된다.
4배수 표기 Alloy : Cr, Co, Mn, Ni, si, W
10배수 표기 Alloy : Al, Be, Cu, Mo, Nb, Pb, Ta, Ti, V, Zr
100배수 표기 Alloy : P, S, N, Ce
1000배수 표기 Alloy : B

31 CrMo 12

- 12 : $\frac{12}{4}$ = 3%Cr
- 31 : 0.31%C

39 CrMoV 13 9

- 9 : $\frac{9}{10}$ = 0.9%Mo
- 13 : $\frac{13}{4}$ = 3.25%Cr
- 39 : 0.39%C

S-7. API SPEC 체계(American Petroleum Institute : 미국석유협회)

API - 5 ○ - ○ ○ ○

항복강도 최소값 (Ksi 단위)

• 1 Ksi = 0.7kg/mm^2

등급(Grade)

송유관(L)	A, B	정제관
	X	원유/GAS 수송관 (HIGH-TEST : 고정도시험)
유정관(CT)	H, J, K, N...	일련번호

용도

L	LINE PIPE (송유관)	유전, 정유시설의 원유, 천연가스를 목적지로 수송하는 역할
CT	CASING & TUBING (유정관)	유정에서 원유, 천연가스를 지상으로 반출하는 용도 - CASING : 굴삭된 Hole에 잠입되어 유정의 붕괴방지 - TUBING : Casing 내에 잠입되어 유정에서 원유, GAS반출
H	Nor	Normalizing처리한 해양구조물의 구조용 용접강관
W	TMCP	TMCP로 제조된 해양구조물의 용접구조용강

GROUP

2 : 해양구조물(시추선 관련)

3 : 강관(원유수송/채굴 관련)

예) API - 5L - X70 : 항복강도 Min 70 Ksi급 석유수송용 강관

- 5CT - N80 : 항복강도 Min 80 Ksi급 유정용 강관

- 2H - 42 : 항복강도 Min 42 Ksi급 해양구조용 용접강관

S-8. 유사규격 대비표

S-8-1. 일반 및 구조용강

JIS	AISI(SAE) / ASTM	DIN	NF	BS
SS330	A36	USt34-2(S520G1T)	A34-2	-
SGP SS330	-	S185(Fe310-0) St33	A=A33	Fe310-0 15HRHS
SN400A : B : C	A570Gr.33	S235JRG1 USt37-2	-	Fe360B 40B
STKM12A : C	A512	S235JR(Fe360B) St37-2	E24-2	Fe360B 37/23HR
SN490B : C	A570 Gr.36	S235JRG2 RSt37-2	E24-2NE	Fe360B FU 27/23CR 4360-40B
SM400A : B : C SS400	A570 Gr.40	S275JR(Fe430B) St44-2	E28-2	Fe430B FN 43/25HR,HS 43B
SS490	A570 Gr.50 A572 Gr.50	E295(Fe490-2) St50-2	A50-2	Fe490-2 FN 50/35HR,HS
SM570	A572 Gr.65	E335(Fe590-2) St60-2	A60-2	Fe590-2 FN 55E55C
-	A284 Gr.D A570 Gr.58 A611 Gr.C	S235J2G3(Fe360D1) St37-3 HI	E24-3 E24-4	Fe360D1FF 37/23CR 40D
SPV235	-	P265S	A42AP	1501-164-400B LT20
SM490A : B : C	A573 Gr.70 A611 Gr.D	S275J2G3(Fe430D1) St44-3 : HI	E28-3 E28-4	Fe430D1FF 4360-43C : 43D
SPCC SECC	A366(1012)1008	DC01 St2 : St12	TC	4 CR 4 CS
S10C	M1010	C10	AF34C10 XC10	040A10 045M10 10CS
SPHC : SPHD	A621(1008)	DD11 : StW22	1C	4HR : 14HR
SPCD : SECD	A619(1008)	USt3(DC03G1) USt13	E	2CR : 3CR : 4CS
SPHE	A621(1008)	UStW23(DD12G1)	1C	-
SPHE	A622(1088)	DD13 : : StW24	3C	1HR
SPCE : SPCEN SECEN	A620(1008)	DC04 : DC05 St4 : St14	ES	1CR : 2CR 2CS : 3CS

JIS	AISI(SAE) / ASTM	DIN	NF	BS
SGV410 SGV450 SGV480 SGV450 : SGV480	A516 Gr.65 : 55 A515 Gr.65 : 55 A414 Gr.C A442 Gr.55	P235호 Hl	A37CP : AP	Gr.141-360 Gr.161-360 : 151-360 Gr.161-400 : 154-360 Gr.164-360 : 161-360
S15C	M1015 M1016 M1017	C15	AF37C12 XC18	080A15 080M15 17CS
S20C S22C	M1020 M1023	C22	AF42C20 XC25 1C22	055M15 070M20 22HS,CS
S25C	M1025	C25	1C25	070M26
SPV315 : SPV355 SG295	–	P265호 Hl	A42체 : AP	Gr.161-400 : 151-400 Gr.164-360
SG365 SGV410 SGV450 SGV480	A516Gr.70 A515Gr.70 A414Gr.F : G	P295호 17Mn4	A48CP : AP	Gr.224
S35C	1035	C35	1C35 AF55C35 XC38	080A32/080A35 080M36 40CS
S40C	1040C	C40	1C40 AF60C40	080M40
S45C	1045	C45	1C45 AF65C45	060A47 080M46
S45C	1045	C45	1C55	50HS, CS
S50C	1049	C50	XC50	080M50(43A)
S55C	1055	C55	1C55 AF70C55	070M55
STKM18C STK490	A633Gr. A : C	S355J2G3 S152-3	E36-3 E36-4	Fe510D1FF 50/35HR,HS 4360-50D
S58C	1060	C60	1C60 AF70C55	060A62 HS, CS
SWRH72A : B SWRS72A : B	1070	C67	XC65	080A67 70HS
SWRS75A : B SUP3	1074 1075	C75	–	80HS
SWRS75A : B	1074	C76D : 75-2	XC75	–
SWRS82A : B	1086	C86D : 85-2	XC80	–
SWRS92A : B SUP4	1095	C92D : 95-2	XC90	–
SUM22	1213	95Mn28 11SMn30	S250	230M07

JIS	AISI(SAE) / ASTM	DIN	NF	BS
SUM12	1108 1109	10S20	10F2	210M15
SUM21L SUM23L	12L13	95MnPb2B 11SMPb30	S250Pb	–
SUM32	–	15S22 15S20	–	210A15 210M15
SUM12L	11L08	10SPb20	10PbF2	–
SUM42	1140	35S20	35MF6	212M36
SUM43	1146	45S20(46S20)	45MF4	–
SUM25	1215	95Mn36(11SMn37)	S300	–
SUM24L	12L14	95MnPb36(11SMnPb37)	S300Pb	–
S9CK S10C	1010	CK10 C10E	XC10	040A10
SMnC420	1022 1518	20Mn5	20M5	120M19
S15C S15CK	1015	CK15 C15E	XC12 XC15 XC18	040A15 080M15
S20C S20CK S22C	1020 1023	C22E CK22	2C22 XC18 XC25	055M15 070M20
S40C	1035 1041	40Mn4	35M5 40M5	150M36
S25C S28C	1025	C25E CK25	2C25 XC25	070M26
S Mn433H SCMn2	1036 1330	30Mn5	35M5	120M36 150M28
SMn433H	1536	34Mn5	–	–
SMn438(H) SCMn3	1335	36Mn5	33M5 40M5	150M36
SCMn1	1330	28Mn6	20M5 28Mn6	150M28 150M19
SCMnH1 SCMnH11	A128(A)	X120Mn12	z120M12	–
SUJ2	52100	100Cr6	100C6	2S135, 535A99
SUP12	9254	54SiCr6	–	685A57, 685H57
–	9255	51Si7	51S7 51Si7	–
–	9255	55Si7	55S7	251A58
SUP7	9260	60Si7	60S7	251A60 251H60
SUP6	9260H	65Si7	60S7	–
SCPH11	4419	22Mo4	–	1503–243–430

JIS	AISI(SAE) / ASTM	DIN	NF	BS
SB450M	4520	16Mo5	–	–
SB480M	4520	16Mo5	–	–
–	A350–LF5	14Ni6	16N6	–
SL3N26	A350–LF3	12Ni14 10Ni14	12N14 3.5Ni355	1501–503 5S15
SL9N53	A353	X8Ni9	9Ni490	1501–510 1502–502–650 1503–509–690
–	2515 2517	X12Ni5 12Ni19	Z18N5 5Ni490	–
–	3115	13NiCr6	10NC6	–
SNC415(H)	3415	14NiCr10	14NC11	–
SNC631(H)	3435	36NiCr10	30NC11	–
SNC815(H)	3310 3415 9314	14NiCr14	12NC15 14NC12	655H13
–	3115	15CrNi6	16NC6	–
SNCM439	4340 9840	36CrNiMo4	36CrNiMo4 35NCD5 40NCD3	817M37
SNCM220(H)	8620	21NiCrMo2	20NCD2	805H20 805M20 806M20
SNCM240	8740	40NiCrMo2–2	40NCD2	3111–Type7
SNB24–1–5	E4340	40NiCrMo8–4	–	–
SNCM439	4340 9850	40NiCrMo6	–	–
SNCM431	–	30CrNiMo8	30CrNiMo8 20NCD8	823M30
SNCM447	4337 4340	34CrNiMo6	34CrNiMo8 35NCD6	816M40 817M40
–	9310	14NiCrMo13–4	16NCD13	832H13 832M13
–	9310	14NiCrMo13–4	16NCD13	S157
–	5045 5046	46Cr2	42C2	–
SCr415(H)	5015 5115	15Cr3	12C3 18C3	523M15
–	5130	28Cr4	–	530A30
SCr430(H)	5132	34Cr4	32C4	530A32 530H32 530M32
SCr435(H)	5135	37Cr4	38C4	31111–3/1 530A36 530H36 530M36

JIS	AISI(SAE) / ASTM	DIN	NF	BS
SCr440(H)	5140	41Cr4	42Cr4	530A40 530H40 530M40
SCr440	5140	42Cr4	42CrTS	530A40
–	9262	60SiCr7	60SC7	–
–	5115	16MnCr5	16MC4	527M17 590H17 590M17
SMnC420H	5120	20MnCr5	20MC5	–
Sr3UP9(A)	5155 5160	55Cr3	55C3	525A58 525A60 525H60
SCM420 SCM430	4130	25CrNo4	25CD4 25CrMo4	708A25 708A37
SCM432 SCM435H	4135 4137	34CrMo4	34CrMo4 35CD4	708A37
SCM440	4140 4142	41CrMo4	42CD4TS	708M40 3111–5/1
SCM440(H) SNB7	4140 4142	42CrMo4	42CD4 42CrMo4	708A42 708M40 709M40
SCM445(H)	4150	50CrMo4	50CrMo4	708A47
SCM418H	–	16CrMo4	–	–
SCM415(H)	–	15CrMo5	12CD4	–
SCM420H SCM421	–	20CrMo5	18CD4	–
SFVAF12	A182–F11 : F12	13CrMo4–5 13CrMo4–4	15CD3.5 15CD4.5	620–440 620–470 620–540 1501–620 : 621
SFVAF22A : B SCMV4 SCPH32–CF	A182F22 A387Gr.22C1.2	10CrMo9–10	12CD9.10 12CDP9.10	1501–622/515 1501–622/690 1502–622 : 3604–622
SUP10	6145 6150	51CrV4 50CrV4	50CrV4 51CrV4	735A51 735H51
–	A355C1.D	34CrAlMo5	30CAD6.12	–
SACM645	A355C1.A E7 1400 G7 1406	41CrAlMo7	40CAD6.12	905M39
SM490A : B : C : YA : YB	A633Gr.E	S420N SIE420	FeE420KGN E420갸레	–
SM520B	A633Gr.E	P460N StE460	FeE460KGN E460RIFP	4360–55F

S-8-2. 공구강

JIS	AISI(SAE) / ASTM	DIN	NF	BS
SKD4	–	X30WCrV53 30WCrV17-2	X32WCrV5 Z32WCrV5	–
SKD5	H21	X30WCrV9-3	X30WCrV9 Z30WCV9	BH21
SKD62	H12	X37CrMoW5-1	X35CrWmO5 Z35CWDV5	BH12
SKT4	L6	55NiCrMoV6	55NiCrMoV7 55NCDV7	BH224/5
SKS43	W210	100V1	C105E2UV1 Y_1 105V 100V2	BW2
–	02	90MnCrV8	90MnV8 90MV8	B02
–	H10A	X32CrMoCoV3-3-3	–	BH10A
–	T15	S12-4-5	–	BT15
SKH57	–	S10-4-3-10	HS10-4-3-10 Z130WKCDV10-10-04-04-03	BT42
SKH55	–	S6-5-2-5	Z85WDKCV06-05-05-04-02 : HS6-5-2-5 Z90WDKCV06-05-05-04-02 : HS6-5-2-5 HC	BM35
–	M41	S7-4-2-5	HS7-4-2-5 Z110WKCDV07-05-04-04-02	–
SKH59	M42	S2-10-1-8	HS2-9-1-8 Z110DCWV09-08-04-02-01	BM42
–	M33 M34	S2-9-2-8 HS2-9-2-8	–	BM34
SKH3	T4	HS18-1-2-5	HS18-1-1-5 Z280WKCV18-05-04-01	BT4
SKH4	T5	S18-1-2-10 HS18-1-2-10	–	BT5
–	M3	SC6-5-2	HS6-5-2HC Z90WDCV06-05-04-02	–
SKH51	M2	S6-5-2	HS6-5-2 Z85WDCV06-05-04-02	BM2
SKH52 SKH53	M3 Class2	S6-5-3	Z120WDCV06-05-04-03 : HS6-5-3 Z130WDCV06-04-04 : HS6-5-4	–
–	H41 M1	S2-9-1 HS2-9-1	HS2-8-1 Z85DCWV08-04-02-01	BM1

JIS	AISI(SAE) / ASTM	DIN	NF	BS
–	M7	S2–9–2	HS2–9–2 Z100DCWV09–04–02–02	–
SKH2	T1	S18–0–1 HS18–0–1	HS18–0–1 Z80WCV18–04–01	BT1
–	W108	C80W1	C90E2U : Y80	–
SK3	W110	C105W1	C105E2U Y_2 105	–
SKC3 SK5 SK6	W1	C80W2	–	BW18
SK3	W110	C80W2	C105E2U Y_2 105	–
SK2	W112	C125W	C120E3U Y_2 120	–
SK1	–	C135W	C140E3U Y_2 140	–
–	W1	C75W	–	BW1A
SKD1	D3	X210Cr12	X200Cr12	BD3
SUS420J2	420	X42Cr13	X40Cr14 Z40C14	–
–	L2	115CrV3	–	–
–	4135 P20	35CrMo4	34CD4	708A37(BP2 0)
–	4142	47CrMo4	–	708M40
SKD6	H11	X38CrMoV5–1	X38CrMoV5 Z38CDV5	BH11
SKD61	H13	X40CrMoV5–1	X40CrMoV5 Z40CDV5	BH13
SKD12	A2	X100CrMoV5–1	X100CrMoV5 Z100CDV5	BA2
–	H10	X32CrMoV33	32CrMoV12–28 32CDV12–28	BH10
SKD11	D2	X155CrVMo12–1	X160CrMoV12 Z160CDV12	BD2
SKS2 SKS3 SKS31	–	105WCr6	105WCr5 105WC13	–
–	01	100MnCrW4	90MnWCrV5 90MWCV5	B01
–	S1	45WCrV7	45WCrV8 45WCV20	BS1
–	S1	60WCrV7	55WC20	BS1

| 참고문헌 |

1. 건축재료, 손순채, 송창영, 강철민, 형성출판사
2. 건축재료, 김무한, 신현식, 김문한, 문운당
3. 건축재료와 구법, 김종원, 기문당
4. 건축재료, 대한건축학회, 기문당
5. 건축시공학, 강병도, 구미서관
6. 건축구조, 조병선, 이정희, 성진사
7. 건축구조학, 송창복 외 3인, 동명사
8. 건축용어사전, 편집위원회편, 성진당
9. 건축시공핸드북, 건축공학연구회, 기문당
10. 건축시공학, 장기인, 보성문화사
11. 현대건축시공, 문승호, 기문당
12. 현장관리, 문승호, 김종원, 기문당
13. 초고층건축시공, 송도헌, 기문당
14. 강도로교 용접 및 도장요령, 국토해양부, 1998
15. 강구조 표준설계도, 韓國鋼構造學會
16. 건축공사 표준시방서, 국토해양부
17. Korea Building Code, 韓國鋼構造學會, (KBC 2009)
18. Cold Rolled Steel Hand Book, POSCO
19. KSPC : Korea Steel structures Painting Council, 한국
20. 한국산업규격(KS F 및 KS B)
21. 금속재료, 송광호, 기술연구소
22. 建築用 資材Hand Book資料集, 新日本製鐵(株), 日本
23. 圖說建築用語辭典, 實敎出版(株), 日本
24. 建築施工管理の現場敎本, 彰國社, 日本
25. 鋼構造物への無溶接耐震補强工法. 平井敬二 外, 西日本工業大學デザイン學部建築科, 日本
26. 鋼の未來, 成田信之, 技報堂出版, 日本
27. 建築の本, (株)建築技術, 日本
28. 建築工事監理の要點集, 彰國社, 日本
29. 鐵骨工事技術指針 · 工事現場施工編, 日本建築學會, 日本
30. 鐵骨精度測定指針, 日本建築學會, 日本
31. 建築施工計劃書 · 要領書の作り方, [軀体編], 彰國社, 日本
32. 鐵骨建物の監理, 大成建設建築構造わかゐ會, 井上書院. 日本
33. SSPC(SP1) : Steel Structures Painting Council.vis 1. U.S.A
34. SIS : Swedish Standard Institution SIS05-5900-1967. SWEDEN
35. BS : British standard institution 4232. ENGLAND
36. NACE : National Association of Corrosion Engineers. U.S.A
37. ASTM : American Society for Testing and Materials, U.S.A

저자소개

김 종 원

1964년 인하대학교 공과대학에서 수학하고, 중앙대학교 건설대학원(공학석사), 명지대학교 대학원 건축과(공학박사)를 졸업했다.

벽산, 삼성, 대농그룹 등의 건설부문에서 근무했다. 국립서울산업대학교, 명지대학교 건축대학, 경기대학교 산업대학원 겸임교수 외 한국산업개발원, 한국건설기술교육원 등에 출강하였고, 한국공학교육인증원 평가위원으로 활동하였다. 서일대학교 건축과 교수로 퇴임한 후 '시안인스티튜트' 대표로 있다.

저서 : 살아갈수록 맛이 나는 친환경 집 이야기, 건축재료와 구법, 건축외장의 이해와 시공, 건축감리 이렇게 한다, 철근공사·감리 등

역서 : 그림으로 보는 건축지하공사, 건축현장관리, 건축자체품질관리 등

건축기술자를 위한

건축철골 시공·감리

2011년 1월 25일 1판 1쇄 발행
2018년 1월 10일 1판 3쇄 발행

저 자	김 종 원
발 행 인	강 해 작
발 행 처	기 문 당
주 소	서울시 성동구 무학봉 28길 4-1
전 화	02)2295-6171(代)~5
팩 스	02)2296-8188
출판등록	1976. 10. 7 (1-44)
홈페이지	http : // 기문당 http : // www.kimoondang.com
I S B N	978-89-6225-302-3 93540
정 가	20,000원

저자와의 협의하에 검인생략